USA
BEER
LONDON BUS

BEER
USA

두 바퀴로 그리는 맥주 일기

달리고 그리고 쓰다 ◆ 최승하

YoungJin.com Y.
영진닷컴

두 바퀴로 그리는 맥주 일기

ISBN 978-89-314-5683-7

독자님의 의견을 받습니다

이 책을 구입한 독자님은 영진닷컴의 가장 중요한 비평가이자 조언가입니다. 저희 책의 장점과 문제점이 무엇인지, 어떤 책이 출판되기를 바라는지, 책을 더욱 알차게 꾸밀 수 있는 아이디어가 있으면 이메일, 또는 우편으로 연락주시기 바랍니다. 의견을 주실 때에는 책 제목 및 독자님의 성함과 연락처(전화번호나 이메일)를 꼭 남겨 주시기 바랍니다. 독자님의 의견에 대해 바로 답변을 드리고, 또 독자님의 의견을 다음 책에 충분히 반영하도록 늘 노력하겠습니다.

이메일 : support@youngjin.com
주 소 : 서울 금천구 가산디지털2로 123 월드메르디앙벤처센터 2차 10층 1016호 (우)08505
등 록 : 2007. 4. 27. 제16-4189호

STAFF

저자 최승하 | **기획** 기획 1팀 | **총괄** 김태경 | **진행** 정은진 | **디자인 · 편집** 임정원 | **교정편집** 진정희, 박혜영
영업 박준용, 임용수 | **마케팅** 이승희, 김다혜, 김근주, 조민영 | **제작** 황장협 | **인쇄** 예림인쇄

두 바퀴로 그리는 맥주 일기

Good Beer Brings People
좋은 맥주가 가져다준 좋은 사람들과 함께
건배, Cheers, Prost, a votre sante, Salute

달리고 그리고 쓰다 ◆ 최승하

YoungJin.com Y.
영진닷컴

◆ 여는글 ◆

나는 맥주를 잘 모른다. 누구처럼 맥주에 대한 해박한 지식을 가진 것도 아니다. 나는 여행도 잘 모른다. 20년 넘게 살아온 고향에서도 길을 잃을 정도로 대단한 길치고, 제대로 된 나 홀로 여행이란 건 대학교 2학년 휴학을 마치고 떠난 통영 여행이 전부인 사람이다. 모르는 것 투성이였다. 맥주도, 자전거도, 여행도

그러니 내 '자전거 맥주 여행'은 그 환상적인 단어들의 나열처럼 환상적으로 흘러가지 않았다. 늘 넘어지고, 부딪히고, 길을 잃고, 쓰러지고. 가끔은 맥주가 죽도록 마시기가 싫어 눈 앞에 유명 브루어리를 두고도 그냥 지나친 적도 있었다. 그건 글을 쓸 때도 마찬가지였다. 책을 쓰는 과정에 첫 사회생활을 시작했고, 그 시작이 '맥주회사'였다는 것. 꿈만 같은 시간의 연속이었지만 그만큼 바쁘고 정신 없는 한 해를 보냈다. 최종 원고를 보낼 때는 후련함과 아쉬움에 찔끔 눈물도 났다. 주책 맞게. 그럼에도 계속해서 안장 위에 오르고 글을 써내려 갔던 이유는 단 한 가지였다.

"맥주를 잘 알든 그렇지 않든, 누구나 맥주와 가까워질 수 있도록 만드는 그런 이야기를 만들고 싶다. 그런 사람이 되고 싶다."

사실 내가 기억하는 맛있는 맥주들은 어떠한 '맛'보다, '어디서', '누구'와 함께 나누고 마신 '추억'과 '경험'들로 더 명확히 기억되고 회자됐다. 그게 내가 맥주를 좋아하게 된 이유이자 이 책을 쓰게 된 이유이기도 하다. 여행 중에 만난 내 맥주들과 함께 나눈 사람들을 기록하는 것. 내가 가장 잘할 수 있는 방법으로, 내가 가장 좋아할 수 있는 방법으로. 그래서 내 튼튼한 두 발을 페달 위에 올렸고, 연필과 노트를 꺼내 들었다.

그러다 보니 이 책은 단순히 '맥주' 하나에 국한된 책이 아니다. 자전거를 타고 '맥주를 찾아가는 과정'과 그 과정에서 만난 '사람들'에 더욱 힘을 주는 책이다. 온전히 맥주만을 기대하고 이 책을 펼친 분들이라면 조금 아쉬울 수도 있다. 그럼에도 난 앞으로 계속해서 그런 이야기들을 기록하고 만들어가고 싶다. 나뿐만이 아닌 이 책을 펼친 모든 이들의 맥주 이야기가 풍부해질 수 있도록. 내 가까운 사람들과, 그 사람들이 살고 있는 이 한국에서.

이 책이 하나의 시작점이 되었으면 한다.

최승하

◆ Prologue ◆

자전거 타는 맥주 여행자

나는 참 게으르다. 매년, 아니 매 순간 다짐했던 다이어트는 늘 다짐으로 끝나고 다이어리에 빼곡히 적어놨던 내일 할 일은 그 다음 날의 할 일이 되었다. 그런 내가 부지런을 떨기 시작했다. 천둥 치는 날을 제외하곤 비가 오나 눈이 오나 자전거를 끌고 나갔고, 쉬는 날엔 카페 한 구석에 앉아 어제 마신 맥주를 그리기 시작했다. 그렇게까지 해야 하나 싶겠지만 난 그렇게 해야만 했다. 적어도 비행기를 타기 전까지는.

2014년, 대학 생활의 마지막 수강 신청을 끝냈던 나는 돌연 휴학을 결심했다. 항상 막연하게 맥주 여행을 하고 싶다는 생각을 가지고는 있었지만 게으른 탓인지 금전을 핑계 삼아 나중으로 미루고 있었다. 그러던 어느 날, 노트북 앞에 앉아 호가든 한 병을 마시며 두 달 동안 자전거로 유럽 여행을 떠난 한 청년의 여행기를 읽게 됐다. 넘어지고 길을 잃는 험난한 여정을 반복했지만 하루를 마무리 짓던 맥주 한 잔이 생애 최고의 맥주였다는 그의 말에 순간 멍해졌다. 나는 왜 하지 못했을까? 무엇이 두려웠던 걸까? 맥주 한 잔에 행복해하고 위로를 구했던 나지만 직접 맛있는 맥주를 찾아보겠다는 생각은 미처 하지 못했다. 어쩌면 지난 세월을 그렇게 살아온 것인지도 모른다. 25년 동안 스스로 자신의 내면을 들여다보고 내가 어떤 사람인지, 어떤 삶을 살고 싶은지를 탐구해 본적이 없었다. 제대로 알아본 적도 없으면서 학점, 취업이라는 현실적인 문제로 나를 제자리에 묶어뒀다.

그래. 내가 움직여보자. 어떤 맥주가 맛있는지 제대로 찾아보자. 그것이 내가 1년 동안 부지런을 떤 이유이자, 긴 여행의 출발점이 되었다.

하지만 이를 준비하는 과정이야말로 내겐 또 다른 도전이었다. 온전히 자전거라는 수단에 의지해 60일을 달릴 만큼 강인한 체력도 정비법도 제대로 갖춰지지 않은 상태였고, 맥주를 마시겠다면서 라거와 에일이 무엇인지도 몰랐기 때문이다. 그렇지만 이 또한 내가 풀어야할 과제라며 매일 30분 이상 자전거를 탔고, 정비를 배워보겠다고 주말마다 자전거 샵을 찾아가 사장님을 귀찮게 했다. 또 이전까지는 한 브랜드만 찾던 내가 어제와 다른 맥주를 마시기 시작했고, 이를 보다 쉽게 기억하기 위해 '그림'이라는 방법으로 맥주를 기록했다. 그렇게 종이를 채운 첫 맥주는 내게 세계 맥주의 맛을 일깨워준 '호가든'이었다(신기하게도 내가 그렸던 첫 맥주이자, 여행을 결심한 날 마셨던 맥주이기도 하다). 그렇게 다양한 맥주들을 맛보고 그리며 이러한 맥주들을 직접 마셔볼 수 있다는 설렘이 나를 움직이게 만들었다.

이러한 시간들은 내겐 없어서는 안 될 중요한 시간이었다. 이 여행은 내가 선택한 길이자 나 혼자서 그려 가야하는 길이었기 때문이다. 외로운 여정이지만 덕분에 내가 밟는 속도에 따라 보고 느끼고 싶은 순간을 여행하며 나만의 길을 만들 수 있다. 어쩌면 하나의 맥주가 완성되는 과정도 이와 비슷할지 모른다. 하나의 맥주가 생산되기까지 외롭고 고독한 싸움이 계속되지만 만드는 이의 노력과 개성이 담겨 그들만의 이야기를 담은 특별한 맥주가 완성된다. 오직 맛있는 맥주를 만들어보겠다는 신념을 가지고서 말이다.

그렇게 나 또한 맛있는 맥주를 찾아보겠다는 의지 하나로 2015년 8월 유럽, 그리고 두 번째, 2016년 8월 미국행 비행기에 올라탔다. 앞으로 내게 닥칠 시련과 고난은 예상하지 못한 채 내가 사진으로만 본 맥주들을 직접 마실 수 있다는 막연한 기대와 설렘을 품고서.

Part 1. 유럽편은

유럽 맥주 국가의 맥주를 찾아 떠나 그와 어울린 사람들과의 추억에 대한 이야기를 주로 담고 있다면

Part 2. 미국편은

그 역사는 짧지만 크래프트 열풍이 불고 있는 미국, 그 중 서부 해안에 위치한 브루어리/펍 등을 달리며 마주한 이야기들을 다루고 있다.

맥주를 찾아 떠난 유럽/미국 서부 자전거 여행.

그곳을 향해 가는 동안 마주한 인연들, 그리고 함께 나눈 맥주의 맛을

한 편의 그림으로 기록하고자 한다.

◆ 추천사 ◆

"나에게 여행은 '휴양'이 아니다. 휴식과 안락함보다는 도전과 모험의 일상이다. 비슷한 피가 흐르는 여행가를 만났다. 그녀는 혈혈단신 자전거에 의지한 채 유럽과 미국 서부의 맥주를 탐했다. 술 여행가라면 누구나 꿈꿔봤을 여정이지만, 실천의 진입장벽은 꽤 높아 오를 엄두가 나지 않는다. SNS에 올린 그녀의 여행 기록을 따라가면서 나도 보이지 않는 페달에 발을 올렸다. 햇볕에 그은 얼굴 사이로 행복한 기운이 전달되더니 나에게서 질투의 감정까지 끌어냈다. 그녀에게 맥주는 단순한 기호식품이 아니라 낯선 이와 소통하는 메신저이자 지역을 알아가는 척도였다."

아일랜드 여행기록집 『I wish, Irish』 저자 **신동호**

"미국에 빌 브라이슨이 있으면 한국에는 최승하가 있다. 어디서 터질지 모르는 발찍한 그녀의 행보! 뻔한 여행기가 지겨웠다면, 천국으로 가는 길이 어디인 줄 알고 싶다면 당장 집어 계산대로 향하라!"

와일드웨이브 대표 **이창민**

"인생엔 절대적 친구가 있고,

그녀에겐 맥주와 자전거다.

그리고 나는, 야생마 같은 그녀가 쓴 이 책과 친구하고 싶다."

브로이하우스 바네하임(Vaneheim Brewery) 오너 브루마스터 **김정하**

"유럽 자전거 일주, 이젠 기사화되는 것조차 시시한 일이나, 2000년대 초반에는 대단한 사건으로 받아들여졌다. 그런데 이 시시한 여행이 다시금 파격적으로 다가온 것은 여성이 나 홀로 유럽의 쟁쟁한 펍들과 미국의 양조장들을 상대로 자전거 맥주순례를 완수했다는 것이다. 내가 자전거 업계(?)를 떠난 지 꽤 되었지만 최승하 씨의 여행기를 읽는 내내 안장에 다시 올라 유럽의 펍들을 상대로 엉덩이를 씰룩 대며 페달링하고픈 욕구가 맥주 거품처럼 터졌다. 꼭 라이더가 아니더라도 복잡 다양한 유럽의 맥주여행과 관련된 알찬 정보는 맥주 마니아라면 누구나 이 여행기에 홀릴 것이다."

걷기여행작가, 前 월간 자전거생활 편집장 **윤문기**

◆ 차례 ◆

#6 오스트리아의 맥주 1잔

#7 체코의 맥주 4잔

#8 오스트리아의 맥주 1잔

〈 미국 편 〉

#1 워싱턴의 맥주 7잔

#2 오리건의 맥주 8잔

#3 캘리포니아의 맥주 21잔

유럽 편

#1 영국의 맥주 5잔

첫 번째 잔. 런던, 두 바퀴로 달리다

첫 도시 London(런던), 첫 맥주 'Otley(오틀리)'

쿠쿵-

비행기가 착륙하는 소리와 함께 가만히 창밖을 바라봤다. 오보라 믿고 싶었던 비 소식은 현실이 되어 활주로를 촉촉하게 적시고 있었다. 비행기 안에서의 설렘과 달리 런던 하늘도 내 마음도 온통 먹구름으로 잔뜩 끼고 말았다. 그때 불현듯 떠오른 엄마의 목소리.

'왜 사서 고생이니. 힘들면 바로 한국으로 돌아와.'

그 사서 한다는 고생이 첫날부터 시작되려나 보다. 하지만 어떻게 시작한 여행인데? 이대로 돌아갈 순 없었다. 어차피 비는 자전거 여행과 떼려야 뗄 수 없는 사이이기에 처음부터 익숙해지라는 하늘의 계시겠거니 하며 마음을 굳게 먹었다.

'그래, 생각보다 괜찮은 하루였어'로 이 이야기가 끝이 났으면 얼마나 좋았을까. 20kg에 가까운 짐의 무게가 익숙지 않아 자전거는 이리저리 흔들렸고, 페달을 좌우 반대로 끼운 탓에 다리는 꿀렁꿀렁. 엎친 데 덮친 격 땀을 완전 덮어버린 비까지. 공항을 벗어난 나를 반긴 건 사서 '고생'이라는 두 글자뿐이었다.

런던 신사, 아름다운 외국 풍경, 즐비한 펍. 런던 땅을 밟기 전까지 그렸던 상상 속 장면은 온 데 간 데 없고 런던 시내로 가까워질수록 자전거를 위협하는 난폭한 운전자들만 더 많아졌다. 특히나 한국 도로와 다른 통행 방향으로 나도 모르게 습관적으로 오른쪽으로 핸들을 움직였는데 때마침 뒤따라오던 한 운전자가 "What the fuc*!!! Are you Crazy?!?!를 시작으로 난생 처음 들어보는 욕들을 줄줄 뱉어내기 시작했다. 영어라도 그게 나쁜 말인 건 다 안다고요. 그분의 마음이 백 번 이해는 되지만 뭔가 억울함이 불쑥불쑥 튀어나왔다. 내가 왜 이런 낯선 곳에서 욕을 먹으며 이 고생 중이지? 구경은커녕 얼른 집에 가고 싶다는 마음만 굴뚝같아라.

하지만 날이 어두워지기 전에 오늘의 웜샤워Warmshowers. 전 세계 자전거 여행자

런던의 환영인사. '안녕 난 비라고 해.'

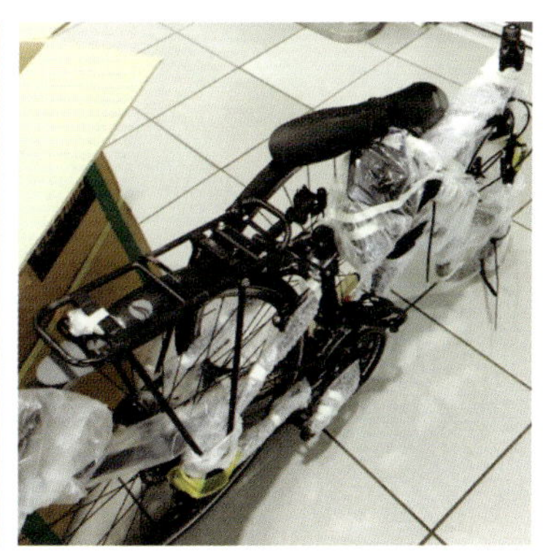
공항 한 켠 자전거 조립과의 고독한 사투

들을 위한 숙박 공유 사이트로 현지인들이 자신의 숙소를 여행자에게 제공하고 서로의 문화를 공유하는 시스템이다. 숙박비가 들지 않기에 여행 경비 절감에도 큰 도움이 된다 호스트 집에 도착하려면 내겐 직진만이 정답이었다.

덜컹–

"Ha?"

현관문이 열리자 금발머리를 흔들며 환한 미소와 따뜻한 포옹으로 맞아주던 그녀는 내 첫 호스트 엠마(Emma)였다. 약속 시간보다 한참 늦은 미안함에 어쩔 줄 몰라 하니 자전거 여행자들에겐 흔히 있는 일이라며 웃어보인 엠마. 그 미소에 오늘따라 유난히 길고 고생스러웠던 시간들이 순식간에 솜사탕처럼 녹아들었다.

샤워를 마치고 나오자 엠마는 곧장 근처 펍으로 날 데려갔다. 짧은 새 벌어진 모든 일들이 생소하고 어색했지만 혼자 이 거리를 달릴 때와는 달리 어딘가 모르게 마음은 든든했다. 다들 까불지 마. 내겐 런던 언니 엠마가 있다고.

우린 막 자리가 난 테이블에 앉았고, 그녀는 지난 멕시코 자전거 여행에서 사랑에 빠졌다던 '코로나(Corona)'를, 나는 그녀의 추천을 받아 영국 맥주 '오틀리 09(Otley 09)'를 주문했다. 음식을 기다리는 동안 엠마는 다음과 같은 이야기를 들려줬다.

"나 역시도 작년에 자전거 여행을 하면서 많은 일들이 있었어. 특히

여긴 어디? 나는 누구?

나의 첫 웜샤워 호스트 엠마

웜샤워 호스트들이 베풀어준 따뜻한 배려에 감동을 받았고, 그때 다짐했지. 일상으로 돌아온 이후에 반대로 내가 받은 것들을 다 돌려주자고. 지금 너를 만나 그렇게 할 수 있어서 너무나도 행복해!"

어떤 호의든 받기는 쉽지만 다시 돌려주기는 어렵다.

맥주 여행을 한다는 내게 이런저런 펍과 맥주들을 소개해주고, 내일 지하철을 타보라며 오이스터 카드(Oyster Card)런던의 교통 카드로 선불 충전으로 사용하고 카드를 반납하면 보증금과 남은 금액을 환불 받을 수 있다를 건네주고. 이렇게 먼저 나서서 내 여행을 채워주려는 엠마의 모습에 속으로 되뇌었다. 자전거 바퀴가 돌고 돌듯 나 역시도 그녀에게 받은 이 마음을 다른 이에게 돌려주겠노라고. 그리고 이런 마음을 가질 수 있게 해준, 엠마가 나의 첫 번째 호스트여서 참 다행이었다고. 덕분에 첫 여행지 낯선 이방인에 대한 긴장감은 눈 녹듯 사라지고, 따스하고 포근한 런던에서의 첫날 밤을 보낼 수 있었다.

엠마와 함께한 오틀리

Otley 09 Blonde 오틀리 09 블론드

긴장이 풀리고 배가 고팠던 탓일까. 한 모금 딱 들이켜자마자 "맛있다!"를 외쳤다. 잔잔한 오렌지 향과 희미하게 느껴지는 단맛, 적당한 씁쓸함이 잘 어우러지는 드링커블한 맥주!

▪국적 : 영국 ▪도수 : 4.8% ▪스타일 : Wheat Ale ▪제조사 : Otley Brewing Company

OTLEY 09
BLONDE
ABV 4.8%

런던, Great British Beer Festival

아침 일찍 숙소에 짐과 자전거를 맡겨두고 길을 나섰다. 목적지는 런던 올림피아 전시장. 내 여행의 버킷리스트 중 하나였던 영국 맥주 축제 'GBBF(Great British Beer Festival)'에 참가하기 위해서였다. GBBF는 지금은 많이 사라졌지만 영국 전통 방식대로 양조되는 맥주 '리얼 에일(Real Ale)'을 한 자리에서 맛 볼 수 있는 맥주 축제로 영국에서 규모도, 영향력도 가장 크다.

가만, 진짜 에일이라고? 이는 다른 말로 캐스크 에일(Cask Ale)이라고도 불리는데 공장에서부터 살균, 여과 처리를 거쳐 탄산압이 케그Keg. 맥주를 보관하는 알루미늄 캔 통에 잡혀있는 대다수의 맥주와는 달리 이 과정을 거치지 않고 그대로 캐스크Cask. 나무통에 담겨 펍으로 운반된다. 그렇게 운반된 펍에서 2차 발효(자연 발효와 숙성)를 거쳐서 신선하고 독특한 진짜 에일이 만들어진다는 것. 다만 별도로 탄산을 주입하지 않아 맛이 다소 어색하고 밍밍하게 느껴질 수도 있다고 한다.

과거 활자로 이를 접했던 나는 그 '어색하고', '밍밍한' 맥주의 맛이 도무

맥주잔과 팜플릿을 집어 들고
탐험 준비 완료

팜플릿 속 탭 리스트들을 확인할 수 있다.

지 상상이 안 됐다. 내가 마셔온 맥주는 목구멍이 따가울 정도로 탄산이 가득하고 차가운 맥주들 뿐이었으니 말이다. 그런데 그 어색 밍밍한 맥주들을 한 자리에서 맛볼 수 있는 기회가 생긴 것이다. 바로 GBBF에서!

이 축제는 리얼 에일을 다시 부흥시키기 위한 캄라CAMRA(Campaign for real ale) 유통 및 보관의 어려움과 대기업의 라거 맥주의 인기 등으로 불황기를 맞이한 영국 전통 리얼 에일을 다시 부흥시키고자 자발적으로 만들어진 소비자 단체의 주요 행사로, 올해(여행 당시 2015년)의 테마는 "Discover your perfect beer!당신만의 완벽한 맥주를 발견하라!"였다. 이 축제를 통해 사람들이 자신만의 Real Ale을 발견하고, 이전에 시도해본 적이 없는 새로운 맥주를 탐험해볼 수 있는 영국 최고의 장소로 만들어주겠다는 포부를 담고 있었다. 그래, 이거야! 맥주 탐험! 행사가 시작되는 일정도, 내 여행의 취지에도 딱 들어맞는 축제!

두근거리는 마음을 부여잡고 도착한 런던 올림피아 전시장 입구는 아침부터 맥주를 마시기 위해 모인 사람들로 북적였다. 참 대단한 의지의

GBBF 뜨거운 현장 속으로

맥주 러버들이다. 현장에서 티켓과 가이드북을 산 나는 큰 입구를 지나 축제장 안으로 들어섰다. 특별히 화려하진 않아도 높은 천장의 실내 축제장 분위기가 꽤나 멋스럽고 웅장하다.

이 축제에선 앞쪽 부스에서 맥주잔을 구매하고 여러 부스를 돌아다니며 마시고 싶은 맥주를 양껏 사서 마시면 된다. 그 잔은 기념품으로 들고 가거나 혹은 반납하고서 돈으로 돌려받을 수도 있다. 60일이 넘는 자전거 여행 동안 맥주잔을 들고 유럽을 달릴 수는 없는 노릇이었으니 다시 반납할 마음으로 하프 파인트 잔을 하나 사서 천천히 부스들을 둘러봤다.

어서 와.
영국 맥주 축제는 처음이지?

'루비 마일드' 한 잔

그런데 이 축제장에 동양인에 여자 혼자 맥주잔을 들고 다니는 사람은 거의, 아니 나 혼자인 것 같았다. 뭔가 어른들 속 꼬맹이가 된 것 같은 요상한 기분. 무엇보다 가장 큰 난관이자 행복한 고민은, '뭐부터 마셔야 할까'였다. 900개가 넘는 탭 수에 기쁨 반 혼란 반. 책자를 이리저리 살펴봐도 뭘 마시라는 소린지. 눈이 돌아가다 못해 지진처럼 빠르게 요동치던 나는 책자를 덮어두고 부스들 앞에 섰다. 겁먹을 게 뭐 있어! 맛보지 못했던 새로운 걸 탐험해보라는 소리잖아. 그때부터 본격적인

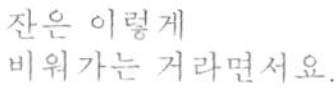
잔은 이렇게
비워가는 거라면서요.

탭 모양에 따라
맥주 스타일을 찾을 수 있다.

나 홀로 주문 전쟁이 시작됐다. 덩치 큰 아저씨들 사이를 비집고 들어가 두어 가지 탭들을 가리키며 직원에게 말했다.

"혹시 이것들 한 번 맛볼 수 있을까요?"

그러면 직원들은(대부분이 자원봉사자다.) 친절한 미소를 건네며 내가 집은 맥주들을 전부 시음해볼 수 있게 해줬고 난 그중 입맛에 맞는 맥주를 사서 마시면 됐다. 그중 내 선택을 받은 행운의 첫 맥주는 어두운 체리 색에 검붉은 과일 향이 감돌았던 '루비 마일드(Ruby Mind)'였다. 이게 바로 어색 밍밍하다는 그 리얼 에일이란 말인가? 취향이 그새 바뀐 건지 미각을 상실한 건지, 한 모금 넘기는 순간 신세계에 빠져든 나는 무언가에 홀린 듯 또다른 맥주들을 찾아다니기 시작했다.

GBBF에는 단순히 맥주를 마시는 것 외에도 테이스팅 세션과 같은 다양한 프로그램, 공연장, 푸드 코너 등 다양한 즐길 거리, 먹거리가 준비되어있다. 물론 미국이나, 벨기에 등 다른 국가의 맥주 부스도 있었지만 대부분 영국 맥주에 대한 관심이 컸다.

나 역시 이쪽저쪽 부스를 다니며 한 잔, 두 잔, 들이켜다 보니 슬슬 취기가 올라왔다. 아침 일찍부터 자전거를 탄다고 체력을 소진해버린 탓이 크다. 내 생애 최초로 리얼 에일을 맛본 것만으로도 충분했어. 이 역사적인 날. 맛에 취해, 분위기에 취해 부슬부슬 내리는 런던 비를 맞으며 오늘의 탐험은 이쯤에서 마치기로 한다.

Ruby Mild 루비 마일드

캐러멜, 구운 빵 향에 달콤 쌉싸름하지만 가벼운 목 넘김이 좋은 맥주.
초보 맥주 탐험가의 입맛을 북돋워줄 맥주로 충분했다.

■국적 : 영국 ■도수 : 4.4% ■스타일 : English Dark Mild Ale ■제조사 : Rudgate Brewery

세 번째 잔. 런던에서 만난 친구

'Beautiful British Beer(뷰티풀 브리티시 비어)'

내가 기억하는 대학 시절 그 친구의 모습은 그랬다. 언제나 질문에 서스럼이 없었고, 늘 당당했고, 분위기나 목소리 자체가 엄청난 하이톤이었다는 것. 그런데 그 친구를 한국이 아닌 런던에서 다시 만나게 됐다.

친구 기다리며 나도 낭만 허세를

런던 거리의 흔한 모습

"꺄!!!! 승하야! 반갑다! 잘 지냈어? 어떻게 여기까지 왔어!!!"

마라톤 대회가 한창이던 그곳에서 열심히 우리 존재를 알리던 친구 수영이의 목소리에 모두의 시선이 일제히 우리를 향했다. 아, 그냥 모른 척하고 지나갈 걸 그랬다.

"가자, 런던 구경시켜줄게!! 너가 가고 싶은 펍도 가야지!"

사실 친구는 런던에서 일을 구해 제법 오랜 시간 이곳 생활을 해오고 있었는데 때마침 시간이 맞아 일일가이드를 자처한 것이다.

우리는 먼저 세인트 폴 대성당(St Paul's Cathedral)에서 가까운 블랙 프라이어 펍(Black Friar Pub)을 찾았다. 나는 유럽 여행 중에 이기중 작가님의 『유럽 맥주 견문록』이란 책을 많이 참고했는데 그 책에 나온 영국의 첫 번째 펍이 바로 이곳이었다. 사진으로만 본 그곳에 내가 직접 와 다시 사진으로 담고 있다니. 가슴 한 켠이 찡해지면서 새삼 감격스럽다.

여긴 캄라가 지정한 우수 펍이자, 캐스크 에일을 맛볼 수 있는 영국의 오랜 역사를 자랑하는 펍 중 하나다. 삼각형 모양의 길쭉한 4층 건물. 독특한 외관만큼이나 내부 인테리어 역시 전체적으로 어두운 조명과 목재 가구로 고풍스러운 분위기를 풍겼다. 벽 상단에는 검은 옷을 입은 수도사들이 오랜 시간 그 자리를 지키고 있었다(실제 블랙 프라이어라는 이름도 수도원의 수사들이 입은 검은 옷에서 착안해 붙여졌다고 한다.).

직원의 추천을 받아 몇 가지를 테이스팅하곤 그중 씁쓸한 맛이 인상적이었던 '뷰티풀 브리티시 비어(Beautiful British Beer)'를 골라 야외 테라스로 자리를 이동했다. 테라스 옆 무성한 가지가 그늘을 만들어주었고 나뭇가지 사이로 따스한 햇살이 내리쬐고 있었다.

참 평화로운 오후다. 잠깐 그 여유를 즐기고 있을 때 근처 편의점에서 파스타를 사온 친구가 말했다(보통 외국의 펍들은 음식을 직접 사갖고 와도 무방하다.).

"영국 음식은 진짜 맛이 없어! 이 파스타도 해장을 해야 하니까 겨우 먹는 거야."

어제도 밤늦도록 술을 마셨다는 친구. 덕분에 내가 받아든 맥주잔을 잘 쳐다보지도 못했다.

블랙 프라이어 펍 내부

"그래도 이렇게 런던 생활을 혼자서 해내다니 정말 멋지다. 여긴 다들 어쩜 이렇게 여유롭고 낭만이 넘쳐?"

"어휴. 꼭 그렇지만도 않아."

친구는 그간 있었던 이야기보따리를 풀어놓았다. 어렵사리 직장을 구한 이야기, 여전한 인종차별, 여행자만큼이나 흔한 소매치기, 이 정도의 파스타도 맛있는 축에 속한다는 이야기까지(이게 들은 이야기 중 가장 슬픈 이야기였다.). 늘상 밝고 당당했던 친구의 입에서 나온 말들은, 내가 SNS로 봐왔던 런던 생활의 화려한 포장지를 한 꺼풀씩 벗겨내고 있었다.

하지만 정글은 언제나 맑은 뒤 흐림. 또 흐림 뒤 맑음이 아니던가. 많은 이야기들을 끝내고 빠르게 그 감정을 털어내버리던 친구는 다시 웃으며 이렇게 말했다.

삼각형 모양의 블랙 프라이어 펍

저기요, 어느 맥주가 맛있을까요.

"그런데 말이야. 참 신기하게도 난 이곳 런던 생활이 좋더라. 웃기지?"

직장을 구하긴 힘들었지만 하고 싶은 일을 찾아가는 중이고, 곳곳에 인종차별이 심하지만 좋은 직장 동료들이 늘 반겨주고 있었고, 음식은 맛없지만 맥주가 너무 맛있고, 그래서 어제는 그 좋아하는 직장 동료들과 좋아하는 맥주를 실컷 마셨고. 그런 불편함과 고충을 이기게 해줄만한 것들이 한국에서라면 감히 상상하지도 못했을 만큼 이 런던에는 가득하다는 것이다. 그 말을 하면서 눈을 반짝이던 친구의 모습은 어쩐지 내가 기억하는 대학 생활 속 모습보다 더 크고 단단해진 느낌이었다. 혼자 부딪히고 앞으로 나아가면서 본인이 가진 도전의 크기도 행복의 크기도 더 큰 사람이 되어가고 있는 게 아닐까? 그 순간 많은 생각들이 교차했다. 새로운 장소에서 전보다 새로워진 친구와의 만남은 언제나 내게 큰 자극제가 되어준다. 그리고 이 블랙 프라이어 펍이라는 공간은 나라는 사람에게 그런 가치를 전해준 곳으로 기억될지도 모르겠다.

잔을 비우고도 한참을 이야기 나누던 우리는 서둘러 다른 장소로 이동하기로 했다. 이 먼 나라 영국. 그리고 런던 땅에서 하루 동안 즐겨야 할 펍과 이야기들은 넘쳐났기에!

Beautiful British Beer 뷰티풀 브리티시 비어

밝은 구리색을 띤다. 맥아의 고소한 풍미가 돋보이나 홉 향은 두드러지지 않았다.

꽤나 가볍고 깔끔한 피니시에 여성들이 좋아할 만한 맥주!

▪ 국적 : 영국 ▪ 도수 : 4% ▪ 스타일 : Bitter ▪ 제조사 : Ramsgate Brewery

네 번째 잔. 요정의 장난

'Hobgoblin(홉고블린)'

"으악! 이게 뭐야. 나 보고 죽으란 소리야?!!"

캔터베리(Canterbury)에서 구글맵이 친절히 알려주는 경로를 지정해두고 출발한 지 30분째 내가 당도한 곳은 A2번 국도. 지옥이란 게 이런 것일 수도 있겠구나를 실감하게 해준 공포의 구간이었다.

적응된 줄 알았던 런던 도로

고속도로를 방불케 하는 차들의 속도와 그에 치여 도로 여기저기 흩어져 널브러져 있는 야생동물들. 마음이 참 안쓰럽다가도 쌩 하고 내 옆을 지나가는 차에 다시 온 신경을 핸들에 집중한다.

무려 1시간이라는 길고 긴 A2번 국도에서의 악몽이 끝나고 겨우 도착한 레베카(Rebecca)와 데이비드(Daivd) 부부의 집. 여전히 새로운 만남은 앞두고는 늘 떨린다. 숨을 깊게 들이마시고 초인종을 눌렀다. 문 너머로 누군가 마룻바닥을 쿵쾅쿵쾅 울리며 달려온다. 문이 열렸고 그와 함께 데이비드는 소스라치게 놀라며 말했다.

"안녕하세요?"

"Ha?

"오우 마이 갓!"

"우린 당연히 남잔 줄 알았어! 여자라니, You crazy너 미친 거 같아!"

영국에 와서 미쳤다는 소리 참 많이 듣는다. 그들에게 '자전거 여행자 = 대다수 남자'라는 공식이 익숙했고, 특히나 맥주 여행이라면 그건 더 분명했다고 한다. 그래서 내 웜샤워 메시지를 받자마자 당연히 남자일 거라고 확신했는데 여자라고? 여행의 주제뿐 아니라 주체 덕분에 더 재밌어졌다고 한다. 글쎄. 난 그리 놀랍지도 않지만 존재만으로 이렇게 즐거워해주다니, 언제 또 그런 서프라이즈한 사람이 되어보겠는가.

막 샤워를 마치고 나온 내게 데이비드는 냉장고에서 바로 맥주를 꺼내줬다. 영국 '위치우드 브루어리(Wychwood Brewery)'의 '홉고블린(Hobgoblin)'이라는 맥주였다. 이 브루어리의 시리즈들은 라벨에 그려진 마녀, 요정, 신화 속 인물 등을 주제로 한 개성있는 삽화로 유명한데 그중 홉고블린은 유럽의 장난기 많은 요정족이다. 도끼를 들고 있는 홉고블린의 표정을 가만 들여다보고 있자니 참 얄밉다. 꼭 오늘 나를 괴롭힌 A2번 국도처럼.

"Ha, 오늘 저녁이랑도 잘 어울릴 거야. 맘껏 마셔! 맥주는 얼마든지 있으니까!"

잔에 담긴 맥주는 검붉은 루비 색깔이었다. 루비에, 요정이라. 갑자기 머릿속을 스친 "마이 프레셔스…" 골룸처럼 어깨를 한껏 움츠린 나는 천천히 맥주잔을 반지처럼 들어올린 후 한 모금쯤 들이켰다. 크, 굉장히 달콤쌉싸름해! 눈이 동그래진 날 보며 웃던 데이비드가 말했다.

"하하. 여전히 안 믿겨! 어떻게 맥주 여행을 할 생각을 했지? 너무 신기해!"

"음, 글쎄요. 독일에서 맥주와 소시지를 먹으려고 했는데 일이 너무 커져버렸지 뭐예요."

"오 마이 갓!"

"역시나 쉽지 않은 것 같아요. 오늘 달려온 길처럼요."

"우리 집까지 어느 도로로 달려왔는데?"

"A2번 국도였어요."

"설마! 그곳은 위험해서 자전거는 다니기 힘들어. 차들이 쌩쌩 달린다구! 조금 둘러오면 더 안전한 길이 있어. 여길 봐!"

그가 노트북으로 보여준 구글맵에는 내가 달려온 직선거리와 다르게 고도는 조금 높아도 안전한 구간이 있었다. 자세히 보니 내가 구글맵에서 최소 거리를 지정했다가 길을 잘못 들어 다른 국도로 빠진 것이었다. 그곳은 자동차 통행량이 많은데다 제한 속도가 높아 종종 라이더들의 사망 사건이 보도된다고 했다. 그런데 그 길을 달려왔다니! 오랜 시간 충격에서 벗어나지 못하고 있을 때 부엌에 있던 레베카가 요리를 들고 나왔다. 갖은 채소와 양고기가 들어간 스튜였다.

"Ha, 그래도 무사히 돌아와서 다행이야. 오늘 고생 많았으니 마음껏 먹어!"

그녀가 건넨 접시에는 갓 만든 음식의 온도와 마음의 따듯함이 한가득 담겨있었다. 온종일 A2번 국도의 후유증에서 벗어나질 못했는데 이렇게 맛있는 음식을 먹고 맥주를 마실 수 있다니. '그래도 살아서 이걸 맛보는 구나' 하는 생각에 그제야 몸과 마음이 놓였다. 다시 테이블에 놓여있던 홉고블린 병이 보였다. 그는 내게 이렇게 말을 건넸다.

'크크. 어때? 달콤하지? 어차피 인생은 단짠단짠의 연속이잖아.'

어쩜 오늘 일어난 처절한 모든 일들이 저 장난기 가득한 요정이 부린 마법이 아니었을까.

홉고블린 맥주 한 잔

맥주와 어울리는 레베카의 스튜

Hobgoblin 홉고블린

검붉은 과일 향과 초콜릿 몰트 향. 달콤하지만 잔잔하게 남는 씁쓸함이 굉장히 마음에 드는 맥주였다. 짭조름하면서도 달콤했던 레베카의 스튜와도 굉장히 잘 어울렸으니 입안도 단짠단짠의 연속!

▪국적 : 영국 ▪도수 : 5.2%(Bottle 기준) ▪스타일 : Ruby Beer ▪제조사 : Wychwood Brewery

'Forty Niner(포리 나이너)'

여기저기서 피어오르는 담배 연기,

한 장 한 장 신중하게 카드를 넘기는 소리,

중앙 테이블에 둘러앉아 그 카드놀이에 열중하고 계신 어르신들.

저녁 식사를 마치고 우리가 찾은 이곳은 동네 어르신들의 아지트 같은 곳이었다. 그 분들을 향해 다 함께 인사를 드리니, 옅은 미소와 함께 고개를 잠깐 끄덕이시곤 다시 카드놀이에 집중하셨다. 그러자 레베카가 말했다.

"늘 저렇게 둘러앉아 카드놀이를 하고 계셔. 참 재미있는 분들이시지."

카드를 쥔 손마디 끝까지 온 신경을 쏟아 집중하고 계신 어르신들의 모습이 어린아이들처럼 새삼 귀엽게 느껴진다. 우리는 그 분위기를 깨트리기 싫어 칸막이가 쳐져있는 한 테이블에 자리를 잡았고, 데이비드가 평소에 즐겨 마신다는 '포리 나이너(Forty Niner)'를 주문했다. 때마침 우리

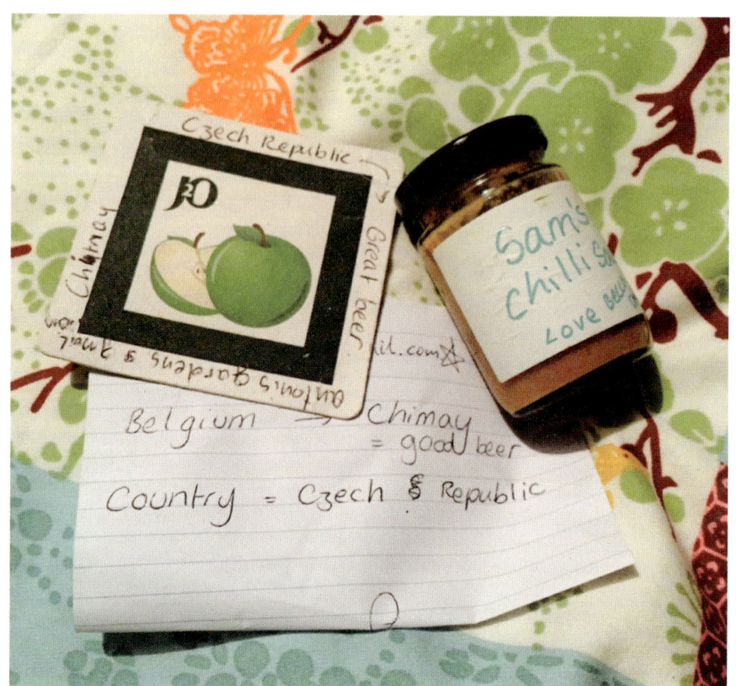

펍에서 만난 친구들에게서 받은 소중한 선물들

옆 테이블에 프랑스인 부부가 앉았는데 레베카가 건넨 인사에 우린 자연스럽게 일행이 됐다. 그리고 레베카가 날 부부에게 소개했다.

"여기는 한국에서 온 Ha, 지금 자전거를 타고 맥주 여행을 하고 있죠!"

"세상에! 멋진 걸요! 우린 곧 아이리시 펍을 열 예정이에요. 지금은 아이디어를 얻기 위해 여행을 하고 있고요. 펍 개업하면 꼭 초대할게요!"

"감사합니다! 다음엔 그리로 자전거 여행을 떠나야겠네요!"

기약 없는 약속이 될 것이라는 걸 알지만 상상만으로도 그저 신이 났다. 한창 대화를 나누고 있는데 펍으로 들어오던 한 남자가 우리에게 말을 걸었다. 데이비드의 친구였다. 이번엔 데이비드가 날 친구에게 소개했다.

"여기는 한국에서 온 Ha. 지금 자전거를 타고 맥주 여행을 하고 있어!"

"세상에!! 멋진데!! 나도 맥주광이야. Ha, 벨기에를 가면 꼭 '시메이(Chimay)'를 맛봐! 또 뭘 마셔야 하냐면, 아니다. 내가 적어줄게!"

순식간에 벌어진 일이었다. 3명에서 5명, 또 5명에서 6명으로. 카드놀이를 하고 계시던 어르신들처럼 우리 역시 맥주를 중앙에 두고 한 테이블에 둘러앉았다. 나를 소개해주는 레베카 부부며 소개받은 친구들의 반응이며, 그 장면이 새삼 신기하다가도 맥주라는 공통 관심사로 금세 친구가 되가는 것. 또 이렇게 사람들을 한자리에 끌어모으는 것이 맥주가 가진 매력이 아닐까 싶다.

그래, 내가 담고 싶었던 맥주 이야기는 이렇게 단순한 거였을지도 모르겠어. 지역 곳곳의 다양한 맥주들만큼 다른 국적, 다른 언어를 사용하는 사람들의 이야기를 담아내는 것. 이렇게 맥주 한 잔을 두고 풀어내는 말들과 함께.

"Cheers!"

함께 잔을 부딪치는 그 순간을 기록하는 것 말이다.

펍에서 맥주를 기다려봅니다.

Forty Niner 포리 나이너

감귤류와 옅은 캐러멜 향기가 났다. 입안 역시 캐러멜의 달달함이 감돌지만 약간의 쌉싸름함과 드라이했던 피니시.

■국적 : 영국 ■도수 : 4.9% ■스타일 : Bitter ■제조사 : Ring Wood Brewery

#2 프랑스의 맥주 1잔

프랑스에서 마신 벨기에 맥주 'Chimay(시메이)'

"Ha. 여기 이게 너야! 늘 행운을 빌어!"

이른 아침, 떠날 채비를 하고 있는 내게 레베카는 그녀의 그림을 담은 현수막을 건넸다. 사실 이 현수막은 내 여행과 여행 후원사를 소개하는 용도로 만든 것이었는데 이렇게 짧게나마 스친 인연들의 메시지를 받아두기 시작하면서 그 자체만으로 훌륭한 호스트 롤링 페이퍼가 되었다. 그림 속 나는 영국 깃발을 단 자전거에 올라타 한 손에는 맥주잔을 들고 미소 짓고 있었고, 그 옆엔 그런 나를 반기는 레베카와 데이비드가 있었다.

"세상에, 레베카 정말 멋진 그림이에요. 고마워요!"

지난밤, 내게 많은 추억을 선사해준 참 고마운 사람들과 또 그들의 따스한 온기가 묻은 공간. 레베카와의 진한 포옹을 끝으로 그 집을 나

선다. 하지만 집 나오니 개고생, 행운의 약발은 여기서 끝이란 말인가. 아침부터 줄기차게 내려준 비 덕분에 시야는 뿌옇게 흐려지고 때마침 약속이라도 한 듯 오르막길을 오르던 중 체인이 빠져버렸다. 혼자 씩씩거리며 안장에서 내려오다 그 무게에 못 이겨 자전거와 땅바닥에 철퍼덕. 연이은 악재에 괜히 욱한 감정이 올라온다. 이놈의 자전거를 왜... 매번 길 위에서 만난 인연들은 좋았지만 도로는 얄궂었던 영국. 얼른 이 영국을 벗어나야겠다.

영국에서 프랑스로 건너가기 위해선 여러 방법이 있는데, 나는 페리를 타고 칼레 항까지 이동하기로 했다. 탑승을 위해 한참 동안 비를 맞으며 레인에 서있었더니 온몸이 오들오들. 더위도 그냥 못 참는데, 추위는 죽어도 못 참아! 페리에 탑승하자마자 자전거를 묶어두고 카페를 찾았다. 그리고 남은 파운드를 탈탈 털어 평소엔 잘 마시지도 않던 따뜻한 카페모카를 사 들고 바다가 잘 보이는 창가 자리에 앉았다. 창밖은 여전히 비가 추적추적 내리고 있었고, 떨어지는 빗방울에 바다 표면은 잔잔히 요동치고 있었다. 프랑스에서는 이 비가 그쳐야 할 텐데. 괜한 걱정은 잠시 덮어두고 양손으로 꼭 쥔 따뜻한 커피 잔의 온기에 다시금 집중해본다. 그냥 이대로 따뜻한 욕조에 몸을 푹 담그고 하루 종일 잠들면 얼마나 좋을까. 그 생각이 간절해질 때쯤 내 옆 테이블에서 한국말 소리가 들려왔다.

단체 여행객인듯한 그들의 대화 주제는 이랬다. 내리자마자 어떤 맛집과 박물관을 갈 것이고, 내일은 프랑스 또 며칠 후엔 스페인 어느 박

페리 안에서 창밖을 내다보며

따뜻하게 커피 한 잔

물관을 들렀다 어느 호텔을 갈 것이고. 굳이 훔쳐 들으려 하지 않았는데도 같이 대화를 하는 것 마냥 귀에 쏙쏙 들어왔다.

금전적으로나, 이동 수단에 있어서나 제약이 많았던 나에 비해 그나마 자유롭게 가고 싶은 곳을 가고 먹고 싶은 것을 먹을 수 있다는 것. 비교가 불행의 첫 단추임을 알면서도 그들의 여행 일정과 하나둘씩 비교를 하고 있으니 새삼 그들의 여행이 대단해 보이면서 부럽기까지하다. 뭐 저마다 사정은 있겠지만 그들은 적어도 이런 날씨에 비를 맞으면서 자전거를 타진 않겠지. 씁쓸한 마음에 자전거 헬멧을 만지작만지작 거리고 있으니 순간 정신이 번쩍 든다.

남들과는 조금 다른 여행이 될 줄 알고 선택한 방법이면서 왜 여기까지 와서 비교를 하고 있는 거야. 그들과는 또 다른 여행을, 그리고 다음엔 또 다른 방식의 여행을 해볼 수 있는 기회가 생긴 거잖아. 덕분에 이 커피 한 잔의 소중함도 절실히 느끼고 있는걸. 안개처럼 뿌옇게 흐려진 내 정신을 잡기 위해 남은 커피를 쭈욱 들이켰다(결국엔 두 번째 여행도 자전거 여행. 이쯤 되면 운명인가 보다.).

칼레 항에 도착하니 다행히 비는 그친 상태였다. 페리에서 내린 후 곧장 칼레 항 근처 호스텔에 짐을 풀고 카운터로 내려갔다. 체크인을 할 때부터 꽤나 친절했던 직원이 있어 그에게서 동네 펍을 몇 군데 추천받고 길을 나섰다. 비가 그친 뒤라 항구 전체가 스산했지만, 왠지 모르게 마음 한편은 후련했다. 칼레 항 번화가에는 쭉 뻗은 도로 양쪽으로 음식점, 펍들이 즐비해있었다. 그중 직원이 추천해준 '라 탱발(La Timbale Cafe)'이라는 곳을 먼저 찾았다.

평범한 동네 술집 같은 분위기에 딱히 특별할 건 없었던 그곳. 나는 카운터 의자에 걸터앉아 탭 리스트들을 살폈다. 하루 종일 비를 맞은 탓에 온 몸이 축 처져서는 이를 달래줄 높은 도수의 맥주가 필요했다.

"그럼 '시메이(Chimay)' 벨기에 맥주로 골드, 레드, 화이트, 블루 네 가지가 있다 가 어때?"

직원이 말했다. 내일이면 도착할 벨기에지만 미리 맛보는 것도 좋겠다며 난 흔쾌히 그러겠다고 했다. 꼭 프랑스에서 프랑스 맥주만 마셔야 할 필요가 있나. 빈속에 8%의 높은 도수를 마신 탓인지 금세 취기가 올라온 몸이 노곤해진다. 그래. 이 맛에 맥주 여행을 하지.

문득, 아침에 레베카가 그려준 그림이 떠올랐다. 편안하게 이동하는 것도, 유명 관광지를 찾아 다니는 것도 아니지만 이렇게 동네 펍을 찾아 맥주를 마시고, 그 한 잔으로 행복해하고 위로받는. 이게 내 방식이고 내 자전거 맥주 여행이었다.

프랑스에서
벨기에 맥주를 마신다

레베카가 그려준 인사

Chimay White 시메이 화이트

프랑스에서 벨기에 맥주를!
옅은 주황색에, 바나나 향, 그리고 은은한 꽃향기가 풍겼다. 무엇보다 의외였던 것은 진득함이 강한 트라피스트일 줄 알았는데 그보다는 부드러운, 전체적으로 경쾌하고 화사하다는 느낌을 주는 맥주였다.

▪국적 : 벨기에 ▪도수 : 8% ▪스타일 : Tripel ▪제조사 : Chimay

#3 벨기에의 맥주 8잔

일곱 번째 잔. 첫 캠핑

캠핑장의 첫 맥주 'Jupiler(주필러)'

캠핑이라면 '낭만'이란 단어밖에 떠올리지 못했던 내겐 그 존재만으로도 설레고 두근거리는 단어였다. 그런데 오늘 그 첫캠핑을 시작한 날이다. 어제완 달리 하늘도 맑고 햇볕도 쨍쨍 내리쬐는 게 이 모든 감정들을 한껏 더 들뜨게 만들어준다. 더군다나 호스텔 안에서 하루 종일 널어놔도 마르지 않던 양말이 20분 만에 바짝 말라버리니 이만한 자연 건조가 어디겠는가. 그렇게 세상 밝은 표정을 지으며 도로를 질주하다 프랑스-벨기에 사이의 국경을 그냥 지나쳐버렸다. 어라? 저게 국경인가? 다시 한 번 왔던 길을 되돌아가 그 앞에 자전거를 멈춰 세웠다.

"아싸!!! 국경이다!!!"

어쩐지, 여행 내내 큰 것부터 사소한 것까지 '처음'이고 또 '감탄' 투성이다. 이제껏 얼마나 일상에 변화를 주지 않았는지 절실히 깨달을 수 있는 부분이기도 하면서 또 언제 이런 일이 있을까, 한편으론 아쉬운 마음

아침마다 자전거와 준비운동

도 든다.

국경을 지나 가까운 까르푸에서 장을 보고 근처 '그린파크(Greenpark)' 캠핑장으로 향했다. 직원은 잠시 자릴 비운 상태였고 대신 야외 테라스에 앉아있던 한 여성이 내게 다가왔다.

"우선 아무 자리나 텐트를 쳐도 괜찮을 거예요. 혹시라도 직원이 오면 알려줄게요!"

날이 좋아서인지 캠핑장을 찾은 가족들이 꽤나 많았다. 나는 그중 커다란 나무 아래 풀이 무성하고 땅이 평평한 곳에 자리를 잡았다. 텐트를 30분 동안 끙끙거리며 겨우 쳐놓고 마치 동면 들기 전 만반의 준비를 하는 동물처럼 까르푸에서 사둔 '주필러(Jupiler)' 맥주와 빵, 샐러드를 미친

평탄하고 한적한 프랑스 해안 도로

자연 건조기란 이런걸까요.

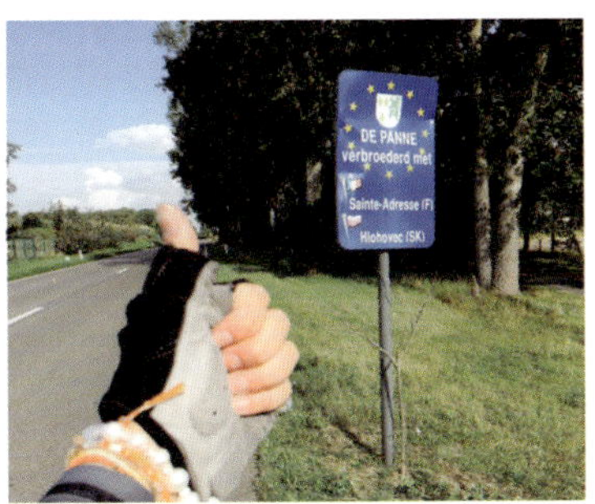

프랑스에서 벨기에로. 지금 만나러 갑니다!

듯이 먹기 시작했다. 자전거 여행을 하면서 느낀 건데 '나.는. 언.제.나. 배.고.프.다.'

8월 말에 접어드니 유럽의 밤공기는 차가웠고, 추위에 떨며 한밤중에 깨지 않으려면 배불리 먹고 마셔서 깊은 잠에 들어야 했다. 레베카가 챙겨준 칠리소스와 샐러드, 마지막으로 맥주 한 캔을 비우고 나니 슬슬 졸음이 밀려왔다.

아직 해가 질 기미도 보이지 않았지만 내일을 위해 일찍 잠을 청하자며 옷을 네 겹 정도 껴입고 침낭 안으로 들어갔다. 이렇게 포근하고 배부른 캠핑 생활이라면 정말 할 만한데? 첫 캠핑을 무사히 마친다는 안도감에 눈이 스르르 감겼다.

바스락 바스락 - 몇 시간쯤 지났을까. 벌써 아침인가? 익숙지 않은 소리에 번쩍 눈이 떠졌다. 아침은 커녕 밖은 아직 컴컴한 오밤중이었다. 발자국 소리가 내 텐트 주위를 한참 동안 맴도는데 뭐야? 설마 캠핑장

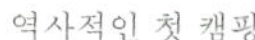

역사적인 첫 캠핑

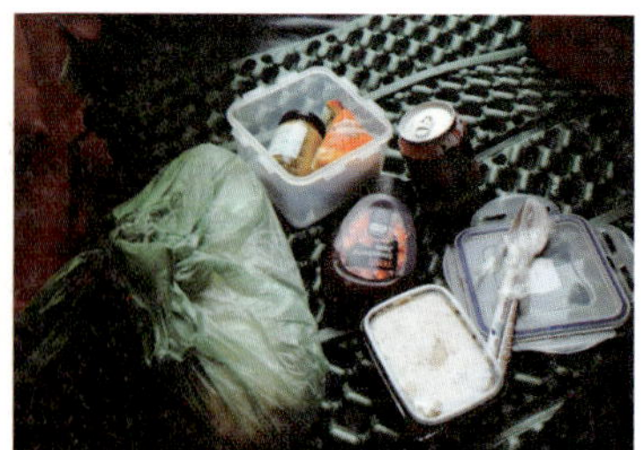

숙면을 위한 저녁 만찬

에서 강도 사건이라도 일어나는 건가. 무서워 죽겠다고! 때마침 한 중년 남성이 내 텐트를 두드리며 외쳤다.

"Hey! Hey!! 문 열어 봐요!!"

떨리는 마음으로 아주 천천히 지퍼를 반쯤만 열었다.

"…네?"

"내일 체크아웃할 때 결제하고 가세요. 굿나잇(방긋 :))."

아까 만나지 못했던 캠핑장 직원 아저씨였다. 조금 자상하게 두드려 주시지. 나는 놀란 가슴을 쓸어내리며 알겠다고 전했다. 내일 일정을 위해서 다시 잠에 들어…

두두두두둑– 아, 이번엔 또 뭐야? 텐트에 폭격기라도 떨어지는 듯한 요란한 소리가 들리기 시작했다. 눈을 번쩍 뜨고 잠시 숨을 멈춘 채 천천히 눈알을 굴렸다. 또 뭐냐고! 난 이렇게 뉴스에 실리기 싫다고!!! 머리맡에 올려뒀던 호신용 칼과 가위를 양손에 움켜쥐고 그 소리가 멈추길 기다렸다. 그런데 가만히 듣고 있자니 뭔가 조금 이상하다? 이건 빗방울 소리잖아? 이 낯선 환경에선 고작 빗방울 소리도 폭격기 소리로 들리다니. 자라 보고 놀란 가슴, 솥뚜껑 보고 놀란다고 했던 옛 어르신들의 말씀 하나 틀린 것 없다. 이렇게 매 순간 긴장되고 초조한 캠핑이라니. 상상 속 낭만 캠핑은 개나 줘버리라지.

그렇게 두 번쯤 깨고 나니 쉬이 잠이 들지 않았다. 새벽 내내 텐트 주위를 맴도는 바스락 거리는 소리는 혹시라도 여자 혼자 텐트 치는 걸 본 흑심을 품은 아저씨가 텐트를 부수고 들어오려는 게 아닐까. 총이라도 들고 "헤이. 김미 더 머니"라고 하면 어쩌나. 캠핑장 안은 안전해서 걱정 말라고들 하시지만 와이파이도, 전화도 안 되는 이 상황에서 난 무방비 상태나 마찬가지니 골로 가도 모르겠다 싶은 거다.

결국 뜬눈으로 밤을 지새우고 동이 트고 사람들의 인기척이 들릴 때쯤에서야 겨우 한두 시간 잠이 들었다. 잠을 설친 탓에 얼굴은 퉁퉁 부어있고 가위를 쥐고 잔 손은 저리기까지 하고. 텐트 밖으로 천천히 기어 나온 나의 몰골은 영화 『링』 속 귀신보다 흉측하기 짝이 없다.

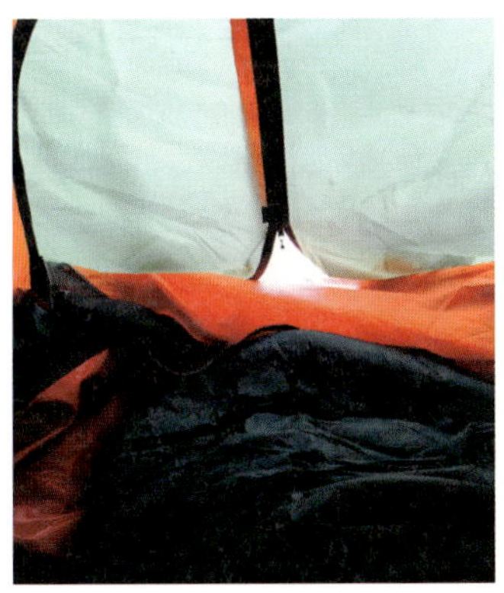

이대로 누우면 숙면이 될 줄 알았어요.

아, 당분간은 캠핑은 하지 않으련다.

Jupiler 주필러

미세한 오렌지, 캐러멜, 곡물 향에 쌉싸름한 피니시의 맥주. 사실 그리 인상적인 맛은 아니었다.

▪ 국적 : 벨기에 ▪ 도수 : 5.2% ▪ 스타일 : Pale Lager ▪ 제조사 : Brasserie Piedboeuf

여덟 번째 잔. 덕통사고

벨기에 맥주, Trappist(트라피스트) 맥주에 빠지다

웜샤워들에게 뿌려놓은 메일을 확인할 때였다. 한 호스트가 집에 와도 좋다는 말과 함께 추신으로 붙인 질문이 있었다.

「Ps. A quizz : Which beer was named 'The Best Beer in the World' in 2005 and 2013?

Just keep me informed of approximative time of arrival at Oostende.

추신. 퀴즈 : 2005년과 2013년에 어느 맥주가 '세계 최고의 맥주'로 선정 되었습니까? 오스텐데에 도착하는 대략적인 시간을 알려주십시오.」

이거 진짜 맞추라는 거야 뭐야? 틀리면 집에 못 가는 건가? 2005년, 2013년의 세계 최고 맥주라. 어디서 읽은 것 같기도 한데. 뭐였더라... 그러다 문득 떠오른, 그래. 내겐 만능 구글 선생님이 있었지! 약 0.2초 만에 펼쳐진 구글 선생님의 친절한 답변 덕분에 난 이미 알고 있었다는 듯

'정답!'을 외쳤다(그래. 정말 자연스러웠어.).

그렇게 나는 벨기에 해변의 도시이자, 휴양지로 손꼽히는 오스텐데에서 퀴즈를 낸 나의 세 번째 웜샤워 호스트 데니스(Denis)를 만났다. 그는 집에 도착하자마자 짐도 풀기 전에 말했다.

"Ha! 정답을 맞췄으니 직접 보여줄게!"

데니스는 부엌으로 가더니 참기름 병이 가득한 커다란 상자를 들고 왔다. 세상에나, 데니스 의외로 한국적인 입맛이네. 상자를 테이블 위에 조심스레 올려놓고는 무언가를 해낸 듯 양 손을 허리 위에 올렸다.

"짜잔. 이게 바로 그 '베스트블레테렌(WestVleteren) 12'지!"

베스트블레테렌 12 맥주로 말할 것 같으면, 세계 최고의 맥주라는 주제에 늘 등장하며, 유명 맥주 평가 사이트에서 장기간 1위 자리를 지킨 바로 그 맥주였다. 직접 본 건 또 처음이다. 베스트블레테렌 12의 자부심은 아무런 표식도 없는 라벨에서 찾아볼 수 있는데, 군더더기 같은 설명 없이 그저 맛으로 승부하겠다는 느낌이다. 대신 이름, 도수, 유통기한 등의 모든 정보는 병뚜껑에 담았다. 2015년 이후에는 레이블 정책이 바뀌며 디자인을 입히기 시작했다고 한다.

이뿐만이 아니었다. 데니스는 갑자기 더 보여줄 것이 있다며 냉장고에서 뭔가를 더 꺼내왔다. 로슈포르(Rochefort), 시메이, 베스트말레(Westmalle)

등등 (모두 다 트라피스트다.) 무슨 트라피스트 전시회 마냥 트라피스트 맥주가 테이블 가득 펼쳐졌다. 그는 평소 맥주를 즐기는데 그중에서도 트라피스트를 유독 좋아한다고 했다. 사실 트라피스트는 벨기에 맥주 중 상징적인 존재라 할 만큼 중요한 부분을 차지한다.

트라피스트(Trappist) 맥주란 가톨릭의 수도원 중에서도 규율이 엄격한 트라피스트 수도회에서 만든 수백 년의 역사를 가진 맥주이다. 중세 시대에는 수도사들이 단식 기간에 영양 보충을 위해, 또 일부는 수도원 유지 비용 마련을 위해 판매용으로도 쓰였다고 한다. 지금은 전 세계 단 12곳만 ITA(국제 트라피스트 협회)가 정한 '트라피스트' 조건을 충족해 그 타이틀을 달고 있다(2017년 기준).

수도원 양조장 자전거 투어 책자

데니스의 트라피스트 전시회

트라피스트 베스트블레테렌 12

베스트블레테렌 12는 '성 식스투스 수도원(Sint-Sixtusabdij)'에서 만드는 트라피스트 맥주로 상업적 이윤을 배제하고 수도원의 유지와 수련을 위해서 수량을 한정해서 제작하고 있다. 또한 판매 수량 역시 1인당 20달러에 1박스(24병)로 제한해두었다고. 수도원 외의 장소에선 판매를 금지하고 있어 해외는 물론 벨기에 내에서도 구하기 어려운 맥주지만, 레어템일수록 어둠의 경로도 존재하는 법. 최근에는 이러한 방침과 달리 유명한 보틀샵, 펍 등에서는 베스트블레테렌을 입수한 다음 조금씩 재판매한다고 한다.

데니스는 예약 구매로 정말 어렵게 어제 맥주를 받아왔는데, 운 좋게도 내게 보여줄 기회가 생겼다고 했다. 그는 내게 '럭키걸'이라고 엄지를 치켜 세워줬지만 어쩐지 나는 좀 미안해지는데? 정말 가장 쉽고 편안한 방법으로 베스트블레테렌을 접하게 되었으니 말이다.

"Ha, 너도 이걸 맛보면 트라피스트 맥주의 매력에 빠지고 말 거야. 정말 원하는 만큼 마음껏 마셔!"

나는 "맘껏 마셔!"라는 그 말이 참 좋다. 그렇다고 진짜 맘껏 마실 수도 없지만 그 말은 사람을 참 편하게 해주는 말이다. 고맙지만 데니스, 이번엔 예외로 힘들어도 맘껏 마셔볼까 봐요. 데니스는 전용잔에 맥주를 따라 내게 건넸다. 검붉은색과 그에 맞는 과일 향이 그윽하게 잔을 채운다.

천천히 한 모금을 들이켜자 세상에, 처음 먹어보는 맛이야. 명성만큼 대단한 맛의 맥주인지 난 맥주를 모르지만 훌륭한 맥주임에는 틀림없다. 한 번 큰 충격을 받고 나니 다른 맥주들도 궁금해진다. 나는 슬쩍 테이블로 다가가 또 새로운 병을 하나 집어 들어본다. 이렇게 한 병, 한 병 트라피스트에 '덕통사고'를 당하게 해준 데니스에게 무한 감사를 드리며, 오늘은 '맘껏' 그 약속을 한 번 지켜보려 한다. 사랑해요. 데니스♡

베스트블레테렌, 제가 한 번 마셔 보겠습니다!

Westvleteren 12 베스트블레테렌 12

고도수답게 적당한 진득함과 환상적인 풍미를 자아냈는데 탄산기도 거의 없고 전체적으로 알차고 부드러운 맛이 일품이었다.

■ 국적 : 벨기에 ■ 도수 : 10.2% ■ 스타일 : Quadrupel ■ 제조사 : Westvleteren Abdij St. Sixtus

TRAPPIST
WESTVLETEREN

CHIMAY

아홉 번째 잔. 브뤼헤(Brugge)를 담은 광대

'Brugse Zot(브뤼흐스 조트)'

벨기에 천사 데니스와 나는 이른 아침부터 분주히 움직였다. 함께 브뤼헤(Brugge)까지 이동한 후 그곳에 있는 브루어리 투어를 하기로 했기 때문이다. 아침 식사를 마치고 자리에서 일어나려 하자 데니스는 말했다.

"Ha, 샌드위치를 미리 만들어가자! 25km는 달려야 되니까."

"좋아요!"

남은 빵으로 샌드위치를 한 개 만들고 있으니 그는 내게 하나론 부족할 것이라고 했다. 하긴, 내가 생각해도 너무 겸손한 개수였다. 결국 아주 적당하게(?) 3개의 샌드위치를 만들어 가방에 넣어놓고 우린 집을 나섰다.

데니스를 따라 집을 나서다.

다시 이곳을 찾는다면 자전거는 두고와야지.

친절한 호스트 데니스와 함께

벨기에는 자전거 도로가 정말 잘 되어있는 편인데, 데니스의 말로는 'Fietsnet(http://www.fietsnet.be/routeplanner/default.aspx)'라는 사이트를 이용하면 굳이 구글맵으로 찾지 않아도 표지판의 번호만 보고도 길을 찾을 수 있다고 했다. 그 사이트에서 시작점과 도착점을 정해두고 그 사이에 있는 자전거 도로 번호를 따라 루트를 짜고 나중엔 표지판을 보며 그 번호만 매치해가며 달리면 된다는 것이다. 그 방법대로 우린 오스텐데에서 브뤼헤까지 구글맵을 단 한 번도 켜지 않고 약 25km를 달려왔다.

작은 규모의 도시에 운하가 많아 서유럽의 베니스라 불리는 브뤼헤. 고풍스럽고 아름다운 건물들에 골목 여기저기 누비고 다니는 마차까지. 정말 동화 속 마을에 온 듯했다. 여러 상점과, 박물관에 감탄하여 우린 오늘의 목적지 '드 할브만 브루어리(De Halve Maan Brewery)' 이 브루어리의 이름에서 Halve는 Half, Maan은 Moon이라는 뜻으로 직역하면 반달이지만, 로고는 '초승달'이다로 향했다.

이곳에서 생산되는 맥주 중 하나인 '브뤼흐스 조트(Brugse Zot)'의 라벨은 광대가 주인공이다. 맥주 이름도 브뤼헤의 광대라는 의미인데, 여기서 광대는 장난기도 많고 개성 넘치는 이곳 사람들의 별명이라고 한다. 맥주로 그 지역 사람들을 표현한다는 것은 그만큼 그 지역이 가진 개성과 매력을 대표할 만한 맥주라는 자부심이 있기에 가능한 일이 아닐까. 재간둥이 광대의 웃음에서 전해지는 유쾌함이 맥주의 맛까지도 자연스레 상상하게 만든다.

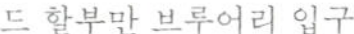
드 할부만 브루어리 입구

초승달 모양 브루어리 로고

브루어리 야외에서 맥주 한 잔

유쾌한 가이드.
개그맨이신 줄 알았어요.

숙성탱크 내부에선 직접 청소를

브루어리 옥상에서 내려다본 브뤼헤

건물 내부로 들어서니 야외 테라스에서 사람들이 맥주를 마시고 있다. 이곳은 브루어리와 레스토랑, 샵을 겸하고 있어 음식을 먹으면서 편히 맥주를 즐길 수도 있고 각종 기념품들도 구입할 수도 있다.

입구 오른쪽 샵으로 들어가면 브루어리 투어 티켓을 구매할 수 있는데 영어, 불어, 네덜란드어 등의 여러 가지 언어가 준비되어있었다.

이 투어는 약 45분간 진행되는데 가이드 분이 정말 브뤼헤 사람을 대표하는 게 아닐까 싶을 정도로 굉장히 유쾌하고 재미있는 분이셨다. 안내에 따라 현대식 양조 시설을 지나, 각종 원료, 브루어리의 역사를 볼 수 있는 곳으로 이동했는데 그 공간이 꽤나 좁고 미로 같아서 투어하는 재미가 쏠쏠했다.

브뤼흐스 조트 한 잔

투어가 끝나면 레스토랑에서 투어 티켓과 드래프트 맥주 1잔을 교환할 수 있는데 나를 포함한 모든 사람이 이때 가장 활발히 움직였던 듯한다. 데니스와 나는 맥주잔을 받아들고 햇볕이 드는 창가 자리에 앉았다.

황금색 바디에 새하얀 헤드. 부드러운 거품이 입에 닿는 순간부터 우리 입가에선 절로 미소가 흘러나왔다.

"역시 라이딩 끝난 후 마시는 맥주가 최고예요."

"그럼 한 잔 더 마실까?"

뭐, 이렇게 한 잔, 두 잔 마시다 보면 어느 샌가 나도 광대처럼 변하지 않을까 싶기도 했지만,

"당연히 좋죠!"

우린 기꺼이 브뤼헤의 광대가 되어보기로 했다.

Brugse Zot 브뤼흐스 조트

홉의 시트러스함과 몰트의 달달함이 은은하게 느껴졌고, 탄산기도 적당해 가볍게 마시기 좋았다.

▪ 국적 : 벨기에 ▪ 도수 : 6% ▪ 스타일 : Belgian Ale ▪ 제조사 : De Halve Maan Brewery

열 번째 잔. 무지개 핀 어느 날

'Ename(이네임)'

"오늘의 날씨입니다. 인근에서 산발적인 비가…"

또 비다. 사실 여행을 떠나오기 전의 나였으면 비 예보가 있으면 절대로 움직이지 않았을 것이다. 난 비 맞는게 죽어도 싫다. 그런데 여행을 하면서는 비를 마냥 피해 다닐 수는 없었다. 게다가 산발적인 비라면 내가 달리는 구간에는 비가 오지 않을 확률도 있기에 충분히 도전해볼 만했다. 산발적인 비를 피해 비 사이로 막 가!

힘차게 집을 나선 후 30여 분이 지났을까. 참 애석하게도 예보에 있었던 인근에서 비의 '인근'이 내 머리 위인 듯했다. 한두 방울씩 떨어지던 빗방울이 갑자기 폭우처럼 쏟아지기 시작했고 우비를 써도 옷과 머리가 다 젖은 탓에 결국 비를 피해 근처 맥도날드로 들어갔다. 이래서 오늘 안에 갈 수 있을까?

비는 내리고, 자전거는 젖어가고

오늘의 목적지는 레신(Lessines)의 마리(Marie)와 반트(Vant) 부부네 집. 지난밤 겐트(Gent)에서 머문 호스트의 친구인데 그의 전화 한 통으로 하룻밤 머물 수 있게 된 것이다.

"Ha, 먹고 싶은 음식 없어? 언제든 너 편한 시간에 와도 돼!"

어젯밤 날 집으로 초대하던 수화기 너머 마리의 목소리는 이미 오래 전부터 알고 지내던 사람처럼 굉장히 친숙하게 느껴졌다. 짧은 통화에도 금세 스스럼없어진 걸 보니 어쩐지 그녀와 그 가족들을 더욱 빨리 만나고 싶어진다. 여행 중 맥주가 나를 움직이게 만드는 원동력이라면, 이렇게 오늘 머물 장소가 있다는 것과 그곳에서 만날 새로운 인연들에 대한 기대감은 더 빨리 나아갈 수 있는 추진력이 되어준다.

하지만 이 비가 문제다. 비가 그치지 않으면 여기서 밤새도록 노숙이라도 해야 할텐데. 이렇게 와이파이가 터졌을 때 미리 마리에게 양해를 구해야 할텐데. 제법 짧은 시간 동안 최선의 대안들을 생각해본다. 그렇게 한두 시간이 흘렀고 다행히 빗방울이 조금씩 잦아들기 시작했다. 늦지 않게 도착하려면 빗줄기가 다시 굵어지기 전에 움직여야만 했다. 결국 젖은 우비를 다시 뒤집어쓰고 빗속 라이딩을 시작했다. 그렇게 길 위에서 나홀로 전쟁을 치르며 한 20km쯤 달렸을까. 내 앞에 펼쳐진 풍경은 마치 아수라백작 같았다. 길을 중심으로 한쪽 편엔 먹구름 속 비가 내리고 있었고, 또 한쪽 편에선 맑은 하늘에 햇볕이 쨍쨍하게 내리쬐고 있었으니 말이다.

와, 여긴 일기 예보가 딱 들어맞긴 하는구나. 하지만 내가 달려가야 할 곳은 저 먹구름 쪽인데... 하며 천천히 왼쪽으로 고개를 돌린 순간 이대로 시간이 멈춰버린 듯했다. 무지개였다. 여행 중 비는 자주 맞았어도 무지개가 떠있는 걸 직접 본 적은 없다.

치킨도 반반인데 하늘도 반반

이렇게 화창하기만 하면 얼마나 좋을까.

여행 중 무지개는 처음이었다.

그것도 이렇게 찬란한 무지개를.

“앞만 보고 열심히 달려가는 것도 좋지만, 때론 뒤를 돌아봐. 앞은 천둥번개가 치고 있어도 네 뒤에선 아름다운 무지개가 피어나 있을지도 모르니까.”

내가 한창 외로움에 사무쳐 여행에 대한 넋두리를 풀어놓고 있을 때 지인이 내게 한 말이었다. 난 왜 이제껏 한 번도 뒤돌아볼 생각을 하지 못했을까. 비온 뒤엔 늘 이렇게 가까이, 아름다운 무지개가 떠있었는데 말이다. 결국 자전거를 길 한복판에 세워두고 그 옆에 주저앉아 한참을 더 멍하니 바라봤다. 반대쪽에 있던 먹구름이 점점 더 가까워졌지만 이젠 내 관심 밖이다. 비쯤이야 맞으면 어때. 이 비가 그치면 또 어디선가 무지개가 피어오를 텐데.

이게 바로 무지개 효과였을까. 비를 주제 삼아 흥얼흥얼 노래도 부르고, 지나가는 젖소에게 이름도 붙여주고. 그러다 보니 오늘 만날 마리 부부네 집까지도 빠르게 당도할 수 있었다. 문 앞에 나온 마리는 날 보자마자 두 팔 벌려 그녀의 따뜻한 품에 꼬옥 안아주었다.

"마리! 저 쫄딱 젖었어요. 옷 배릴 텐데!"

"괜찮아. 오느라 고생 많았어!"

그녀는 목소리만 따뜻했던 게 아니었다. 집안에서는 반트와 세 아이들이 날 기다리고 있었고 우린 함께 저녁 식사를 나눴다. 샐러드와 프랑스 치즈를 곁들인 소시지, 고구마 퓌레 등 다양한 음식들이 준비되어있었다. 난 테이블 의자를 조심스레 꺼내 앉으며 말했다.

"이렇게 흔쾌히 집으로 초대해줘서 고마워요. 준비해주신 음식이며, 맥주며, 이 모든 것들도요."

"아니야, 우리야 말로 비를 뚫고 찾아와준 네가 고마운걸. 네 집처럼 편히 쉬었다가!"

마리가 준비한 저녁. 잘 먹겠습니다.   이네임(Ename), 로미(Romy) 맥주

반트는 냉장고에서 맥주병들을 더 꺼내줬는데, 그 역시 맥주광이라 내 방문이 듣던 중 반가운 소식이었다고 했다. 그렇게 반트와 나는 맥주로, 마리는 와인으로 목을 축이며 밤늦도록 대화를 이어갔다.

"그나저나 Ha, 브뤼셀(Brussels)에선 호스트를 구했어?"

"아직요! 남부로 내려갔다가 다시 올라갈 거라서요."

"반트의 동생이 그곳에 있어. 거기서 지내! 그는 웜샤워도 이용하니까 오히려 더 편할 거야. 그치, 반트?"

"응. 지금 전화를 해볼게."

반트는 그 자리에서 바로 동생에게 전화를 걸었고 잠시 대화를 나누더니 내게 말했다.

“Ha. 평일 언제든 괜찮대. 페이스북 아이디를 알려줄 테니 네 일정에 맞게 편하게 연락해.”

“세상에. 정말 고마워요! 어떻게 이걸 다 보답하죠?”

“아무것도! 그냥 우린 이렇게 널 만난 것만으로도 충분한걸.”

겐트에서부터 전화 한 통으로 이어진 인연이, 브뤼셀에 있는 또 다른 인연에게까지. 내 여행의 무지개 징검다리를 놓아주고 있었다. 아, 너무나도 행복하고 감사한 밤이다!

따뜻한 온기를 전해준 마리

Ename Pater 이네임 페이터

감귤, 오렌지의 달콤한 과일 향과 허브 향.
미세한 단맛과 쌉싸름함이 있으나 굉장히 프레시한 맥주.

▪국적 : 벨기에 ▪도수 : 5.5% ▪스타일 : Belgian Ale ▪제조사 : Brouwerij Roman

열한 번째 잔. 17살 소녀, 마리 언니

라즈베리, 꽃향기를 품은 'Hoegaarden Rosee(호가든 로제)'

그녀와의 첫 만남은 벨기에 몽스(Mons)의 한 호스텔에서였다. 그녀는 박물관 투어를 테마로 벨기에 여행을 하고 있었는데(체코 출신이나 벨기에에서 학교를 다닌다.) 나이를 속인 게 아닐까 하는 의문이 들 정도로 말투며 행동, 모든 것이 나보다 더 어른스러웠다. 우린 서로 침대에 마주 보고 앉아 밤마다 그날의 이야기를 풀어냈는데 내 서툰 영어에 막히는 문장이 나오면,

"Ha, 괜찮아. 우리 천천히 이야기해. 이해할 수 있어."

내가 어떻게 하면 더 잘 알아들을 수 있을까. 어떻게 하면 더 쉬운 단어로 풀어낼 수 있을까 고민하며 늘 나의 눈높이에 맞춰 대화를 이어갔다. 비가 오면 이튿날은 아침엔 박물관 투어를 다녀오겠다는 것이다.

"마리, 비가 많이 올 텐데. 괜찮겠어?"

마리가 만든 치즈 샐러드 한 판

호가든 로제

"응. 비를 맞아도 그냥 털어내면 그만이야."

그냥 털어내면 그만이라니! 나는 비 맞는 게 죽기보다 싫은데. 함박 미소와 함께 쿨하게 방을 나서던 그녀였다. 외국인 친구들이 다 이런 걸까? 아니야. 이건 마리라서 그런 걸 거야.

그렇게 각자의 투어를 끝내고 돌아온 호스텔에서의 마지막 밤. 우린 짧은 시간임에도 좋아하는 가수, 영화 그 취향을 다 파악할 정도로 막역한 사이가 됐으니 그저 이렇게 떠나보내기가 싫었다.

"Ha, 우리 맥주 마시자!"

"아니. 너 맥주 마셔도 되?"

"그럼! 벨기에에선 열일곱 살부터 음주가 허용되는 걸."

"세상 부럽다!"

사실 17세부터 술을 마실 수 있다는 것보다 그만큼 자유분방하고 편안한 분위기가 일상적이라는 게 부러웠다(물론 그 사실 자체도 진짜 정말 엄청 몹시 매우 아주 부러웠다.). 지금 나이에 혼자서 도시를 돌아다니며 박물관이나 전시회 투어를 다니는 것만해도 그렇다. 그걸 하겠다고 떠나온 마리며. 좀 더 일찍부터 다양한 분야를 생각하고 체험해볼 수 있도록 그 선택을 믿어주는 어른들의 태도며 뭐든 내 기준 이상이었다.

그러고 보니 열일곱 살 때 난 뭘 했었더라? 막 고등학교에 입학해 문과, 이과 중 어느 게 맞을지 고민하고 있었지. 맞아. 문과, 이과. 내 길은 그렇게 딱 두 갈래였는데. 만약 다시 열일곱 살로 돌아간다면. 만약 다시 돌아갈 수 있다면.

'이 고생 안 하고 더 치열하게 공부했겠지. 크크'

사실 그때로 돌아간다고 해도 크게 달라질 건 없었다. 워낙 눈치도 생각도 걱정도 많았던 나라, 아마 마리처럼 이렇게 혼자 떠나볼 생각조차 하지 못했을 것이다. 그래서인지 짧은 시간 동안 봐온 마리가 더 어른스럽고 자유분방하게 느껴진 걸지도 모르겠다.

우린 근처 대형마트에서 맥주와 치즈를 사서 호스텔 식당에서 맥주파티를 열었다. 안주는 마리가 즐겨 먹는다던 치즈 샐러드. 그런데 1인분이라고? 양이 어찌나 많은지 샐러드만으로도 배가 터질 수 있겠구나를 난생 처음 경험했더랬다.

그렇게 우리는 이를 안주삼아 라즈베리, 꽃 향기가 가득한 '호가든 로제(Hoegaarden Rosee)'와 함께 밤새도록 대화를 이어갔다. 지금 생각해보니 딱 마리를 닮은 그런 맥주였다. 어린아이처럼 밝고 화사하지만 특유의 부드러움과 자상함이 함께하는 열일곱 살의 언니 같은 마리를 말이다.

고마워, 열일곱 살 소녀 마리

Hoegaarden Rosee 호가든 로제

감귤, 오렌지의 달콤한 과실 향과 허브 향.
미세한 단맛과 쌉싸름함이 있으나 굉장히 프레시한 맥주.

■ 국적 : 벨기에 ■ 도수 : 3% ■ 스타일 : Wheat Beer ■ 제조사 : Brouweri Hoegaarden Inbev

열두 번째 잔. 수도에서 자전거 타고 맥주 마시기란

Brussels(브뤼셀) 펍 투어

몽스에서 다시 북쪽 수도권 지역으로 올라가니 부쩍 자동차와 사람이 늘었다. 그럴 때마다 느슨해진 나의 몸과 정신도 재정비해야한다. 쓰다 말다 하던 헬멧도 다시 꽉 눌러 쓰고, 핸들도 더욱 세게 움켜쥔다. 특히 수도 브뤼셀에선 자전거 도난이 많다는 이야기를 자주 들어 더욱 더 긴장의 끈을 놓을 수가 없었다.

"Ha, 난 요리를 정말 못해. 우리 나가서 저녁 먹자! 맥주도!!"

만나자마자 요리 못하는 걸 쿨하게 인정한 호스트 드리스는 나를 데리고 시내로 이동했다. 물론 우리의 공통 이동 수단인 자전거를 타고 말이다.

첫 번째로 도착한 곳은 '노보 펍(Novo Pub)'이라는 곳이었다. 겨우 자리가 난 야외 테이블을 찾아 자전거를 옆에 묶어두면서 드리스가 말했다.

별거 아니라더니, 정말 별거 아니었던 오줌싸개소년　　　　브뤼셀 광장 '그랑플라스'

"사실 브뤼셀은 자전거 도난이 정말 많아. U자 락(Lock)도 소용없어. 그래서 늘 시선을 떼선 안 돼!"

"아, 여긴 정말 위험한 곳이구나."

그렇게 우리의 곁눈질이 시작됐다. 맥주를 주문하면서도 눈길 한 번. 맥주 한 모금 마시면서도 눈길 한 번. 이렇게 수시로 곁눈질을 하며 맥주를 마셔보긴 또 처음이었다.

나는 '베뎃(VEDETT)'을, 드리스는 짙은 적갈색의 '마레드수스(Maredsous)'를 시켰다. 이 두 맥주는 스타일도 맛도 확연히 달랐다. 첫 번째 맥주는 벨기에 밀맥주 계통으로 오렌지, 레몬 향과 고수 향이 살짝 나면서 가볍게 마시기 좋은 맥주였다. 그와 달리 애비 맥주Abbey Beer. 일반 맥주 회사가 수도원으로부터 라이선스를 얻어서 만드는 수도원 스타일의 맥주. 대표적인 예로 레페(Leffe)가 있다인 마레드수스는 대중적인 맛은 아니지만 캐러멜의 단맛과 약간의 레몬 향이 어우러졌

다. 비교하기엔 너무나도 다른 스타일의 맥주들이지만 개인적으로 묵직함이 강했던 마레드수스에 한 표!

두 번째로 이동한 곳은 '라 플뢰르 앙 파피에 도레(La Fleur en Papier Dore)'. 시내에선 조금 거리가 있지만 드리스가 자주 찾는 곳이라고 했다. 펍 건너편에 자전거가 잘 보이게 단단히 묶어두고 안으로 들어섰다.

입구부터 바(Baar) 뒤쪽까지 빼곡히 진열되어있는 사진과 미술 작품들은 이 펍 공간 자체를 하나의 갤러리처럼 만들어 주었다. 이거, 맥주 한 잔 마시러 올 때마다 구경하는 재미가 쏠쏠하겠는걸. 맥주를 마시기 위해 메뉴판을 살펴보던 그는 내일 내가 '칸티용 브루어리(Brewery Cantillon)'에 들릴 예정이라고 했던 말을 기억하며 '오드 괴즈 비에유(Oude Geuze Vieille)'를 주문했다.

"Ha. 내일을 위해 미리 시험 삼아 마셔 보는 거야!"

별 생각 없이 잔을 쭈욱 들이켰다.

"으악!!! 뭐야, 이게!!"

시큼하고 쿰쿰한 것이 정말 요상한 맛이었다. 괴즈Gueuze. 벨기에 맥주로 장기간 숙성된 벨기에 람빅(Lambic)과 새로 만들어진 람빅을 혼합하여 만드는 맥주와의 첫만남은 이렇게 강렬했다. 잔뜩 인상을 찌푸려 못난이가 된 내 모습에 한참을 웃는 드리스. 뭔가 괘씸하다. 그는 벨기에 사람들도 특별한 날에만 찾는 맥주라 했고, 난 그럴 수밖에 없겠다며 드리스에게 남은 맥주를 몽땅 건넸다.

아늑한 라 플뢰르 앙 파피에 도레 펍 내부

브뤼셀 펍 투어의 대미를 장식할 곳은 세계적으로 유명한 '델리리움 카페(Dé lirium Café)'였다. 이곳은 2천 개가 넘는 맥주를 취급해 기네스 세계 기록에 공인이 됐는데 지금은 3천여 가지가 넘는다고 한다.

찾는 이로선 참 행복한 소식이지만 어휴, 저 많은 맥주를 어떻게 다 관리해? 직원들의 노고를 잠시나마 위로해본다. 카페를 찾아가는 길은 좁은 골목에 사람도 많았기에 우린 큰 도로 전봇대에 자전거를 묶어놓고 이동하기로 했다.

"드리스, 괜찮을까?"

"음, 전조등이나 후미등은 다 챙겨가는 게 좋을 거야."

이래서야 자전거를 타고 맘 편히 맥주를 마시러 돌아다니겠냐만은,

델리리움 카페

델리리움 카페 맥주 리스트 중 일부

우리는 자물쇠와 운을 한 번 믿어보기로 했다.

카페 안에는 다양한 맥주 리스트만큼이나 다양한 사람들이 모여있는 듯했다. 때문에 카페에 들어서는 것도, 주문하는 것도 여간 힘든 일이 아니었는데 드리스가 마치 마블 어벤져스처럼 그들을 뚫고 주문을 착! 돈을 착! 맥주 2잔을 착! 받아왔다. 이거 기네스 팰트로도 부럽지 않은걸. 난 델리리움의 '트레멘스(Tremens)'를, 드리스는 다른 종류를 주문했는데 잘 기억이 나질 않는다.

맥주잔을 받아 들고 나니 앉을 자릴 찾는 것도 전쟁이었다. 카페 안은 자리도 없고 너무 소란스럽기도 해서 결국 맥주를 들고 골목으로 나왔다.

골목 일대에는 마치 홍대, 이태원을 방불케 할 정도로 큰 음악소리가 퍼져나왔고 그에 몸을 맡기는 사람들, 독특한 코스튬을 입은 사람들까지 각양각색이었다. 난 드리스에게 한국에도 이 장소를 비슷하게 옮겨놓은 곳이 있다며 꼭 놀러오라고 전했다. 그는 오케이라고 했지만 그게 언제가 될지는 모르겠다.

"드리스. 그럼 빈 잔은 어떻게 해?"

"저길 봐. 깨지지 않게만 올려놓으면 직원이 알아서 회수해 가!"

정말 직원으로 보이는 한 사람이 창틀에 놓인 잔들을 회수해가고 있었다(누군가 그냥 직원인 척해도 모르겠는걸.).

그렇게 분위기도 무르익고 내 얼굴도 붉게 익어갈 즈음 기분 좋게 창가에 빈 잔을 내려놓던 드리스와 나는 문득 떠올랐다.

"맞다! 우리 자전거!"

Délirium Tremens 델리리움 트레멘스

바나나, 복숭아, 라임과 같은 향긋한 과일 향에 스파이시한 알싸함도 함께 감돈다. 그래서인지 높은 도수임에도 무작정 진하거나 강하게 느껴지지 않는 가벼운 풍미를 가졌다.

■ 국적 : 벨기에 ■ 도수 : 8.5% ■ 스타일 : Belgian Strong Ale ■ 제조사 : Brouwerij Huyghe

열세 번째 잔. 람빅이 담고 있는 특별함

'Cantillon Gueuze(칸티용 괴즈)'

코끝을 찌르는 시큼하고 쿰쿰한 향기,
익숙지 않은 마구간 냄새,
여기저기 세월의 흔적이 묻어난 녹슨 기계들.

그와의 강렬한 첫만남이었다. 그간 익숙하게 봐온 거대한 규모의 현대식 양조장들과는 달리 마치 오랜 창고에 들어서는 것 마냥 전혀 새로운 느낌의 양조장. 도대체 여기서 맥주가 만들어질 수 있단 말인가?

아침 일찍 회의를 하는 드리스를 뒤로하고 내가 찾은 곳은 현재 브뤼셀에 남은 유일한 전통 람빅 양조장 '칸티용(Cantillon)'이었다. 이는 1900년에 세워진 아주 역사 깊은 양조장이기도 하다.

"자전거는 안쪽에 세워두세요. 아무도 안 훔쳐가니 걱정 말아요!"

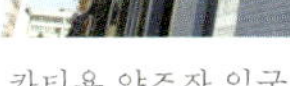
칸티용 양조장 입구

칸티용 양조장 내부

자전거를 끌고 온 내게 직원이 건넨 말이었다. 이렇게 감사할 수가! 사실 제아무리 유명한 곳이라도 자전거를 보관하기 어려운 곳이라면 선뜻 들어가기 꺼려지는데 오늘은 어제와 다르게 맘 편히 맥주 투어를 할 수 있겠다. 투어는 7유로에 테이스팅 2잔 포함. 가이드가 따로 있지 않은 자유 투어인데, 티켓을 구매하면 나눠주는 소책자와 함께 본인의 독해력으로 진행하면 됐다. 난 내 독해력은 믿지 못했지만 그간 쌓아온 감을 믿어보기로 했다. 곧 투어를 시작하는 사람들을 한자리로 불러 모으는 직원의 목소리가 들려왔고, 그의 간단한 인사말과 함께 본격적으로 자유 투어가 시작됐다.

이곳은 각 구역마다 번호가 붙여져있는데, 번호표에 따라 본인의 속도에 맞게 천천히 이동하면 됐다. 홉 보일러, 분쇄기 등을 지나 밀, 맥아, 홉 등을 보관하는 곡물 창고, 그리고 발효 과정의 주요 단계 중 하나인 냉각룸(Cooling Tun Room)을 만났다. 꽤 널따란 구리 용기의 오픈 발효조에 맥아즙이 옮겨져, 천천히 자연적으로 식혀지는 과정을 거치는데, 이 과정에서 공중에 있던 야생 효모균들이 자리를 잡는다고 한다. 참고로 이 람빅 효모는 브뤼셀 남서쪽 센느 밸리(Senne Valley) 주변에서만 얻을 수 있다.

이 과정은 사실 대기 중 부유물이 맥아즙에 침투하도록 그냥 내버려 두는 것이기에 늘상 일정한 맛과 품질을 유지할 순 없다고 한다. 단, 최대한 동일한 환경의 야생 효모균이 자리 잡도록 하기 위해 주변 환경을 쉬이 바꾸지 않는다고 한다. 자연의 있는 그대로. 이곳의 시간과 환경을 담아낼 수 있도록.

그렇게 냉각룸을 거쳐 한층 아래로 내려오면 빼곡히 들어선 오크통들을 만날 수 있다. 여기선 식힌 맥아즙을 오크통에 담아 발효 및 숙성의 과정을 거치는데, 짧게는 몇 개월, 길게는 몇 년. 오랜 시간 발효시키는 것이 람빅이 되는 주요 포인트라고 한다. 각종 미생물들이 맥주의 맛을 결정할 수 있도록 기다리고 또 기다리는 것. 덕분에 퀴퀴하고 시큼한 냄새가 사방에 진동을 한다. 그 과정을 직접 마주하고 이해하니 이제는 제법 익숙해진 냄새들이다.

구역마다 번호가 표시되어있다.

홉 보일러(왼쪽)와 분쇄기(오른쪽)

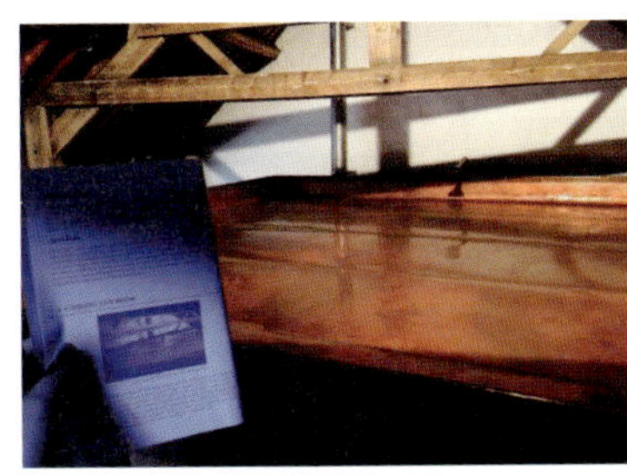

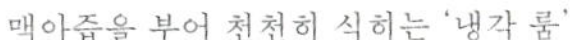

맥아즙을 부어 천천히 식히는 '냉각 룸'

캐스크에서 발효, 숙성

끝으로 이렇게 만들어진 람빅을 테이스팅할 시간. 직원에게 투어 티켓을 제시하니 괴즈 한 잔을 먼저 건네준다. 사실 지난 밤 드리스와 맛본 괴즈의 충격에서 아직 헤어나오질 못했지만 이번엔 조금 다르지 않을까? 글쎄, 혹시나가 역시나. 시큼, 새콤, 쿰쿰함에 깜짝 놀라 잔뜩 인상을 찌푸린다. 아직 이걸 맛있다고 느낄 만큼의 내공을 가지지 못한 나구나. 서둘러 다른 맥주를 선택한다(지금 생각하면 정말이지 아까워 죽겠다. 돌아서면 자꾸 생각이 난다는 그 녀석의 매력을 왜 그땐 느끼지 못했을까?).

두번 째 잔은 여러가지 중 선택이 가능한데 난 람빅에 체리를 함께 넣고 발효시켜 만든 '크릭(Krick)'을 골랐다. 신맛은 여전하지만 새콤한 과일 주스처럼 느껴져 제법 쉬이 마실 수 있었다. 그렇게 전보다 입도 마음도 편해져 천천히 주위를 둘러보는데, 문득 어젯밤 괴즈를 즐긴다던 드리스의 말이 떠오른다.

여러 굿즈 상품들이 진열된 곳을 한참 둘러보니 흰 머리, 흰 수염에 굉장히 호탕하신 성격의 직원 분이 말을 걸었다. 잠깐의 인사를 시작으로 여행 이야기까지 봇물 터지듯 흘러나왔는데, 이를 한참 듣던 직원이 이런 말을 했다.

"Good! 그렇다면 여기 오길 잘했어. 우린 '시간'이란 특별함을 담고 있는 곳이니까!"

아마도 그 특별함은 이 여행이 끝날 즈음에도, 지금 이 글을 쓰고 있는 순간까지도, 천천히 더해지고 있지 않을까? 아마 그때는 양조장에 녹도 향도 더 짙어져 있겠지만 말이다.

Ps. 지금 나는 그 신맛에 빠져 이를 전문으로 하는 맥주 양조장에 몸담고 있다는 참 신비한 이야기.

투어 후 크릭 한 잔

드리스를 위한 괴즈 한 병

Cantillon Gueuze 칸티용 괴즈

복숭아, 오렌지 등의 과일 향이 시큼하고 쿰쿰한 맛과 뒤섞였다.
산미가 굉장히 강하고 입안을 감싸는 떨떠름함도 있다.
정말이지 익숙해지기 힘든 맛이라고 생각했는데 이제는 어쩐지 상상만으로도 입에 침이 맴돈다.

▪ 국적 : 벨기에 ▪ 도수 : 5% ▪ 스타일 : Lambic(Gueuze) ▪ 제조사 : Brasserie Cantillon

열네 번째 잔. 맛있게 잘 먹었습니다

마크 부부와 함께 나눈 'Westmalle(베스트말레)'

자전거 여행자들이 호스트 집에 방문하면 꼭 듣는 질문들이 있다.

"물 필요하니?"
"넌 맥주가 좋겠지? 배는 안 고프니? 맛은 어떻니?"
"잘 잤니?"

그중에서도 내가 가장 자신있게 대답하는 말이 있다.

"네! 정말 맛있어요."

가리는 음식도 없어요, 입이 짧지도 않아요, 세상에 처음 보는 음식이라도 제겐 다 맛이란 게 있네요! 덕분에 호스트들이 차려준 음식들을 늘 두 그릇 이상 먹는다.

매일 장거리를 달린 탓에 배가 고팠던 것도 사실이지만, 처음 본 사

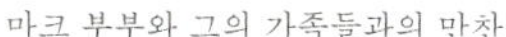

마크 부부와 그의 가족들과의 만찬

베스트말레

람들이 내게 베푼 호의에 대한 내 나름의 감사 인사이기도 했다. 나를 위해 어떤 음식을 할까 고민하고, 내가 도착하는 시간에 맞춰 요리를 시작하고, 행여나 입에 안 맞으면 어쩌지 못 먹는 음식이면 어쩌지. 그들의 고민과 정성이 고스란히 담긴 요리들. 당연히 맛이 없을 수가 없다.

오늘도 어느 때와 똑같이 후식까지 싹 비우고 맥주 한 잔을 나누던 그때. 마크(Marc)와 크리스(Chris)는 조심스레 이야기를 꺼냈다.

"사실 말이야. 얼마 전에 한국인들이 다녀갔어. 그런데 밥만 먹고 바로 방에 들어가더구나. 피곤했을 수도 있고, 우리와의 의사소통이 어려웠을 수도 있고... 분명 그 상황을 이해할 수 있지만 우리와 대화를 하려는 노력조차 보이질 않아서 조금 실망했어. 그래서 우린 한국인을 더 이상 받지 않기로 했지. 그런데 네 여행 이야기가 특이해서 정말 마지막이라고 생각하고 초대했어. 그런데, 이렇게 만나고 나니 생각이 완전히 달라졌어. 넌 뭐든 잘 먹고, 또 노력하려 해. 덕분에 우리 기분도 좋아지는구나. 고마워, Ha!"

그때 알았다. 한 사람으로 그 나라 전체를 평가할 순 없지만 내가 행동 하나하나가 다음 여행자 더 크게는 국가의 이미지로 직결될 수 있다는 걸 말이다. 나는 그냥 최승하가 아니라 '대한민국'의 최승하라는 사람이구나. 그런데 그게 긍정적인 인상으로 이어졌다니 정말 더할 나위 없이 기뻤다. 또 이제야 느끼는 거지만 한 그릇 두 그릇을 비워가던 내 모습이, 그들에겐 마음의 벽을 허물 수 있는 하나의 창이 되지 않았을까. 옛 어른들 말씀에 잘 먹으면 복스럽다고들 하시는데 아마 나를 바라보던 두 분의 기분도 딱 그게 아니셨을까. 그 이후론 꼭 빼놓지 않고 하는 인사말이다.

꼭 다시 찾아뵙겠습니다.

"정말 맛있게 잘 먹었습니다."

Ps. 얼마 전, 마크 부부가 손주들하고 찍은 사진을 보내주셨어요. 그땐 막 100일이 지난 아기였는데 훌쩍 커서 앉고 걷고 뛰고 한다고요. 새삼 그렇게 시간이 흘렀나 싶다가도 훗날 내가 다시 찾아 뵀을 때 나도 그만큼 더 성장한 사람이 되어있을까 싶기도 하네요. 다음번엔 신혼여행으로 꼭 다시 오라고 하셨던 두 분인데 너무 늦지 않게 찾아뵙겠습니다.

Westmalle Tripel 베스트말레 트리펠

바나나와 감귤류의 달콤함과 홉 향이 느껴진다.
그에 비해 단맛은 강하지 않은 편이고 강렬한 탄산과 신맛, 쓴맛이 한데 어우러져 다른 트라피스트들보다 가벼우면서도 경쾌한 느낌이 들었다.

▪국적 : 벨기에 ▪도수 : 9.5% ▪스타일 : Tripel ▪제조사 : Brouwerij der Trappisten van Westmalle

유럽 편

|

#4 네덜란드의 맥주 3잔

악마, 그리고 'Duvel(듀벨)'

마크 부부와 함께 네덜란드 국경을 넘어와서였을까? 오후에 비 소식이 있긴 했지만 어쩐지 그날은 아침부터 날씨도 쨍쨍하고 페달도 전보다 가볍게 느껴졌다. 해맑음으로 완전 무장한 나와 달리 헤어지는 그 순간까지도 비가 올까 봐 걱정된다는 두 분이셨지만 별일 없을 거라며 웃어 보였던 나였다.

그런데 마크 부부와 헤어지자마자 그날의 악몽이 시작됐다. 저 멀리 먹구름이 밀려오더니 어디 마른 곳을 찾아 피할 겨를도 없이 거침없이 비가 쏟아졌다. 때마침 옜다 당해봐라! 하며 바로 내 눈앞에 떨어진 천둥번개까지.

"으아아악 엄마!!!!!!!!

한국을 떠날 때도 울지 않던 나였는데, 넘어져도 울지 않던 나였는데, 그 순간 세상 다 잃은 듯 목놓아 울어버렸다. 순식간에 뿌옇게 흐려

이제 그만 내릴 때도 됐는데

진 시야가 빗방울인지 눈물인지 알 수 없었다. 드넓은 벌판에 존재하는 것이라곤 나와 자전거, 저 멀리 쉴 틈 없이 벼락 맞은 나무 한 그루. 어디 도움을 청할 집도, 차 한 대도 보이지 않았다.

"넌 왜 그리 사서 고생하니?"

엄마의 말이 다시금 귓가에 맴돌았다. 맞아요, 엄마. 그때 날 좀 더 말리지 그러셨어요. 엄마 말 들으면 자다가도 떡이 나온다고 누누히 말씀하셨는데. 나는 왜 여기서 이러고 있는 걸까요.

그래도 스물다섯 살 이 찬란한 나이에 여기서 번개 맞아 죽을 순 없었다. 살기 위해서라도, 살아서 다른 사람들에게 이 순간을 실컷 욕하기 위해서라도! 오늘 약속한 호스트의 집을 향해 20여 km를 더 달리기로 했다.

띵동—

벨소리와 함께 오늘의 웜샤워 호스트 에이디(AD)가 문밖으로 뛰어나왔다.

"Ha! 비가 와서 걱정했어."

비에 젖어 오들 오들 떨고 있는 나를 따스한 포옹으로 맞아주던 그였다. 그 순간 나도 모르게 왈칵 또 눈물이 났다. 하늘에서 쏟아지던 비처럼 하루 종일 눈물샘이 마를 새가 없다.

그는 샤워를 마치고 나온 내게 저녁 식사에 곁들일 맥주를 고르라고 했고 나는 그중 '듀벨(Duvel)'을 집었다. 그리고 이성을 조금 찾았는지 바라던 대로 그에게 이렇게 말했다.

"오늘은 정말 지옥 같았어요. 말 그대로 딱 듀벨Du'vel은 네덜란드어로 악마이네요."

Ps. 사실 이는 시작에 불과했다고 한다. 네덜란드는 자전거 여행자들에게 최적화된 국가가 맞지만 나보다 심한 변덕쟁이 날씨에 내가 머무는 일주일 내내 천둥번개를 동반한 비가 내렸다고 한다.

듀벨 이 악마 같은 날씨야!

비온 뒤엔 온통 흙탕물을 뒤집어쓴다.

Duvel 듀벨

풍부한 꽃향기 속, 바나나, 오렌지 등의 향이 돋보인다.
풀과 허브, 효모로 알싸한 느낌을 전하는데
부드러우면서도 쌉싸름한 맛이 제법 오래 입안에 맴돈다.

■ 국적 : 벨기에 ■ 도수 : 8.5% ■ 스타일 : Belgian Strong Ale ■ 제조사 : Duvel Moortgat

열여섯 번째 잔. 풍차 브루어리

'Hop & Liefde(홉 앤 리에프데)'

어릴 적부터 익히 들어온 네덜란드와 풍차의 상관관계. 그런데 그 풍차 안에서 맥주를 만든다고?

이 독특한 발상을 실현시킨 건 네덜란드의 '드 몰렌(De Molen)' 양조장이었다. '드 몰렌'은 네덜란드어로 풍차를 뜻하는데 말 그대로 해석하자면 '풍차 브루어리'라는 말이다. 세상에. 마치 제주도의 '한라산 식당'처럼 너무 식상하고 따분한 게 아닌가. Fun하기 보단 이미지도 마케팅도 너무 뻔해 보이는 그런 이름. 하지만 이 뻔함이 Fun으로 바뀌기까지 그리 긴 시간이 필요치 않았다.

브루어리 평일 투어는 사전 예약을 했어야 했는데 이를 몰랐던 난 기웃기웃 외관만 구경하고 있을 때였다. 담배를 피러 나온 한 직원이 오늘 투어는 안되지만 여기서 직접 운영하는 카페 'Brouwcafé de Molen(브루카페 드 몰렌)'에서 맥주를 맛볼 수 있다고 했다.

그의 손가락이 가리킨 곳은 걸어서 2분 거리도 채 안 돼 보이는, 작은 풍차가 서있는 곳이었다. 굳이 알려주지 않아도 드 몰렌인 줄 알겠어.

조금 이른 시간이라 카페 안엔 사람이 그리 많지 않았다. 난 오후 일정을 고려해 도수가 제법 낮은 'Hop & Liefde(홉 앤 리에프데, Hop & Love)'를 골랐고 직원은 새하얀 거품을 풍성하게 담은 맥주잔을 내게 건넸다.

맥주 한 모금에 추위에 떨었던 몸이 녹기 시작했고, 카페 곳곳 놓쳤던 포인트들이 하나 둘 눈에 들어오기 시작했다. 그중에서도 나를 포함 많은 이들의 시선을 사로잡은 건 카페 내부의 소규모 양조 시설이었다. 직원은 흔쾌히 사진을 찍고 둘러봐도 좋다고 했고 간단한 설명까지 덧붙여주었다.

"여긴 우리 초창기의 양조 시설이었어요."

드 몰렌 브루어리 외부

기존 맥주가 양조되던 풍차

브루카페 드 몰렌 내부

사실 겉보기에는 그냥 풍차 같아 보이지만 이곳에는 재밌는 이야기가 담겨져있다. 1697년에 지어진 이 풍차는 'De Arkduif'라는 풍차로 바로 이 안에서 맥주를 만들며 지금의 브루어리가 시작됐다고 한다. 그러고 보니 로고 속 풍차 모습 그대로다.

이곳 브루마스터는 풍차 안에서 소규모의 한정적인 맥주 생산으로 끊임없이 새로운 레시피를 개발하고 도전하는 데 몰두했다고 한다. 덕분에 그들만의 창의적이고 실험적인 맥주들을 많이 만들어내게 됐는데, 그것이 맥주 마니아들의 입맛을 사로잡아 큰 인기를 얻게 되었다고. 물론 맥주의 본질에 집중하기 위해 원료에 아낌없이 양보한다는 말도 덧붙였다.

뭐 지금은 대내외적으로 큰 인기를 얻게 되어 생산 공급 물량을 맞추기 위해 자동화 설비를 갖추게 되었지만 불과 몇 년 전까지만 해도 한

홉 앤 리에프데 한 잔

기존 효모 발효조

배치 생산량이 500ml밖에 안 되는 이 시설로 모든 공급을 처리했다고 한다. 거참 알면 알수록 재밌고 신기한 브루어리가 아닌가.

그러고 보니 '풍차 브루어리'라는 것. 너무 단순하고 일차원적인 이름이긴 하지만, 이 브루어리를 이보다 더 잘 표현할 수 있는 단어는 없겠다 싶다. 풍차는 실험적이고, 창의적인 맥주를 만들어내고자 하는 그들의 철학과 열정이 담긴 시작점이자, 가장 상징적인 의미였으니 말이다. 어쩌면 브루어리의 색깔을 만들어가는 것은 굳이 거창하고 화려한 의미의 마케팅이 아닐지도 모른다. 그 속에 담고 있는 철학과 비전이 확실하다면 그것이 맥주에도, 이를 마시는 소비자들에게도 그대로 전해질 것이라는 걸 보여준 브루어리가 여기 있었으니..

서둘러 내 테이블로 돌아가야겠다. 아직 이곳을 즐길 맥주가 반 잔이나 남아있거든!

Hop & Liefde 홉 앤 리에프데

부드러운 거품이 입에 닿는 순간부터
감귤, 레몬, 오렌지, 캐러멜 향이 입안을 가득 채운다.
캐러멜의 단맛, 몰트감 후에
적절하게 어우러진 쓴맛이 입안을 상쾌하게 해준다.

▪국적 : 네덜란드 ▪도수 : 4.8% ▪스타일 : American Pale Ale ▪제조사 : Brouwerij De Molen

De Bierkoning(드 비어코닝)에서 만난 Brouwerij't IJ(브루어리 헤뜨아이)

암스테르담을 벗어나기 전, 담(Dam) 광장으로 달려가는 내내 '효율적인 루트'를 머리로 그렸다.

1. 드 비어코닝(De Bierkoning) 바틀샵 방문하기
2. 하이네켄 공장 견학하기
3. 브루어리 헤뜨아이(Brouwerij 't IJ) 맥주 마시기
4. 호스트의 집으로

'그래. 완벽해!'
로 당연히 끝나지 못했다. 또 비가 내렸다. 길게 줄 지어선 안네의 집을 지나 첫 번째 목적지로 향하려는데, 정말 피할 틈도 없이 폭우가 쏟아지기 시작했다.

그 순간 사람들은 크게 두 부류로 나뉘었다. 이런 일은 잦아 별일 아

다들 우산 하나쯤은 필수품이던 네덜란드

니라는 듯 태연하게 건물 밑으로 향하는 사람들, 여기저기서 "오 마이 갓!"을 외치며 뛰어다니다 맞을 비는 다 맞는 사람들. 그중 나는 당연히 후자였다.

건물 밑으로 겨우 피신하고 한 20분쯤 지났을까. 비는 여전히 멈출 기미가 보이지 않았다. 축축한 안장에 앉는 건 굶는 것보다 싫었지만 이래선 하루 종일 발이 묶일 것 같았다. 맥주 투어도 뭐고 우선 숙소로 돌아가야지.

그러다 그 길목에 스치듯 보인 'De Bierkoning(드 비어코닝)'. 이게 웬 횡재야. 내가 만난 맥덕들이 하나같이 엄지를 세우는, 또 이름 그대로 '맥주 왕국'이라 불린다는 나의 첫 번째 목적지였던 곳이다. 이왕 이렇게 온 거

드 비어코닝 내부를 장식한 맥주 전용잔

다른 건 포기해도 여긴 꼭 가야겠다며 건물 앞에 자전거를 묶었다.

젖은 우비를 털어내고 온기 가득한 가게 안으로 들어서는 순간, 내 눈은 사정없이 돌아갔다. 입구에 쌓여있는 베스트블레테렌부터 어제 만난 드 몰렌까지 작은 규모에도 빼곡히 진열되어있는 다양한 맥주와 전용 잔들에 입이 떡하니 벌어진다. 맥주 왕국이 괜히 붙여진 이름이 아니구나! 맥덕들에겐 성지 같은 곳이고, 관광객들에겐 색다른 경험을 선

사할 그런 곳이었다.

그중에서도 유난히 붐비는 2층엔 난생처음 보는 맥주들이 가득했다. 한참을 들여다보니 뭐가 뭔지는 모르겠고 사고 싶은 맥주는 많고, 갈 길이 멀어 또 많이 살 수는 없고. 그 찰나 조금 익숙한 라벨이 눈에 띄었다. 오늘 세 번째 목적지였던 '브루어리 헤뜨아이(Brouwerij 't IJ)'의 맥주다. 그래. 어차피 내 계획의 절반은 성공한 거네. 1타 2피! 이곳은 맥주 왕국이자 맥주 보물 창고였구만?

어제 만난 드 몰렌 브루어리의 맥주

제법 만족스러운 표정으로 막 구입한 맥주병을 핸들백에 구겨넣고 나는 안장에 다시 올라타며 외쳤다.

"자, 4번을 실행으로 옮겨보자고!"

Ps. 지금에 와서야 하이네켄 공장을 가보지 못했다는 게 아쉽기도 하지만, 다음 여행에서의 볼거리를 위해 남겨두는 것도 나쁘지 않겠다.

미국 유명 크래프트 맥주들도 진열되어있다.

이렇게 많은 맥주들 중 하나 간택

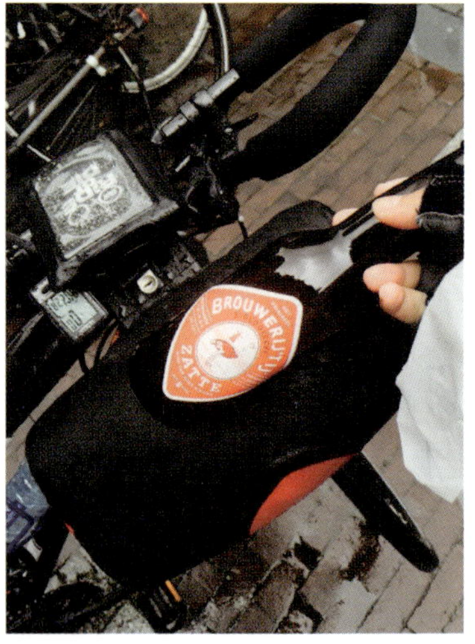

결국 집어온 건 브루어리 헤뜨아이의
자떼(Zatte)

Brouwerij 't IJ ZATTE 브루어리 헤뜨아이 자떼

오렌지 주스와 같은 느낌의 신선한 과일 향과
꽃, 허브 향, 효모의 알싸함이 한데 어우러진다.
갈수록 스파이시함이 더해지지만 그리 부담스럽지 않다.

■ 국적 : 네덜란드 ■ 도수 : 8% ■ 스타일 : Abbey Tripel ■ 제조사 : Brouwerij 't IJ

쉬어가는 여행 이야기

… 슬럼프

하염없이 비가 내리던 날, 난생처음 독일에서 기차표를 끊고, 승강장 플랫폼 위에 올라섰을 때였다.
자전거를 세워두고 기차를 기다리는데 갑자기 나도 모르게 눈물이 핑 돌았다.
'나 정말 제대로 여행하고 있는 걸까…?'
네덜란드에 건너온 이후로 뭔가 잘 풀리지 않았다. 다들 바쁜 9월이라 호스트는 잘 구해지지도 않고, 계속해서 내리는 비 때문에 몸과 마음이 하루도 편할 날이 없었다. 그래도 이 또한 즐겨보라는 누군가 던져준 말에 '맞아. 내가 언제 이렇게 비오는 날에 자전거를 타보겠어? 고생은 사서 해보는 거라며!' 하며 스스로를 다독여왔다. 넘어져도 안 아픈 척, 힘들어도 안 힘든 척. 이런 게 자전거 여행이지 뭐. 하며 힘들어도 꾹꾹 참아왔던 것이다.
그런데 기차를 탄다니. 이게 무슨 자전거 여행이야. 무엇보다 지금의 선택으로 다음의 선택이 더 쉬워질 것 같다는 어떤 두려움 같은 것이 날 송두리째 흔들어놓았다.

기차가 승강장으로 들어섰다. 수많은 인파에 한참 흐르던 눈물을 겨우 닦고 자전거 탑승 칸에 올라설 때였다. 낑낑대며 들어올려야 할 자전거가 갑자기 깃털처럼 가볍다?

"제가 들어드릴게요! 앞에 잡아요! 하나-둘-셋!"

한 흑인 청년이었다.

"정말 감사합니다!"

"아니에요. 대단한데요. 여자 혼자 자전거 여행이라니! 그래도 이렇게 흐린 날엔 편히 쉬어야죠! 행운을 빌어요."

그의 말이 맞았다. 누가 봐도 이렇게 흐린 날엔 편히 쉬어야 하는 거였다. 자전거 여행에서 기차 탄다고 뭐라 할 사람이 없는걸. 굳이 사서 고생한다고 멋진 여행이 아닌걸. 아프고 힘든 걸 참고 웃어 보인다고 대단한 사람이 되는 건 아니잖아!

그 뒤로 힘들면 기차, 버스 가리지 않고 실컷 탔다. 이젠 누구보다 독일 기차표를 잘 끊을 수도 있게 됐다.

며칠이 지나 이 에피소드를 한국 친구에게 이야기했더니 그 친구가 정곡을 찔렀다.

"야, 그럼 비행기는 왜 타고 갔냐? 그게 무슨 자전거 여행이야?"

그러게. 애초부터 자전거 여행은 아니었다고!

다음 선택이 쉬워질까봐 겁나.

#5 독일의 맥주 9잔

독일, 그리고 BECK'S(벡스)를 만나다

『월터의 상상은 현실이 된다(The Secret Life of Walter Mitty).』

라는 영화.

사실 내가 생각하는 이 영화의 매력은 극 후반부로 갈수록 점점 더 또렷해지는 주인공, 월터의 눈빛이었다. 상상 속 장면들이 현실이 될수록 이전과는 달리 자신의 선택과 행동에 있어서 주저하지 않고 앞을 향해 달려가는 것. 그건 필히 확신에 찬 눈빛이었다. 그렇다면 내 상상은 현실이 될 수 있을까?

"할머니 되면 독일에서 소시지와 맥주를 먹으면서 늙을 거야."

구제 멜빵바지에 흰머리 질끈 묶은 한 할머니가 한 손에는 소시지, 한 손에는 커다란 맥주잔을 들고 펍 한 켠에서 웃고 있다.

그 장면 속 할머니는 바로 '나'였다. 너는 꿈이 뭐냐는 지인들의 질문에 늘 습관처럼 그 장면을 설명했다(그게 향후 자전거로 유럽 여행을 떠나게 되는 계기가 될 줄은 꿈에도 몰랐다.).

20대의 나는 치열하고 고단하지만, 60대의 나는 아무 걱정 없이 내가 좋아하는 맥주를 마시며 그렇게 살고 있을 거라고. 그렇게 행복해하고 있을 것이라고.

역시나 그 말 뒤에 뒤따라오는 건 '역시 술꾼이야'라는 말과 함께 그 자리가 떠나갈 듯한 웃음이었지만, 나는 꽤나 진지했다. 사실 그 당시 '꿈'에 대한 질문을 받으면 난 하고 싶은 일, 목표 같은 것이 아니었다. 정말 말 그대로 '꿈'은 '꿈'으로. 왜 누구나 막연하게 그리는 환상 가득한 꿈, 그런 걸로 남겨두고 싶었다. 지금 생각해보면 꿈조차 냉혹한 현실 속으로 끌어들이고 싶지 않았던 것이다.

"이 회사에 지원하게 된 동기는 무엇인가요?"

4학년 마지막 학기를 목전에 둔 나는 '나'라는 사람에 대한 질문보다 타인이 던져준 질문에 맞는 나를 찾으려 했다. 내가 좋아하는 게 뭔지는 모르겠고, 회사가 좋아하는 게 뭔지를 찾겠어. 그런데 어느 날 기사를 보다가 한 구절이 내 눈에 들어왔다.

"사람이 행복한 삶을 살고 싶으면 자신을 행복하게 만들어주는 것을 많이 알면 됩니다. 그러기 위해서는 끊임없이 새로운 것을 탐험하고 도

전해야 합니다."

누구나 행복한 삶을 살고 싶어한다. 그런데 행복해지고 싶다면 행복하게 해주는 것들을 많이 알면 된다는 것. 어찌 보면 당연한 말인데 꽤나 충격으로 다가왔다. 꿈이 행복과 꼭 직결되는 것은 아니지만, 어찌 보면 내가 잃을 것들에 대한 두려움으로 스스로 행복해질 시도조차 하지 않았던 게 아닐까.

그럼 질문을 조금 바꿔보자. 회사에 지원하게 된 동기 그런 것 말고 나를 행복하게 만들어주는 것. 그게 뭘까? 그때 문득 그 문장이 스쳤다. 상상만으로도 행복하게 만들어주는 '독일에서 소시지와 맥주를 먹을 거야'라는 그 문장. 그 상상 속 내 모습은 행복해 보였고, 또 그걸 그리는 나 역시 행복해했다.

그래. 우선 그 한 문장을 완성시켜보자. 할머니가 아닌 젊은 20대의 내 모습으로. 그럼 조금은 더 빨리 행복이 찾아오지 않을까. 흐릿했던 내 눈빛이 조금씩 천천히 또렷해지기 시작했다.

그렇게 시작된 여행이 2015년 9월. 드디어 네덜란드 국경을 넘어 독일, 그곳에 도착했다. 여행 중 세 번 국경을 넘었지만 이번 네 번째는 뭔가 더 특별했다. 여기가 맞아? 내가 드디어 독일에 도착했다고? 내 두 발로? 꿈이지? 말도 안 돼! 꿈만 같았던 그 순간을 더욱 짜릿하게 만들어준 건 여러 번 진동을 울리며 독일에 도착했다는 외교부의 문자였다.

그래, 이건 꿈이 아니라 사실이란다. 자전거를 한쪽에 두고 혼자 소리를 지르며 팔짝팔짝 뛰었다.

누군가에겐 쉬이 떠날 수 있는 곳이기도, 살고 있는 곳이기도 할 테지만 내겐 그렇지 않았다. 부모님을 설득하고, 휴학을 하고, 매일 같이 자전거를 타고 강변을 달리며 연습하던 내 모습들이 스치자 갑자기 눈물이 났다. 정말 행복해서 눈물이 났다. 그렇게 한참을 네덜란드-독일 국경에서 머물렀다. 그 순간, 그 감정들을 놓치고 싶지 않아서.

벅찬 가슴이 조금 진정되자 다시 짐을 챙겨 오늘 약속했던 호스트의 집으로 달려갔다. 어쩐지 자전거가 전보다 더 가벼워진 것 같다. 그렇게 지나가던 양 떼들과 또 사람들과 인사를 나누며 드디어 도착한 곳. 초인종을 누르자 입구에서 환하게 반겨주는 랄프(Ralf) 덕분에 오늘 역시 좋은 사람을 만났다는 직감이 든다. 샤워를 마치고 나온 내게 파스타를 건네려던 그는 "맥주가 먼저지?"라며 냉장고 앞으로 다가갔다.

"음, 어떤 맥주가 좋을까... 그래. 독일에 왔으니 역시나 이게 좋겠어!"

'벡스(BECK'S)', 국내에서도 흔히 찾아볼 수 있는 독일 브레멘의 유명 맥주지만 그 순간만큼은 내게 최고의 맥주였다.

저녁 식사를 끝내고 우린 동네 산책을 했다. 종종 동료들과 재즈 콘서트를 여는 그는 얼마 전 콘서트가 열렸던 장소를 시작으로 마을의 숨

내가 독일 국경에 왔다고?

야호, 내가 독일에 도착했데!

은 명소들을 안내해줬다. 라인강, 인근 공원, 학교까지.

저녁노을이 라인강에 위치한 산책로에서부터 천천히 마을을 뒤덮다 곧 어둠이 내려앉았다.

집으로 돌아오는 길, 나는 랄프에게 말했다.

"오늘은 정말이지 특별한 날이에요. 제가 그토록 원하던 독일에 도착한 날이기도 하고, 맥주와 함께 랄프가 해준 맛있는 스파게티도 먹고. 그리고 지금 이렇게 두 발로 이 마을을 걷고 있잖아요."

늘 상상 속에만 남겨뒀던 그 문장에서 '독일'과 '맥주'가 진한 글씨로 채워지고 있었다.

독일에서의 첫 맥주 벡스

랄프와 그의 자전거 여행기 사진첩

랄프가 정성껏 만들어준 스파게티

BECK'S 벡스

달달함 뒤에 바로 따라오는 씁쓸함.
아로마도 탄산도 그리 강하지 않고.
그저 기본에 충실한 필스너 벡스!

■ 국적 : 독일 ■ 도수 : 5% ■ 스타일 : Pilsner ■ 제조사 : Brauerei Beck & Co.

열아홉 번째 잔. 독일 자전거 여행자 부부

'Webster Weizen(웹스터 바이젠)'

오늘부터는 본격적으로 라인강을 마주해야 했다. 조금 더 북쪽으로 달려 베를린으로 가는 루트도 생각했지만 독일 자전거 여행을 하는 분들이 말씀하길, 라인강 줄기를 따라가는 것만큼 편하고 아름다운 길이 없다고. 사실 아름답다는 것보다 '편하다'가 더 솔깃했으니 망설임 없이 루트를 확정지었다. 이러한 점이 자전거 여행의 장점이기도 하다. 어디든 내 마음 가는 대로, 내 발 닿는 대로. 마음껏 달려갈 수 있다는 것.

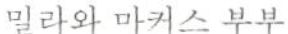

밀라와 마커스 부부

밀라의 작품

쭉 뻗은 라인강 줄기를 따라 늘어선 나무들을 보고 있노라니, 푸른빛이 전보다 옅어졌다. 여름에 시작한 이 여행에 곧 가을이 찾아오려나 보다. 감상에 젖어 달리고 멈추고를 반복하다보니 어느새 세련된 건물들이 즐비한 두이스부르크(Duisburg)에 도착해있었다. 시내를 가로질러 도착한 곳은 2년 동안 자전거 세계 여행을 다녀온 밀라(Mila)와 마커스(Markus) 부부의 집이었다.

"안녕, Ha. 난 백 살의 마커스라고 해."

여행자 부부의 집답게 집안 곳곳 여행지에서 모은 장식품이며 남미 분위기를 물씬 풍기는 인테리어 소품들이 많았다. 이곳에 잠시 머물다 간 여행자 게스트북과 여행에서 영감을 받은 그녀의 작품들까지. 하나 하나 놓칠 곳이 없는 것들이었다.

라인강을 마주하다.

이런 독특한 분위기를 만들어내는 건 집안 구경을 시켜주는 밀라의 역할이 컸다. 그녀는 굉장히 여성스럽지만 때 묻지 않은 감성을 가진 분이었다. 내 질문 하나하나 천천히 끄덕이며 답해줄뿐 아니라 지나가는 말 한마디에도 꺄르르 웃어주었다. 그에 더해지는 아름다운 미소까지. 천상 여자라는 말이 정말 잘 어울리는 밀라였다.

웹스터 바이젠 한 잔

마커스 역시 마찬가지였다. 마커스와 그의 친구가 시내를 구경시켜주겠다며 함께 길을 나섰을 때였다. 하고 싶은 말을 꺼내려다 도무지 완벽한 문장이 안 나와 답답해하고 있으니 그는 말했다.

"괜찮아. 나 역시 세계 여행을 할 때 똑같았어. 영어를 써도 사람들이 알아듣지 못하는 경우도 많았지. 하지만 그걸 문제로 여겼다면 나와 밀라는 여행을 하지 못했을 거야. 굳이 언어를 통해서만 마음이 전해지는 건 아니잖아. 서로 이해하려고 하고 나누려하는 것. 그거면 충분해!"

그래. 서로 이해하고 나누려하는 것. 그게 중요했다. 그러고 나니 부족한 언어 실력에도 더 말하고, 더 움직이면서 그들과 같은 순간을 공유하는 것에 대한 감사함을 함께있는 순간에 확실히 표현해야겠다는 생각이 든다.

우리는 한참 시내를 걷다 가까운 '웹스터 브로이 하우스(Webster Brauhaus)''브로이 하우스'는 독일어로 양조장이란 뜻이다로 향했다. 눈앞에 펼쳐진 수많은 맥주 샘플러 중 블론드(Blond, 금색 맥주), 바이젠(Weizen, 밝은색 맥주), 슈바르츠(Schwarz, 검은색 맥주)를 순서대로 맛보고 마시고 싶은 맥주를 다시 주문했다. 나는 잔잔한 바나나 향에 깔끔한 뒷맛이 느껴졌던 '웹스터 바이젠(Webster Weizen)'을 선택했다. 맥주를 한 모금 들이켜고 있으니 곧 밀라가 도착했다.

"Ha, 오늘 투어 잘했어?"

"네! 정말 좋았어요!"

"다행이야. 오늘은 맥주랑 맛있는 음식을 먹으면서 편하게 놀자."

"제가 원하던 바예요."

Webster Weizen 웹스터 바이젠

골드 오렌지 색깔이 잔을 채운다.
바나나, 정향(글로브)과 달콤한 과일 향이 난다.
달콤함과 함께 따라오는 비터감이 꽤나 드링커블한 맥주다.

■ **국적** : 독일 ■ **도수** : 5.2% ■ **스타일** : Hefeweizen ■ **제조사** : Webster Brauhaus

가볍게 한 잔 '쾰쉬(Kölsch)'

날이 좋았던 이유도 있었지만 라인강을 따라 달리며 쾰른(Kőln)에 들어서면서부터 줄곧 활기찬 기운이 전해졌다. 강에 비친 건물들은 찰랑찰랑. 덕분에 따스이 내리쬐던 햇빛이, 물결에 흔들리는 건물들에 부딪혀 반짝반짝 빛나고 있었다.

사실 독일 친구들이 맥주 여행을 한다는 내게 꼭 방문해야 한다며 추천한 곳이 이 '쾰른'이었다. 독일의 지역 맥주 중 하나인 '쾰쉬(Kőlsch)'가 만들어지는 쾰른. 법률로 쾰른에서 만들어진 맥주만을 '쾰쉬'라 이름 붙일 수 있다는데 자기 지역 맥주에 대한 자부심도 느껴진다.

강아지들과 산책하는 사람들, 그저 앉을 곳만 있다면 자리를 잡아 맥주를 마시는 사람들이 가득한 곳. 설레는 마음에 호스트 브루노(Bruno)의 집에 도착하자마자 자전거를 내려놓고 관광을 시작했다.

맥주를 마시기 전에 먼저 쾰른 대성당을 찾았다. 누군가 그랬다. 쾰른

쾰른으로 들어서며 내려다본 라인강

대성당 투어 후 쾰쉬 맥주를 마시는 건 꽤나 유명한 조합이라고. 역사적으로 그 의미가 대단한 곳이기도 하지만 여행 전 엄마와의 약속을 지키기 위한 것도 있었다. 저 멀리 성당이 보인다면 꼭 한 번 찾아가 보라는 것. 사실 그렇게 독실한 신자는 아니지만 난 여행 중 자연스레 찾게 되는 것 중 하나가 '신'이었다. 하루에도 수십 번 제발 무사히 완주하게 해주세요. 자전거 도난 당하지 않게 해주세요. 다치지 않게 해주세요. 혼자서 헤쳐가야 하는 여행에서 의지할 곳이라곤 나 말고 그뿐이었으니 어찌 보면 당연했다. 그러다 보니 엄마와의 약속 때문이 아니더라도 중간중간 성당을 찾아가는 건 큰 위로가 되었다.

바닥에 누워야 촬영이 가능한
쾰른 대성당

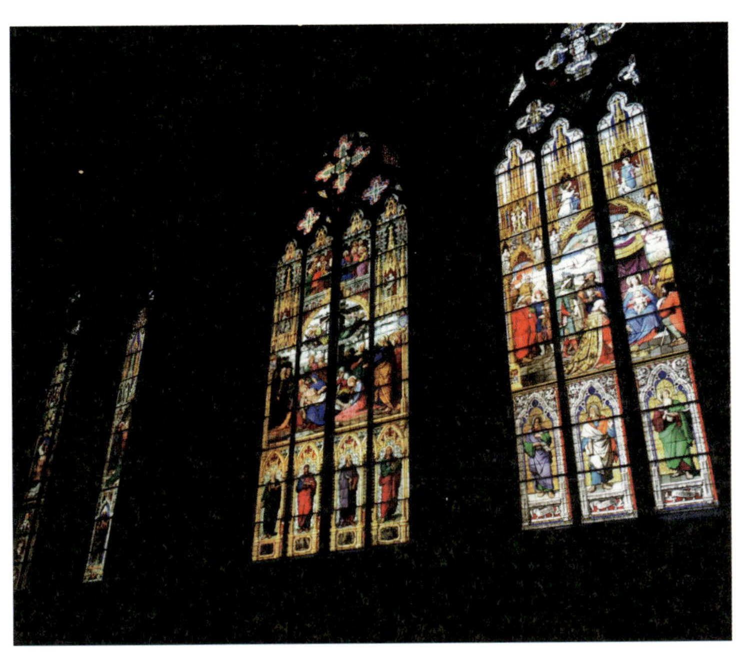

쾰른 대성당 내부 스테인드글라스

쾰른 대성당은 외관부터 그 웅장함과 정교함이 대단했다. 안으로 들어서니 성스러운 기운이 온전히 전해졌다. 하나하나 작품 같았던 스테인드글라스, 높이 뻗은 기둥으로 떠받치고 있는 아치형 천정, 다소 차갑고 딱딱한 기분이 들었지만 그 성스럽고 웅장한 기운에 괜스레 숙연해졌다. 성당을 쭈욱 한 바퀴 돌고 나선 비어있는 좌석을 찾아 한참을 앉아있었다.

성당을 나와 뒤편으로 가면 쾰쉬를 판매하는 맥주 집들을 쉬이 접할 수 있다. 그중에서도 눈에 띈 건 빨간 글씨로 쓰인 100여 년 전통의 '프뤼 쾰쉬(Frőh Kőlsch)'. 정통파로 잘 알려진 '가펠 쾰쉬(Gaffel Kőlsch)'도 있지만 한국에서 수입되고 있는 상태였으니 먼저 이곳을 찾기로 했다(2017년부터는 프리 쾰쉬도 국내에도 정식 수입이 되고 있다.).

역시나 그 유명세답게 대낮인데도 안팎으로 사람들이 많았다. 볕이 드는 창가 자리에 앉으니 이 구역을 담당하는 직원이 다가와 맥주를 먼

프뤼 쾰쉬 외관

프뤼 쾰쉬 펍 실내

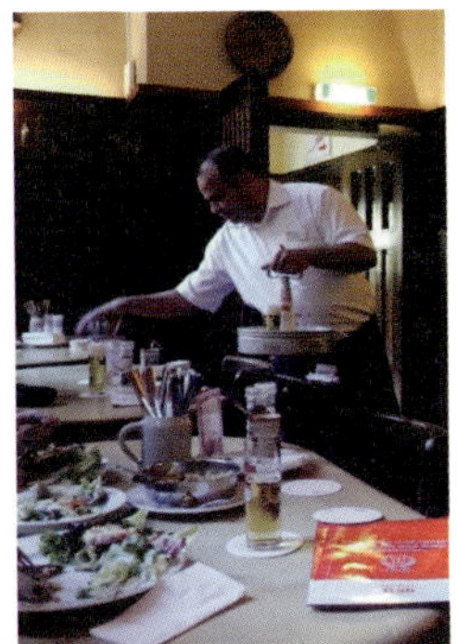

빠르게 온 크란츠

저 주문하겠느냐고 물었다. "물론이죠"라는 말이 떨어지기 무섭게 크란츠(Kranz)라 불리는 독특한 형태의 쟁반에 슈탕에(Stange)200ml의 쾰쉬 전용잔를 담아 서빙해줬다. 크란츠는 주문과 동시에 빠른 속도로 많은 잔을 빠르게 회수하고, 이동하기에도 좋아 보였다.

맥주를 마시면서 메뉴판을 보는데 내 눈에 가장 먼저 들어온 'Sausage(소시지)'. 그러고 보니 독일에 와서 소시지를 먹지 못했는데 오늘이 그 역사적인 날인가 보다. 담당 직원을 불러 감자를 곁들인 소시지와 함께 쾰쉬 한 잔을 더 주문했다. 음식을 기다리는 동안 한 모금, 두 모금 200ml 잔이다 보니 단숨에 잔을 비워버렸다. 이를 본 직원이 "한 잔 더?"를 묻자 당연히 "좋죠"(그만 마시려면 코스터를 잔 위에 올려두거나, 그만 마신다고 해야 한다. 그렇지 않으면 쉴틈 없이 바뀌는 잔에 명세서에 가격이 상상 이상으로 불어나있을 것이다.). 그 찰나 잠시 잊고 있었던 음식이 내 테이블에 놓였다.

독일에서 소시지와 맥주라니! 드디어 이렇게 이뤄보는구나. 소시지 한 입에 맥주 한 모금. 짭조름한 소시지와 쾰쉬의 깔끔한 맛이 뒤엉키면서 짜릿하기까지 했다. 그래, 늘 책에서만 봐오던 크란츠, 슈탕에, 쾰쉬를 이렇게 직접 마주하고 있잖아.

입안 한가득 음식을 머금고 신나게 칼질을 하고 있는 내게, 아까 자리를 안내해주던 직원이 지나가며 물었다. 맛이 괜찮냐고. 나는 엄지를 쭉 내밀며 최고라고 말했다. 직원은 흐뭇한 미소와 함께 다행이라며 크란츠를 들고 다른 테이블에 맥주를 서빙하러 갔다. 그의 뒷모습을 바라보며 나는 문득 노트를 꺼내 들었다.

"독일에서 정통 맥주와 소시지 조합을 완성하다!"

프뤼 쾰쉬와 소시지를 먹게 되는 이 감격스러운 순간

Früh Kölsch 프뤼 쾰쉬

에일 효모를 사용하고 상면 발효 맥주지만
라거처럼 가볍게 마시기 좋다.
맥아와 약간의 홉, 과실과 꽃 향이 느껴지며
부드러우면서도 깔끔한 목 넘김에
한 잔 두 잔 털어넣다 보면 잔이 쉴 새 없이
늘어나있을 것이다.

▪국적 : 독일 ▪도수 : 4.8% ▪스타일 : Kölsch ▪제조사 : Brauerei Früh am Dom

스물한 번째 잔. 라인강에 내려앉은 어둠

꼬불꼬불 Koblenz(코블렌츠)

독일과 라인강은 떼려야 뗄 수 없는 사이

운 좋게도 웜샤워 호스트와 연락이 닿아 오늘도 함께 머물다 갈 수 있는 목적지가 생겼다. 오늘의 목적지는 코블렌츠(Koblenz). 라인강 유역의 소도시 중 하나이자 그 일대가 아름답기로 유명한 곳이다. 쾰른에서 코블렌츠까지는 약 100km. 사실 평소 같았으면 부지런을 떨었겠지만 독일에 도착한 이후로 하루 평균 100km를 달리는 내 허벅지를 과대평가하고 이쯤이야 했다.

그렇게 오전 11시. 느지막이 아침을 먹고 짐을 챙겨 자전거에 올라탔다. 점심 때부터 부지런히 달리면 되겠다며 라인강변으로 다시 들어선 그때 나는 잠깐 동안 후회했다. 조금 더 일찍 길을 나설걸 하고. 라인강의 아름다운 경치에 속도를 낼 수가 없었다. 라인강 일대가 대부분 그렇듯 강줄기를 따라 자전거 도로도 잘 만들어져있고, 경치 또한 탄성을 자아낸다. 왼쪽으로는 라인강, 또 그 너머 높은 언덕에는 오래된 크고 작은 성들이 중간중간 나를 맞이한다.

그렇게 30km쯤 달렸을까. 얼마 달리지도 않았는데 슬슬 배꼽시계가 울리기 시작했다. 여행을 하면서 어기지 않는 것 중 하나가 바로 삼시세끼 꼬박꼬박 챙겨 먹는 것. 처음엔 열심히 달리기 위한 영양 보충을 위해서! 라며 스스로 만든 규칙이었지만 어느 순간 정해진 양 그 이상을 먹고 있다. 너무 잘 먹은 탓에 위가 늘어날 대로 늘어나 가끔은 이성을 잃은 듯 식사를 하기도 한다. 오늘도 분명 아침에 산 빵 중 하나만 먹어야지 했는데. 이미 두 번째 빵을 집어 들고 있다니. 내 위의 한계는 어디까지일까. 근처 벤치에 앉아 점심을 먹으면서 한참을 구경하다 보니, 아

이렇게 아름다운 노을을 뒤로하고 20여 km를 더 달려야 한다니.

까와는 달리 조금 쌀쌀해지기 시작했다. 중천에 떠있던 해가 내 얼굴과 같은 위치에 있다. 아직 60km는 더 달려야 하는데? 큰일이다.

하지만 내가 간과하고 있었던 것이 하나 있었으니, 바로 거리상으론 60km였지만 이곳이 구불구불 강줄기라는 것이다. 약속 시간은 다가오고 저 멀리 노을은 내려앉고. 아까 여유를 부리던 라인강 풍경 속 내 모습은 온데간데없고 이를 악물고 무조건 전력질주를 하기 시작했다. 쌀쌀한 날씨에도 등줄기에서 땀이 흐른다. 예전 교과서에 굴곡진 강줄기를 보여주며 '이곳을 빨리 지나기 위해서 인류는 터널을 뚫었다!'라는 문구가 떠올랐다. 이유를 알겠다. 지금 내 심정이 딱 그랬다. 이곳을 뚫어서라도 가고 싶다.

10km쯤 남았을 때였나 시곗바늘은 8시에 가까워졌고 그렇게 아름다웠던 라인강도 어둠이 찾아오니 웅웅 소리를 내며 나를 몰아세우고만 있는 것 같았다. 여기엔 가로등도 사람도 없고 도로 옆 쌩쌩 달리는 자동차들뿐이었다. 전조등을 패니어 깊숙이 넣어둔 탓에 빼내는 동안 더 어두워질 것 같았다. 거치대에 올려둔 핸드폰의 밝기를 최대치로 하고 뒤에서 반짝이는 후미등에 의지한 채 어둠을 뚫고 달렸다. 무서움에 콩닥거리는 심장박동 소리보다 더 빨리 페달질을 하고 나니 저 멀리 닿지 않을 것 같던 도시의 불빛이 가까이 다가왔다. 건물들도 많아지고 지나다니는 사람들도 몇 보이기 시작한다. 그때 저 멀리서 환한 전조등 불빛이 내게 가까이 다가왔다.

"Ha?"

"Willi(윌리)?"

오늘의 호스트 윌리였다. 내가 약속 시간이 지나도록 오질 않자 걱정이 돼서 마중을 나왔다고 했다.

"늦어서 정말 미안해. 이렇게 오래 걸릴 줄 몰랐어."

"괜찮아. 난 무슨 일이라도 생긴 줄 알았어!"

윌리가 건넨 코블렌처　　　　윌리가 만들어준 눈물의 제육덮밥

늦은 데 대한 미안함과, 걱정되는 마음을 안고 여기까지 마중나와준 것에 대한 고마움. 그리고 이렇게 무사히 도착했다는 안도감에 짧은 순간 수없이 많은 생각이 교차했다. 집으로 들어서고 짐을 풀자마자 윌리는 말했다.

"역시 맥주지?"
"물론!"
"코블렌츠(Koblenz)에 온 널 위해 준비한 맥주야!"
"오 마이 갓!!"

이 지역의 맥주 '코블렌처 필스(Koblenzer Pils)'였다. 맥주병을 보자마자 감탄하는 내 모습이 너무 웃기고 또 행복해 보인다며 한참을 따라 하며 웃던 윌리. 그가 따라 한 내 모습을 보니 왜 사람들이 내게 맥주를 더 꺼내주려고 했는지 조금은 알 것 같았다. 그는 뒤이어 늦은 저녁을 준비해놨다며 그릇을 꺼냈다.

“실은 네가 도착하는 시간에 맞춰 저녁을 준비해놨는데 이게 다 식었지 뭐람. 그래서 네가 씻는 동안 다시 음식을 데워놨어.”

웃음이 넘쳐났던 윌리와 그의 집

"뭐라고?"

진짜 제대로 된 쌀밥에 제육볶음이다! 얼마만의 한국 음식인지, 예상치 못한 저녁 메뉴에 내가 놀라자 윌리는 또 내 표정을 똑같이 따라 했다.

"Ha. 이거 봐봐. 딱 네 표정이 딱 이래!!"

좀 전까지만 해도 감동이 한껏 차오르려다 그 모습이 웃겨 나도 따라 웃었다.

"Willi(윌리)는 꼭 엄마 같아(웃음은 보장해요.)."

정말이었다. 사실 그릇 한가득 담긴 정성이 너무나도 고마워 쉬이 포크를 들 수 없었다. 겨우 떨리는 마음으로 한 숟가락 입에 넣으니 아, 이런 걸 눈물에 젖은 꿀맛이라고 하는 건가. 코블렌츠로 찾아오는 험난했던 여정에 대한 보상은 이걸로 충분했다.

Koblenzer Pils 코블렌처 필스

이렇다 할 두드러지는 특징은 없지만
몰트 아로마에 약간의 홉 향.
전체적으로 부드럽고 가볍게 마시기 좋은 필스너다.

▪ 국적 : 독일 ▪ 도수 : 4.7% ▪ 스타일 : Pilsner ▪ 제조사 : Kőnigsbacher

쉬어가는 여행 이야기

… 하루쯤은 맥주가 아니어도 괜찮아

대학교 때 별명 중 하나는 '술하'였다. 말 그대로 '승하'라는 이름과 '술'의 합성어. 부모님이 들으시면 등짝 스매싱을 날리실 일이지만 정말 지독하게 많이도 마셨다. 열아홉 살 이후 대학교 진학과 동시에 육체적 경제적으로 독립하면서 덤으로 얻은 자유. '술'은 대학교 생활의 대부분을 차지했다. 술이라면 가리지 않고 양껏 맘껏. 편식이라곤 찾아볼 수 없었다. 어떤 술을 마시든 취하기 위해 마시는 거야가 당연한 공식으로 자리 잡았고, 때문에 술을 마시는 속도도 굉장히 빨랐었다.

그런데 맥주를 좋아하고 난 이후론 조금씩 달라졌다. 맥주 여행을 결심하면서 온 관심사가 맥주가 되었기에 더욱 그랬을지도 모르지만 술에도 편식이란

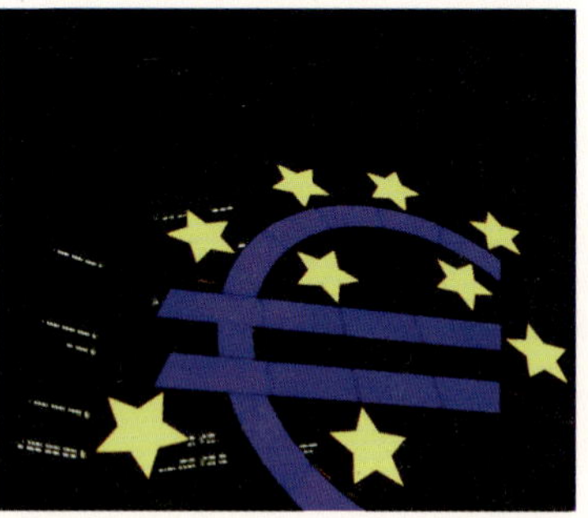

과거와 현대가 공존하는 도시, 프랑크푸르트

게 생긴 것이다. 술 마실 기회가 생기면 '맥주'를 먼저 찾았고 '맥주가 맛있는 집'을 먼저 찾았다. 색깔을 보고 향을 맡고, 무슨 맛일까 나름대로 상상해보며 그 맥주만을 온전히 즐기고 싶었다. 여행에서도 마찬가지였다. 맥주가 맛있는 지역, 맥주가 맛있는 국가가 나의 모든 관심사였고 그 기준이 되었다. 그러다 보니 자연스레 다른 술과는 소원해졌다.

그런데 맥주 여행 중 '와인데이', 엄밀히 말하면 와인이라기엔 조금 가벼운 '아펠바인(Apfelwein)프랑크푸르트의 대표 사과주 데이'가 생겼다. 이 특별한 날이 생긴 건 프랑크푸르트의 웜샤워 호스트인 데이비드(David)와 안나(Anna) 커플 덕분이었다. 저녁 식사를 나누는 중에 데이비드가 말했다.

"Ha, 오늘은 맥주를 맛보았으니 내일은 다른 걸 마셔보는 게 어때? 맥주 여행에도 하루쯤 쉬는 날이 필요하잖아! 프랑크푸르트에 왔으니 아펠바인을 한번 맛봐야지!"

그리하여 그 이튿날은 우리끼리 이름을 붙여 '아펠바인 데이'로 정해졌다. 우리는 데이비드의 퇴근 시간에 맞춰 집을 나섰다.

"우리도 참 오랜만에 찾는 곳이야. 아주 특별한 곳이기도 하고."

트램을 타고 가는 길에 데이비드가 말했다. 특별한 곳? 유난히 아펠바인이 맛있는 곳인가? 궁금증을 가득 품고 도착한 곳은, 올드 오페라

하우스 근처의 한 음식점이었다. 남쪽에 있는 작센하우젠(Sachsenhausen) 라인 강 남쪽에 위치한 아펠바인의 본고장과는 조금 멀리 떨어져 있는 곳이다.

빈자리를 찾아 가게 안 깊숙이 들어가니 때마침 빈 테이블 하나가 보였다. 우리는 자리에 앉자마자 아펠바인과 탄산수를 함께 주문했다. 아펠바인은 탄산수와 함께 섞는 게 제대로 즐기는 법이라고 했다. 아펠바인 자체가 진한 술이라 탄산수를 섞어 약간 희석해서 먹으면 목 넘김이 좋다고. 그래서 안나는 맥주는 잘 마시지 않지만 아펠바인은 종종 즐겨 마신다고 했다. 병째 아펠바인이 나오자마자 탄산수를 섞어 안나의 제조법으로 탄생한 특제 아펠바인이 완성됐다.

아펠바인의 맛은 상상했던 것과는 조금 달랐다. 사과즙에 화이트 와인과 식초 한 방울, 물을 희석한 맛이랄까? 달짝지근함은 의외로 덜하고 시큼한 맛이 잔잔하게 남아있었다. 누구나 쉽게 마실 수 있는 주스 같다고 했더니 데이비드는 그렇게 한 잔 두 잔 들이켜다 보면 한방에 훅 갈 수도 있는, 조금은 위험한 주스라고 했다. 나는 그 말에 전적으로 동

데이비드와 안나가 처음 만난 곳

특별한 아펠바인 데이

의했다. 아펠바인과 함께 분위기가 한창 무르익을 즈음 데이비드는 트램에서 했던 말을 꺼냈다.

"우리는 이곳에서 처음 만났어. 이 아펠바인을 마시면서."

서로를 잘 모르던 시절. 둘 다 스포츠를 좋아했기에 같은 카약 동호회에 들어갔는데 첫 모임을 이곳에서 했다고 한다. 그때도 아펠바인을 마시고 있었는데 이 자리에서 둘은 첫눈에 반했다고 했다. 그들에겐 이 아펠바인이 첫 만남에, 첫눈에 반해 함께 나눈 첫 술이라고. 어찌 보면 그 둘을 이어준 마법 같은 술일지도 모르겠다.

여행을 떠나온 목적이었던 '맥주'가 내겐 특별한 것처럼 다른 이들에게는 또 다른 술이, 혹은 또 다른 대상이 특별한 추억으로 기억되고 있었다. 어쩌면 난 내심 힘들게 떠나온 맥주 여행이면 '맥주만 마셔야 한다'는 일종의 강박관념이 가슴 깊이 자리 잡고 있었는지도 모르겠다. 해서 다른 추억을 쌓을 수 있는 기회조차도 스스로 마다하고 있었는지도.

이날부터 여행에 편식을 없앴다. 분명 맥주가 주종목이긴 하지만 이렇게 기회가 된다면 가끔은 그 지역, 그 도시를 대표하는 다른 술을 맛보아도 괜찮겠다고. 가끔은 이렇게 다른 술에 얽힌 이야기들을 담아내도 괜찮겠다고.

그래. 하루쯤은 맥주가 아니어도 괜찮잖아.

스물두 번째 잔. 부글맵이 필요 없는 날

티나 투어와 Vetter's Pilsner(베터스 필스터)

"그래서 도대체 여기가 어디냐고!"

한적한 도로 한복판에서 휴대폰을 보며 외친 한마디였다. 갓길을 달리던 중 도로가 끊긴 곳을 자신있게 안내해주던 '이 녀석'. 지금 이 순간이 녀석이 문제다. '이 녀석'이라고 한다면, 아침마다 와이파이가 되는 곳에서 출발지와 목적지를 찍어두고 하루의 루트를 의지했던 '구글맵'이라는 녀석이었다.

그런데 이 구글맵이 아주 가끔 '부글맵'으로 변할 때가 있다. 잘 빠진 도로를 달리다 갑자기 산으로 안내해준다거나, 도로가 없는 구간을 안내해준다거나. 그럴 때면 왔던 길을 다시 되돌아가야 되는데 그게 10km 정도 되면 속이 부글부글, 이걸 믿은 내가 잘못이라며 도로 한복판에서 이렇게 핸드폰과 말씨름을 하기도 한다. 이따금씩 맵스미(Mapsme)와이파이 없이 사용이 가능한 지도 앱로 세부 루트를 확인하긴 했지만, 유럽은 유심이 필요 없을 거란 나의 자만을 탓해야 했다.

길을 안내해주렴. 구글맵아　　　　하이델베르크 거리

하지만 오늘은 그 부글맵이 필요 없는 날이었다. 하이델베르크(Heidelberg)의 작은 동네에 살고 있는 웜샤워 호스트 티나(Tina). 그녀의 집으로 보이는 새하얀 건물 입구에 들어서니 1층 창문에서 누군가 소리쳤다.

"Ha? 조금만 기다려!"

문을 열고 나온 그녀는 어떻게 자전거 여행을 다녔나 싶을 정도로 마른 체구에, 금발 숏커트, 진한 쌍꺼풀을 가지고 있었다. 말하는 내내 미소를 잃지 않던 그녀였는데, 가끔씩 크게 터지는 웃음소리는 그녀의 성격을 대변하듯 시원시원했다. 하이델베르크의 학생들이 이런 느낌이지 않을까 생각하며 나도 덩달아 기분이 좋아졌다. 샤워를 마치고 나오자 티나는 물었다.

"Ha, 맥주 마실 거지? 내가 좋은 곳을 알아뒀어!"

"정말?"

"응! 대신 거리가 조금 멀어서 자전거를 타고 가야 돼! 가는 길에 하이델베르크의 명소들을 소개해줄게!"

"당연히 좋지!"

하이델베르크에 가게 되면 꼭 가보고 싶었던 양조장이 있었는데, 오늘은 티나의 하이델베르크 투어를 따르기로 했다. 이렇게 호스트들과 동네 투어를 할 때는 참 좋은 점이 많다. 길을 잘못 들 일도, 비포장도로를 만날 일도 없다. 하루 종일 쳐다봐야 하는 구글맵 따위는 더더욱 필요 없다. 온전히 호스트의 뒤통수와 양손의 수신호에 따라 핸들을 이리저리 돌리면 된다. 신나게 페달질을 해갈 때쯤, 티나는 속도를 늦추더니 입을 열었다.

"Ha! 이제부터 업힐이 시작될 거야!"

"많이 높아?"

"아니! 전혀! 엄청 재밌을 거야!"

거짓말이었다. 짧은 머리카락을 휘날리며 유유히 업힐을 올라가는 그녀와 달리 나는 두 눈을 질끈 감고 겨우겨우 페달을 밟았다. 멀어져가는 티나의 뒤통수를 바라보며 속으로 눈물을 찔끔 흘려보였다. 말이라도 걸어오면 내 입은 웃고 있으나 눈은 '제발 부탁이야. 이 업힐만 넘고 말을 걸어줘' 싶다. 그렇게 겨우겨우 페달질을 하고 점차 경사가 완만해질 즈음, 티나가 말했다.

"Ha, 저길 봐!"

자전거에서 내려와 오른쪽으로 고개를 돌리니 네카어(Neckar)강 너머로 하이델베르크 성과 주황색 지붕들이 내려다 보였다. 티나는 여기가 구시가지와 성을 내려다볼 수 있는 뷰포인트라고 했다.

가만히 하이델베르크 성을 바라보니 워낙 사연이 많은 곳이라 그런지 그 오랜 세월의 다사다난함이 한껏 묻어나오는 느낌이었다.

"자, 이제 맥주를 마시러 갈까? 우리가 갈 곳이 바로 저 다리 너머야!"

나는 내 눈과 귀를 의심했다. '저 멀리 하이델베르크 성이 손가락만 하게 보이는 곳으로 달려야 한다고? 우리 이제 막 오르막길을 올라왔잖

반대편에서 내려다 본
하이델베르크 성과 구시가지

아. 아니야, 그래도 다운힐만 남았으니 가는 여정은 괜찮을 거야!'는 또 내 착각이었다. 내가 상상한 그 시원한 다운힐과는 달리 약 80도 경사에 브레이크를 놓치기라도 하면 데구루루 굴러 도착할 것만 같은 그런 다운힐이었다.

끼익 끼익– 브레이크를 잡고 가며 역시나, 멀어져가는 티나의 뒤통수를 그저 바라볼 수밖에 없었다. 우린 가파른 언덕길을 내려와 '카를 테오도어 다리(Karl Theodor Brucke)'에서 멈춰 섰다. 검푸른빛 하늘이 주황색 노을을 저 멀리 밀어내고 있었다. 위에서 내려다본 주황색 지붕들은 검게 자취를 감춘 지 오래였지만, 그 속에서 어둠을 밝히는 조명들이 반짝반짝 빛나고 있었다. 짧지만 강렬했던 티나 투어가 정점을 찍는 순간이었다.

어둠이 가라앉은 하이델베르크

카를문 입구의 원숭이상 가면

베터스 내부 양조 시설

카를 문(Karlstor)카를스토어, 구시가지를 둘러쌌던 성벽의 문을 지나 티나가 들어간 곳은 구시가지가 시작되는 지점에 있는 '베터 알트 하이델베르거 브로이하우스(Vetter's Alt Heidelberger Brauhaus)'. 이곳은 하이델베르크의 오랜 양조장이자 가장 인기가 많은 곳이다. 오고 싶었던 곳이라며 한껏 들뜬 목소리로 티나에게 말했더니 그녀는 정말 다행이라고 했다. 내부는 생각보다 작은 ㄱ자 형태였고 역시나 관광명소답게 사람들로 북적였다. 펍 중앙에는 구릿빛의 양조 시설이 있고, 또 펍 곳곳을 홉 넝쿨로 장식한 것 또한 꽤나 인상적이었다.

이곳엔 '필스너(Pilsner)'와 '둔켈 헤페바이젠(Dunkel Hefeweizen)', '계절 맥주(Saisonbier, 세종비어)', '베터33(Vetter33)'가 있었는데 우린 먼저 필스너와 계절 맥주, 이와 함께 출출해진 배를 채우기 위해 사우어크라우트를 곁들인 학센을 시켰다.

먼저 맥주가 나왔다. 다소 투박한 모습의 0.5l 잔에 맑은 레몬 빛의 필

칼이 꽂힌 채 나온 학센

학센은 내가 점령했다.

스너와 짙은 구릿빛의 시즈널 맥주다. 필스너는 대중의 입맛을 맞춘 듯한 청량감이 가득한 맥주였고, 시즈널 맥주는 고소한 곡물 내음이 입안에 감돌며 목 넘김이 좋았다. 겨울에 나올 맥주는 더욱 강하다고 하니, 그맘때 이곳의 풍경을 나름 상상해본다. 호호 손을 불며 문을 열고 들어오는 사람들, 또 그 추위를 녹여줄 맥주와 여전히 테이블을 밝히고 있을 촛불 하나. 잔을 부딪치는 소리와 하하호호 다양한 웃음소리로 채워진 따뜻한 공기. 이곳에 찾아올 계절은 더 따뜻할 것 같다(그때는 반드시 자전거를 두고 올 것이다.).

테이블에 놓인 초와 함께 우리들의 맥주 이야기가 한창 불타오를 즈음, 가운데 칼이 꽂힌 거대한 학센이 나왔다. 바삭한 껍질에 부드러운 육질, 거기에 맥주 한 모금을 마셔주면 언제 먹었냐는 듯 두 번째 포크

질이 시작된다. (크, 글을 쓰는 와중에도 입에 침이 고인다.)

맥주잔을 다 비워갈 즈음 티나와 나는 맥주 한 잔을 더 주문했다. 아, 오늘 하루의 피로가 싹 가시는 기분! 이 맛에 여행을 한다. 다소 험난한 라이딩도, 노을도, 맥주도 이 모든 게 세상 완벽하고 만족스러웠다. 맥주잔과 접시를 깨끗하게 비운 우리는 다시 떠날 채비를 했다. 자전거 안장에 올라타며 그녀는 말했다.

목을 축일 맥주 한 잔 씩

"Ha, 이제 10분이면 마지막 목적지 집에 도착해! 나만 잘 따라와!"

그 길이 10분이든, 20분이든, 험난하든 그렇지 않든 이젠 아무렇지도 않았다. 난 어둠을 밝힐 전조등과 후미등을 켜며 말했다.

"Okay! 티나, 너만 보고 따라갈게!"

온종일 좇아간 티나의 뒷모습

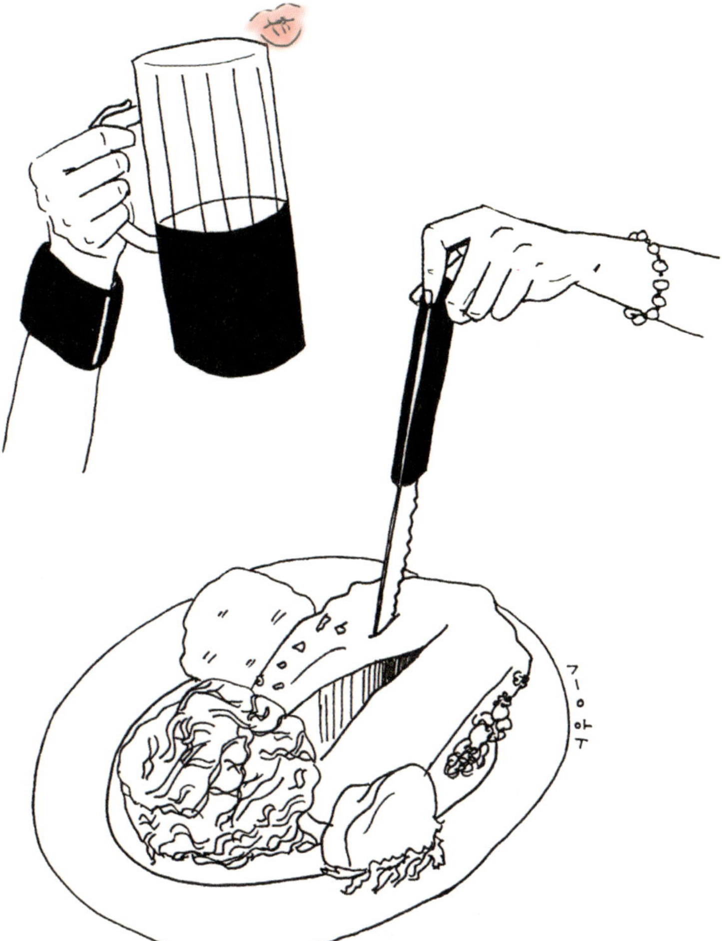

Pilsner 필스너

필스너답게 굉장히 가볍고 청량한 맥주.
레몬 향이 어우러져 간이 센 음식과 마시기 좋았다.

■ 국적 : 독일 ■ 도수 : 4.5% ■ 스타일 : Pilsner ■ 제조사 : Vetter's Alt Heidelberger Brauhaus

스물세 번째 잔. 건배! Prost!

슈투트가르트의 밤

슈투트가르트 산악지대에선 전철을 애용하세요!

"시드리드? 죄송해요! 중간에 길을 잃어서 늦었어요!"

"괜찮아! 한참을 기다려도 연락이 없으니까 우린 무슨 일이라도 생긴 게 아닐까 걱정했어!"

그랬다. 늦어도 내 걱정부터 먼저 하던 그들이었다. 변수가 많은 자전거 여행자들에게 늦는 건 당연히 있을 수 있는 일이라지만 오랜 시간 날 기다렸을 시그리드(Sigrid)와 칼(Karl)에게 몹시 죄송스러웠다. 집에선 해리포터에서나 봤음직한 새하얀 수염, 흰 머리카락을 가진 멋쟁이 아저씨 칼이 환한 미소로 나를 반겨주었다.

"우리 집에 온 걸 환영해!"

"늦어서 죄송해요!"

"아냐. 여긴 언덕이 많지? 오는 길이 꽤나 힘들었을 거야. 하하. Ha, 배고파? 아님 샤워 먼저 할래? 이 집에선 뭐든 편하게 해, 자유야!"

평소 같았으면 땀 냄새에 샤워를 먼저 하겠다고 했겠지만, 이미 시곗바늘은 8시를 가리키고 있었다. 내가 올 시간에 맞춰 테이블에 요리를 올려두고도 한참을 기다렸던 그들이었다. 나 때문에 더 늦어질 식사 시간을 생각하니 대답은 하나였다.

"I'm hungry[배가 고파요]!!!!"

"좋아!"

긴 식탁에 앉자마자 칼은 접시에 원하는 만큼 샐러드를 담으라며 내게 건넸고, 시그리드는 메인 요리를 가지러 갔다. 그때 칼도 잊은 게 있다며 냉장고에서 뭘 꺼내왔다. 맥주들이었다.

"뭘 좋아할지 모르겠어서 다 꺼내왔어. Just try맘껏 먹어! 아, 이건 슈투트가르트의 지역 맥주야."

"수튜투가르트의?"

"하하, 슈투트~가르트."

그 발음 참 어렵다. 난 앙증맞은 크기에 스윙탑(Swing top)고무 가스켓 뚜껑을 와이어 하네스로 고정하는 방식의 뚜껑. 병따개가 필요 없고, 여러 번 열고 닫아도 밀봉된다.의 '불리 비어(Wulle biere)'를 골랐다. 더 많은 맥주를 꺼내주려는 칼에게 우선 이만하면 충분하다며 말하고 있을 때, 부엌에 있던 시그리드가 커다란 접시에 음식을 한 가득 담고서 나왔다. 김이 모락모락, 고소한 기름 냄새가 거실을 뒤덮었다.

불리 비어

"독일 남부 지방의 전통 음식이야. '마울타쉔(Maultaschen)'이라고 불러. 음, 아주 두꺼운 반죽 안에 다진 돼지고기, 시금치 등이 들어가는데 마지막엔 달걀물로 한 번 볶아주는 거야."

시그리드의 마울타쉔

후식 들어갈 배는 있더라구요.

그 과정을 세세하게 알려주던 참 친절한 시그리드. 마울타쉔은 과정도 모양새도 마치 만두 같았다. 나중에 알고 보니 독일식 전통 만두였다. 만두라면 사죽을 못 쓰는데! 난 한 국자 가득 접시에 옮겨 담았고 음식을 갖고 오느라 미처 맥주를 따르지 못한 시그리드의 잔을 채운 후 우리는 잔을 부딪히며 외쳤다.

"Prost(건배)!"

"Ha, Prost라는 말을 아는 구나?"

"네. 독일에서 맥주 여행하려면 필수니까요!"

"훌륭해. 그럼 한국말로 Prost는 뭐야?"

"건배에요!"

"오! 그언배."

"하하, 아뇨. 건.배!"

"예쓰. 그언배! 우리 다 같이 그언배!"

참 다른 억양의 독일인과 한국인이지만 우린 '그언배'와 함께 기분 좋게 맥주를 쭉 들이켰다. 캬, 독일 맥주라고 다 맛있는 건 아니구나. 내가 마신 불리 비어는 그랬다. 독일에서 물처럼 맥주를 마신다는 것의 나쁜 예가 아닐까 하고. 칼의 말대로 도전은 해볼 만했다.

식사를 마친 후 시그리드가 따뜻한 커피와 빵, 쿠키를 준비해줬다. 이번엔 맥주와 더불어 위스키, 와인도 함께 했다. 커피 한 모금으로 따뜻함을 채우다가, 맥주 한 잔으로 시원했다가, 또 다시 위스키로 온 몸이 따뜻해졌다가. 오르락내리락, 마치 오늘의 슈투트가르트의 굴곡진 언덕처럼 내 입안에서 요동쳤다.

오늘 같이 이 힘든 언덕을 넘어도 손을 건네준 사람이 있었다는 것이, '그언배'를 외치며 나와 함께 즐겨주는 사람들이 있다는 것이 그저 행복한, 술 취한 슈투트가르트에서의 밤이다.

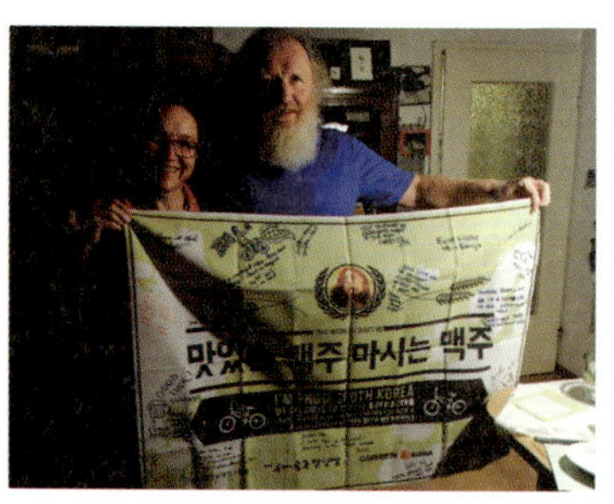

내 집처럼 지내라던 시드리드와 칼 부부의 집에서 3박 4일을 지냈다.

마지막 떠나는 날 아침까지 함께해준 참 감사한 두 분

Wulle Biere 뷸리 비어

뮌히너 헬(Munchner Hell)은 뮌헨의 밝은 맥주로
밝은 황금색을 띠며 향도, 탄산기도 강하지 않았다.
간이 센 음식과 함께라면 잘 어울릴 아주 가볍고 깔끔한 맥주!

▪**국적** : 독일 ▪**도수** : 5% ▪**스타일** : Munchner Hell ▪**제조사** : Dinkelacker–Schwabenbraeu AG

Oktoberfest(옥토버페스트)

사실 옥토버페스트 기간 중 방 값은 웬만한 호텔을 능가하기에 나 같은 가난한 여행자가 숙소를 예약한다는 건 꿈도 못 꿀 일이었다. 웜샤워 호스트를 구하는 것 역시 마찬가지였다. 자전거 여행자들도 집중적으로 몰리는 기간이라 뮌헨의 호스트를 구하는 건 하늘의 별 따기였다. 약 15명의 뮌헨 호스트들에게 메시지를 보냈는데 대부분이 'Unfortunately...'를 시작으로, 미리 약속이 있거나 바빠서 안 된다는 답변이었다. 거의 반쯤 포기한 상태에서 다시 메일을 확인했을 때였다.

「Hi, Ha

On Tuesday, I'll go to the Oktoberfest. If you want, you can come with me. It's an important beer experience :-)

By,

Muriel

안녕, Ha. 나는 화요일에 옥토버페스트에 갈 거야. 네가 원한다면, 함께 가면 좋겠어. 네게 좋은 맥주 경험이 될 거야.」

아싸! 메일을 열자마자 몇 번을 다시 읽고는 핸드폰을 쥐고 껑충껑충, 노래 실력만큼 형편없었던 춤을 추며 기쁜 마음을 맘껏 뿜어냈었다. 심지어 옥토버페스트를 함께 갈 친구가 생겼다니!

세계 3대 맥주 축제 중 하나이며 그 규모가 가장 크다는 '옥토버페스트(Oktoberfest)'. 축제 시기 전후로는 독일 전체가 떠들썩한 축제 분위기라지만, 뮌헨에 들어서니 그 말이 조금 더 실감이 났다. 도시를 달리다 보면 진한 화장에 어깨 소매가 높이 솟은 던들(Dirndl)바이에른의 여성 전통 의상을 입은 여성들, 가죽바지 레더호젠(Lederhosen)바이에른의 남성 전통 의상에 멜빵을 차고 거리를 활보하는 남성들. 키도, 체형도, 나이도 제각각인 사람들이 축제를 즐기기 위해 모든 준비를 마친 상태였다. 사실 짐 한가득 얹은 자전거를 타고 가는 내 모습도 코스프레 수준인데. 하지만 저 앞에 지나가는 이들처럼, 나도 곧 축제장에 발을 디딜 수 있을 거야!

날 이곳으로 초대해준 호스트는 뮤리엘(Muriel)과 랄프(Ralf) 부부와 가족들이었다. 축제 둘째 날 저녁, 부부와 친구들이 옥토버페스트 비어 텐트(Beer Tent)를 예약해둔 터라, 그곳에 함께 하기로 했다. 뮤리엘의 말로는 관광객들이 별로 없는, 조금 컨트리한 분위기의 텐트라고 한다. 난 관광객들이 북적이는 것보다 그게 훨씬 좋다고 했다. 그러자 뮤리엘이 옷 한 벌을 건네며 말했다.

"Ha, 혹시 던들을 입어보지 않을래? 나한테 2개가 있는데 아마 맞을 거야!"

빨간색 치마에 체크무늬 앞치마. 하얀 블라우스까지. 저걸 입을 수 있을까 싶을 정도로 사이즈도 모양도 의심스러웠지만, 뮤리엘은 젊었을 때 입던 거라며 괜찮을 거라고 했다(실제로 그녀는 매우 날씬하다.). 숨을 깊게 들이쉬고 낑낑거리며 겨우 옷을 입었다. 다들 이 고통을 참고 옷을 입는단 말인가. 이 상태로 맥주를 마시다간 숨 막혀 죽을지도 모르겠어. 어색함에 쭈뼛쭈뼛 검은색 스타킹까지 신고 나오니 뮤리엘이 말했다.

"Ha! 정말 잘 어울려! 가만 보자. 신발이 문제겠구나."

던들에 마트에서 산 2만 원짜리 운동화. 모양새가 조금 웃기긴 했다. 뮤리엘은 본인의 구두를 꺼내보더니 나와 사이즈가 안 맞는다며 갑자기 누군가에게 전화를 했다. 그러고는, 나와 함께 곧장 친구 집으로 가 구두를 빌렸다.

"완벽해! 이제 정말 출발하자고!"

난 신데렐라가 된 것마냥 빌려온 구두를 신고 다시금 자전거에 올라탔다. 던들에 외투를 걸쳐 입고, 치마를 펄럭펄럭거리며 누구보다 빠르게 또 남들과는 다르게 뮌헨 시내를 질주했다. 한국에서라면 꿈도 못 꿨을 장면이다.

행사장 멀리서부터 들리는 음악 소리와 밝은 조명을 쫓아가니, 여기저기 던들을 입고 흥에 겨워 뛰어다니는 외국인들이 가득하다. 저기가

던들을 입고 찰칵. 입은 웃고 있지만 숨은 제대로 못쉴걸요.

옥토버페스트가 열리는 축제장이구나! 우리는 주차장 근처에 자전거를 든든하게 묶어두고 축제장 안으로 들어섰다.

입구에서부터 빼곡히 들어선 사람들. 그 위로 파울라너(Paulaner) 텐트를 알리는 하얀 건물이 눈에 띄었다. 꼭대기엔 조명이 비친 맥주잔이 있었는데, 그걸 바라보니 괜히 더 마음이 설레고 쿵쾅거렸다. 우리는 유명 대형 텐트와 놀이기구를 지나 'Herzkasperl Festzelt'라는 텐트에 들어섰다. '오이데 비즌(Oide Wiesn)' 'Oide'는 '오래된', 'wiesn'은 '맥주 축제'로 오래된 맥주 축제를 뜻한다은 옛 풍습을 되살린 옥토버페스트를 지향하는 곳이다. 해서 앞의 유명한 호프브로이하우스, 파울라너 등의 대형 텐트보다 규모는 작지만 전통적이고 민속적인 맥주 축제장 형식으로 꾸며놓은 곳이다(그렇다고 조용하다는 것은 아니다.).

흰색, 파란색 천이 번갈아 배열되어있는 천장 아래, 중앙 무대에서는 민속 음악을 공연하는 밴드가 흥을 돋우고 있었고, 1L 잔을 양손 가득 들고다니는 서버(Server)들, 거대한 프레즐 바구니를 들고 다니는 사람들. 그리고 맥주에 한껏 취한 사람들로 가득 차 있었다. 우리는 그 수많은 사람들을 비집고 뮤리엘의 친구들을 찾아 무대 앞 테이블로 갔다. 대학 시절부터 알고 지낸 오랜 친구들인데 다들 젊은 시절 입던 전통 의상을 쫙 빼입고 맥주를 마시고 있었다. 날 보자마자 격렬한 포옹으로 환호해 줬고 뮤리엘과 나 역시 맥주를 주문했다. 그리고 정말 빠른 속도로 차가운 1L 잔이 내 눈 앞에 나타났다. 맥주는 '학커-프쇼르(Hacker-Pschorr)'의 맥주였다.

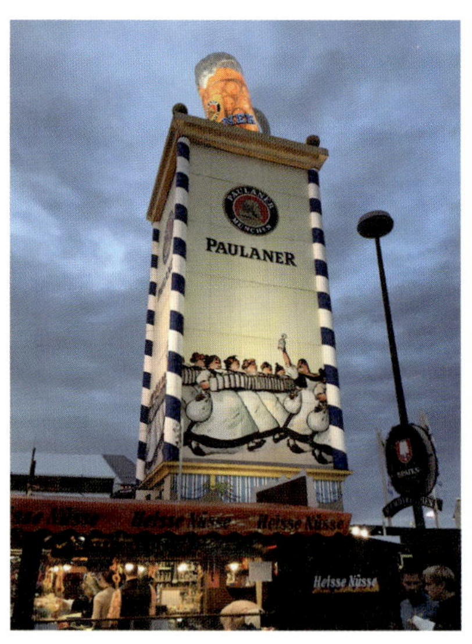

시선을 끈 옥토버페스트 파울라너 텐트

텐트 외부

"Prost!!!!"

여기저기서 울려 퍼지는 "Prost"라는 외침과 함께 우리 테이블에서도 텐트가 떠나가게 건배를 외쳤다.

캬! 잔을 댄 입술에서부터 전해진 시원함이 내 식도를 쭉 타고 흘러 내렸고 이전에 마신 그 어떤 맥주보다 짜릿함이 뼛속까지 전해졌다. 테이블 중앙에 앉은 내게 프렛즐을 손바닥만 한 크기로 뜯어주던 뮤리엘의 친구들은 이런저런 이야기를 꺼내기 시작했다. 젊은 시절 이야기, 처음 맥주를 마신 이야기, 또 내 다음 여행지로는 어디가 좋다는 이야기까지. 내가 어색함을 느낄 틈도 없이 그 자리에 녹아들 수 있도록 해준 뮤리엘의 친구들이었다.

한창 맥주를 마시고 있을 때, 일을 마치고 온 랄프가 전통 의상을 쫙 빼입고 걸어왔다. 우린 이제서야 다 모였다며 신나게 맥주를 마시고, 무대 앞에서 노래에 맞춰 춤을 췄다. 몸치인 내가 이리저리 엇박자로 전 세계인의 밟을 다 밟아도 어느 누구 하나 눈치채지 못했다. 그만큼 텐트 안은 흥으로 가득 찼다. 땀을 식히려 잠시 테이블로 돌아왔을 때 랄프가 말했다.

텐트 내부

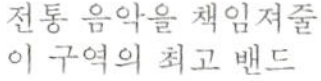

전통 음악을 책임져줄
이 구역의 최고 밴드

프레즐 조각과 함께 말로만 듣던
1L 잔 학커-프쇼르 맥주를 들이켜봅니다.

"나와 뮤리엘은 20년 전에 여기서 처음 만났어. 그리고 지금은 이렇게 부부가 됐지! Ha! 너도 여기서 인연을 만날지도 몰라! 그러니 신나게 즐겨!"

20년 전이라. 어쩌면 지난 20년 동안 매년 찾아오는 이 축제는 '첫 만남'을 떠올리게 하는 특별한 기념일 같은 것이 아닐까. 단순히 세계적인 맥주 축제 그 이상의 의미로 말이다. 난 랄프처럼 평생 함께할 반려자를 만나진 못했지만 옥토버페스트가 다가올 때마다 떠올릴 특별한 인연들을 만났다. 이렇게 나의 맥주 여행을, 나의 첫 옥토버페스트를 함께 채워준 소중한 '인연들'을 말이다.

그리고 나는 "Okay!"를 외치며 맥주 한 모금 쭈욱 들이켜고 다시 무대로 나갔다. 그래, 오늘은 축제니까! 밖에서는 비가 추적추적 내리기 시작했지만, 텐트 안의 열기는 더욱 후끈후끈해졌다.

Hacker–Pschorr Oktoberfest Märzen 학커-프쇼르 옥토버페스트 메르젠

메르젠(Märzen)은 독일어로 3월을 뜻하는 메르츠에서 파생된 단어로, 매년 3월에 만들어 여름 내내 보관했다 가을쯤 이를 마셨다고 한다. 생산된 메르젠의 대부분이 옥토버페스트에서 소진되기에 옥토버페스트 비어라고도 불린다.
학커-프쇼르의 메르젠 역시 그중 하나로 짙은 호박색에 캐러멜 향과 달콤함, 부드러운 피니시까지. 마시는 상황도 즐거웠지만 입도 즐거웠던 축제장의 맥주였다.

▪국적 : 독일 ▪도수 : 5.8% ▪스타일 : Märzen Oktoberfest ▪제조사 : Hacker–Pschorr Bräu GmbH

'Hofbräuhaus Original(호프브로이하우스 오리지널)'

옥토버페스트 기간 중엔 독일 전체가 축제 분위기라지만 이곳은 1년 365일이 축제 분위기다. 1589년 설립된 오랜 전통의 호프브로이하우스(Hofbräuhaus)는 뮌헨의 6대 양조장 중 하나이며 세계에서 가장 유명한 비어홀로도 불린다.

호프브로이하우스

약 3천 명의 손님이 들어갈 수 있는 큰 규모의 술집으로 명성만큼 역시나 늘 사람들로 북적북적하다. 입구 근처에는 거의 자리가 없어 음악 밴드가 있는 비어홀을 지나 밴드가 보이는 안쪽 테이블에 앉았다.

유럽은 구역별로 웨이터가 정해져있어 담당 웨이터에게 주문을 해야 하는데, 본 이들은 대부분 바쁜 와중에도 미소를 잃지 않고, 손님들을 정중이 대했다(내가 사전에 들은 바와는 전혀 다르게!). 특히나 하루에도 수백, 수천 명이 드나드는 이곳에서 흐트러질 법도 한데 말이다. 아마도 이렇게 오랜 명성을 유지해오는 데는 그만한 이유가 있지 않을까.

호프브로이하우스 실내

중앙홀 음악 밴드

맥주는 둔켈(Dunkel), 오리지널(Original), 뮌히너 바이제(Münchner Weisse), 라들러(Radher) 등이 있었고 1L, 500ml짜리로 자신이 원하는 크기의 잔을 주문할 수 있다. 역시나 나는 1L짜리로 오리지널을 주문했다. 거기에 곁들일 '슈바이네 학세(Schweine Haxe)'독일식 돼지 족발 요리까지. 그 사이에 제법 테이블이 차기 시작했다.

직원이 서빙해준 1L의 맥주잔에는 거품 한가득인 오리지널 맥주가 담겨있었다. 그 잔의 크기가 얼마나 대단한지 내 한 손을 쭉 펼쳐도 한참 남는다. 한 손으로 번쩍 들기에도 무거웠는데, 웨이터들은 이런 걸 양손으로 그것도 여러 개씩 들다니 손목이 남아나지 않을 것 같았다.

시원한 맥주를 한 모금 쭈욱 들이켜니 밴드가 본격적으로 신나는 음악을 연주하기 시작했다. 아직 취하지도 않았는데 나도 모르게 몸이 들썩이는 걸 보니, 노래에 취한다는 게 딱 이런 게 아닐까. 음악 선율에 몸을 맡기며 한참 흥에 겨워하고 있으니, 외국인 아저씨 3명이 내 테이블에 자연스럽게 합석했다. 그들은 스위스랑 다른 나라(기억이 나질 않는다.) 사람이었는데 축제를 즐기기 위해 함께 뮌헨에 놀러왔다고 했다. 벌써 이틀 전에 도착했고 오늘은 온종일 여기서 놀다 갈 것이라고. 얼굴이 다소 빨개진 걸 보니 벌써 맥주를 마시고 온 듯했다. 때마침 내가 주문한 '슈바이네 학센'이 나오자, 본인들도 그걸 먹겠다며 단체로 슈바이네 학센을 시켰다. 그들에게 맥주가 서빙되자마자 내 맞은편에 앉은 아저씨가 잔을 들고 외쳤다.

손바닥 크기를 훨씬 넘는 1L 잔

"Prost!!"

포크로 학센을 집어 먹다 말고, 나도 잔을 들어 외쳤다. 테이블 여기저기에서 "Prost"와 잔을 부딪히는 소리가 울려 퍼지며 하우스 전체가 축제장이 돼버렸다. 그런데 이 즐거운 분위기 속 축제장에도 늘 그림자는 있다. 처음엔 나도 아저씨들과 대화를 나누며 신나게 즐겼는데, 점점 말이 꼬이고 행동도 무례해지는 걸 보니 이건 좀 아니다 싶다.

난 여길 좋은 추억으로 남겨두고 싶다고! 얼른 이 자리를 떠야겠다.

Hofbräuhaus Original 호프브로이하우스 오리지널

밝은 황금빛의 맥주. 보기와는 달리 의외로 몰티함이 있다.
특별한 개성이 있는 건 아니지만
누구나 쉽고, 편하게 넘길 수 있는 가벼운 맥주다.

▪국적 : 독일 ▪도수 : 5.1% ▪스타일 : Munchener Hell ▪제조사 : Hofbräuhaus am Platzl

스물여섯 번째 잔. 고양이 할머니

달콤한 파이와 함께한 'Urstoff(우스토프)'

길고 긴 2주간의 독일 여행 마지막 밤을 함께할 독일 마지막 웜샤워 호스트 마리(Marie) 할머니. 할머니는 오스트리아 국경을 넘기 전 약 50km 전, 하바흐(Haarbach)의 조금 높은 언덕 자갈밭이 무성한 시골에 살고 있었다.

"아니! 여자였어? 남자라고 생각했어! 이럴 수가! 넌 내게 선물을 주었구나!"

대문 앞에 서있는 나를 보고 놀란 표정으로 달려오더니, 따스한 포옹으로 맞아주던 마리 할머니. 남자라고 오해한 분들은 몇 있었지만 이렇게까지 놀란 표정을 지은 호스트는 또 처음이었다. 할머니는 여자 혼자 오는 것이 너무 힘들었을 거라며 나를 서둘러 방안으로 데려갔다. 정말 물가에 내놓은 손녀딸처럼 나를 진심으로 걱정해주는 모습이었다.

그녀의 집 안에는 고양이로 가득했다. 할머니는 다섯 마리(지금은 여섯 마리가 되었다고 한다.)의 길고양이를 키우는데 그 전에는 더 많았다고 했다. 주변 사냥꾼들이 사냥하면서 몇 마리를 죽였고, 그래서 혹시라도 집밖으로 나가 밤늦도록 돌아오지 않으면 내내 신경 쓰여 잠이 오질 않는다고.

이층 방으로 날 안내해주던 마리 할머니는 흠집이 난 나무 벽을 만지며 "집안 여기저기 손볼 곳이 많아. 몇 년째 저대로야"라고 겸연쩍어했다. 나는 오히려 지난 세월의 흔적을 그대로 보여주는 것 같아 멋스럽다고 했지만 할머니는 계단을 오르내리면서도 여기도 고쳐야 한다는 말을 반복하며 벽을 만지작거리셨다.

샤워를 하고 부엌으로 나오니 할머니는 오랜 요리 수첩을 펼치셨다. 그곳에는 할머니의 글씨로 반듯하게 써 내려간 레시피가 있었는데 오랜 손때가 묻어 가운데까지 노랗게 바래 있었다. 그중에 애호박과 토마토를 넣은 파이(할머니는 채식주의자다.)를 만들어주겠다며 한참을 넘기시다가 중간쯤 멈춰 섰다.

"그래. 이거야!"

뭔가 신이 난 듯한 할머니는, 수첩에 적힌 대로 필요한 재료를 하나둘 꺼냈다. 얇게 썬 애호박과 토마토를 깔고 달걀, 밀가루를 섞은 반죽을 부어 오븐에 돌리기만 하면 끝. 맛있는 파이가 되기 위해 30분 동안 오븐에서 구워지기만 기다리면 된다. 그동안 우리는 비스킷을 안주로 맥주를 마시기로 했다.

마리 할머니의 오랜 레시피 노트

냉장고에서 할머니가 꺼내든 맥주는 평소에 즐겨 찾는다는 '노이막터 람스브로이(Neumarkter Lammsbräu)'1987년부터 약 30년간 오직 유기농 맥주만을 생산해온 독일 최고의 유기농 맥주 양조장의 '우어스토프(Urstoff)'였다. 한 모금씩 목을 축이며 나는 마리 할머니와 한참 동안 대화를 이어갔다.

마리 할머니는 원래 프랑스분이셨는데 할아버지를 만나 30년을 독일에서 사셨다고 한다. 젊은 시절은 뮌헨에서 지냈지만, 몇 년 전부터 이곳으로 이사 와 살기 시작하셨다고. 이 오래된 목조 건물은 할아버지가 직접 수리했고, 군데군데 미완성된 부분이 있었는데 그건 미처 마무리 짓지 못 하셨다.

약 1년 전, 할아버지는 홀로 먼 길을 떠나셨다. 두 분은 애초에 자녀를 원하지 않았던 터라 둘만의 생활로도 충분히 행복했다고 한다. 가까운 곳으로 자전거 여행도 다니고, 농사도 짓고. 그런데 할아버지가 먼저 세상을 떠나셨고, 그 이후로 웜샤워 호스트 생활을 시작했다고 하셨다. 여행자들의 통상적인 루트가 아니지만 그래도 정말 간혹 연락이 와서 그게 너무 즐겁다고, 여자 게스트도 내가 처음이라고 하셨다. 그때 마침 고양이 한 마리가 테이블 위로 올라왔고 마리 할머니는 고양이 머리를 쓰다듬으시며,

"남편이 가고 이 고양이들이 왔어. 지금은 이 고양이들이 내 가족이야."

라고 하셨다. 할아버지의 빈자리를 고양이로부터, 이렇게 가끔씩 찾아오는 여행자들로부터 채우고 있던 할머니.

어쩌면 할머니가 이 집안 곳곳을 신경 쓰시면서도 고치지 않고 그대로 남겨두신 건 할아버지를 그리워하고 추억하는 방법일지도 모르겠다.

그대의 손길이 닿던 집안 곳곳의 흔적들을 스스로 지워내기 싫어서. 이따금씩 그대를 떠올리고 싶어서.

그렇게 조금은 감성에 젖은 분위기를 먼저 깬 건, 마리 할머니였다. 파이가 다 됐을 거라며 오븐 속 파이를 포크로 한 번 찔러보더니 10분은 더 있어야 할 것 같다며 이렇게 오래 걸리긴 또 처음이라고. 시곗바늘은 벌써 9시를 가리키고 있었지만 배가 하나도 고프지 않았다. 마리 할머니와 이렇게 앉아 긴 시간 동안 나눈 대화만으로도 배가 든든했다.

다음 날, 마리 할머니와 함께 길을 나섰다. 워낙 시골길이라 내가 자전거 도로를 찾아갈 수 있을 때까지 15km 정도를 함께 달려주시겠다며

내가 맛있는 파이를 만들어줄게.

둘이 먹다 하나가 죽어도 모를 마리 할머니표 파이

빨간 점퍼를 휘날리며 쌩쌩 앞질러 가시던 할머니. 겨우 헥헥거리며 뒤꽁무니를 쫓아갔을 즈음 손가락으로 표지판을 가리키시며 이리로 곧장 달리면 오스트리아 국경을 만날 수 있을 거라고 하셨다. 나는 연신 감사하다는 말을 전했고 할머니는 그런 나를 한참 동안 꼬옥 안아주셨다. 찬바람이 부는 날 자전거를 타서였을까, 눈에 뭐가 들어간 탓일까. 나도 모르게 눈시울이 붉어졌다. 그건 마리 할머니도 마찬가지셨다. 괜히 눈물을 보이면 마음이 쓰일까, 얼른 가라며 나를 놓아주시곤 말씀하셨다.

"Ha, 난 네 꿈을 응원해."

그렇게 다시 다리를 향해, 고양이들이 기다리는 그 집을 향해 달려가셨다.

Ps. 마리 할머니. 그때 할머니를 만난 건 정말 행운이었어요. 지금처럼만 건강하세요. 꼭이요.

Urstoff 우어스토프

유기농 맥주는 어떤 맛일까?에 대한 기준을 만들어준 아주 좋은 맥주.
짙은 황금색의 우어스토프는 초반부터 톡 쏘는 맛이 탄산이 제법 강하다.
적절한 단맛과 약간의 맥아 향. 목 넘김도 부드럽고 끝 맛은 굉장히 깔끔했다.

▪국적 : 독일 ▪도수 : 4.7% ▪스타일 : Munich Helles Lager ▪제조사 : Neumarkter Lammsbräu

Krems

#6 오스트리아의 맥주 1잔

여덟 번째 트라피스트, 'Gregorious(그레고리우스)'를 만나다

우중충 도나우강

"내일은 편하게 쉬어! 잠을 자도 되고, 산책을 해도 되고, 온전히 너의 날이야!"

오스트리아에 도착한 지난밤 맥주를 마시며 건넨 호스트 요한(Johanes)의 말 덕분이었을까 매일 7시면 눈을 떴는데 오늘은 10시가 다 돼서야 눈이 떠졌다. 그러고도 한참을 더 침대에서 뒹굴거렸다. 느지막이 세수와 양치를 하고 요한 가족이 있는 건너편 건물로 건너갔다. 부엌으로 들어서니 요한은 굉장히 분주해보였다.

"오늘은 마가렛(Margaret)의 데이오프(Day-off)야."

그랬다. 평소 육아를 도맡아하는 마가렛을 위해 일주일에 한 번씩 휴식일인 데이오프를 준다고 했다. 그날은 육아도, 음식도 집안일 모든 것이 온전히 그의 몫이었다. 장난감 정리를 하던 그는 내게 물었다.

"어젯밤 이야기한 것처럼, 우리 슈니첼을 만들어 먹을까?"
"좋아요!"

전날 밤 잠깐 슈니첼 이야기를 했었는데, 그걸 기억해두고 직접 만들어주겠다고 한다. 프라이팬 앞으로 다가서는 모습이 어쩐지 되게 익숙해보인다. 집안일로 힘든 아내에게 휴일를 주고, 또 지난밤 이야기를 잊지 않고 직접 요리를 해주고, 그러한 모습 하나하나가 정말이지 애정 가득한

슈니첼용 고기를 두드린다.

바삭하게 튀긴다.

그리고 완성된 슈니첼을 맛있게 먹는다.

자상한 남편이자 아빠였다. 냉장고에서 고기와 감자를 꺼내고, 그렇게 바삐 움직이는 아빠의 모습이 신기한지 요셉은 싱크대에 꼭 붙어있었다. 나는 조수 역할을 하겠다며 그의 옆에 섰고, 요셉이 싱크대 위에 올려둔 바나나를 집어 들며 그때부터 우리의 '홈메이드 슈니첼 만들기'가 시작됐다.

한창 감자를 튀기고 있을 때, 요한은 보여줄 것이 있다며 냄비를 들고 왔다. 조금은 긴장한 듯한 표정으로, 처음이라 괜찮을지 모르겠다며 천천히 냄비 뚜껑을 열어 보였는데 그 속에는 냄비 한가득 밥이 지어져 있었다. 슈니첼에 이어 밥까지. 이렇게 또 한 번의 감동이 밀려왔다. 이건 두 그릇, 세 그릇도 먹을 수 있겠다.

감자가 다 튀겨지자 우린 모든 음식을 각자의 접시에 담았다. 노릇노릇하게 구워진 슈니첼, 감자, 밥, 그리고 홈메이드 크랜베리 소스. 그렇게 준비를 마친 테이블을 보자마자 마가렛은 그에게 볼 키스를 건네며 환호성을 질렀다.

"Ha, 여기서 계속 지낼래? 그래야 내가 매일 이런 걸 먹을 수 있겠는걸? 당신도 너무 멋져!"

남편을 칭찬하는 마가렛과 칭찬하고 또 그 모습에 미소 짓는 요한을 보니, 이 두 분은 서로를 아껴주고 사랑해주는 방법을 너무나도 잘 알고 있는 듯했다. 그녀와 내가 식탁에 앉자 요한은 어젯밤 많이 마시지 못한 맥주를 마시자며 맥주를 꺼내왔다.

가져온 맥주는 바로 '슈티프트 엥겔슈첼(Stift Engelszell)' 1293년 설립된 트라피스트 수도회로 2008년 트라피스트 두소원으로 지정되었고, 2012년 트라피스트 인가를 받은 맥주를 출시하였다의 '그레고리우스(Gregorius)' 슈티프트 엥겔슈첼의 트라피스트 맥주로 1925년에서 1950년까지 수도원장을 지낸 수사 그레고리우스의 이름을 따 명명였다. 벨기에 맥주의 매력을 깨닫게 해준 건 데니스와 함께 나눈 트라피스트였는데, 오스트리아에도 그 매력을 느낄 수 있는 트라피스트가 있었다. 그것은 바로 전 세계에서 8번째 트라피스트 맥주로 인정받은 바로 이 맥주 그레고리우스. 기존에 벨기에와 네덜란드에서만 존재하던 트라피스트가 다른 나라에서도 인정받은 건 처음이라고 한다. 이 수도원은 독일에서 오스트리아 국경을 넘어오자마자 다뉴브강 옆에 있어, 요한은 아마도 강을 따라오며 봤을 거라고 했다.

사실 그렇게 중요한 수도원 옆을 내가 지나쳤을 줄은 전혀 몰랐다. 어제의 험난한 라이딩 스케줄에 어디 둘러볼 정신도 없었으니까. 요한은

오스트리아의 트라피스트

날 Ha라고 곧잘 부르던 요셉

언덕에서 바라본 마을

원한다면 다시 이곳을 방문해도 괜찮다고 했지만 난 그들의 휴일을 방해하고 싶지 않다며 이렇게 둘과 함께 나누는 것만으로도 충분하다고 했다. 천천히 잔에 따뤄진 그레고리우스는 검붉은색 바디에 헤드는 베이지색이었다. 높은 도수 맥주 특유의 진득함은 빈 속을 채우기엔 딱이었다. 수도원을 미처 방문하지 못한 게 조금 아쉽긴 했지만 이렇게 맛있는 음식과 함께 맛볼 수 있는 것만으로도 제법 만족스러웠다.

식사를 마치고 우리는 소화시킬 겸 농장과 이 일대를 구경했다. 요한은 도망가던 요셉을 목마에 태운 후 저 언덕 위로 올라가면 마을 전체를 볼 수 있다고 했다. 그 정상에선 원만한 곡선을 따라 푸르른 잔디 속 마을이 한눈에 내려다 보였다. 그때 요한이 손가락으로 왼쪽을 가리켰다.

"저기 왼쪽이 린츠(Linz)오스트리아 북부 도시고, 저기 저 마을 너머로 보이는 게 Ha가 달려온 강이고, 오른쪽이 독일이야. 아, 참 우리 뒤쪽은 체코!"

그의 손가락을 따라 시계 방향으로 시선을 이동하던 나는 말했다.

"와, 요한은 정말 넓고 아름다운 정원을 가졌네요."

"맞아. 그것이 우리가 이곳을 사랑하는 이유지."

이곳을 있는 그대로 사랑하고, 또 그 사랑스러운 공간을 함께 하는 사람을 사랑하고. 왜 요한과 그의 가족들이 따뜻하고 사랑스러워보였는지 조금은 알 것 같았다. 난 저 들판을 한참 동안 바라보며 요한 가족 같은 가정을 꾸리고 싶다는 상상을 해본다. 내 아이들이 뛰어놀고 사랑하는 사람과 함께하는 공간이라면 늘 반복되던 일상도 특별한 휴일처럼 느껴질지도 모르겠다는 생각이 들면서.

따스한 오스트리아 가족과 함께

가는 길까지 함께 달려준 요한

Engelszell Gregorius 엥겔슈첼 그레고리우스

잔 근처에 코를 갖다 대니 건자두, 건포도와 같은
검붉은 과일 향이 진하게 풍겼다. 천천히 한 모금 들이키니 달콤한 꿀맛과 캐러멜의 단맛이 느껴졌다.
거기에 약간의 알싸함까지. 매력적인 맥주임에 분명하다.

■ 국적 : 오스트리아 ■ 도수 : 9.7% ■ 스타일 : Quadrupel ■ 제조사 : Stift Engelszell

유럽 편

#7 체코의 맥주 5잔

스물여덟 번째 잔. 혼자인 시간

Eggenberg(에겐베르크) 레스토랑

나는 혼자인 시간이 필요했다. 독일을 지나오는 동안 하루도 빠짐없이 웜샤워 호스트들과 지냈다. 분명 즐겁고 행복했지만, 가끔은 쉬는 게 쉬는 것 같지 않다는 생각이 들 때도 있었다. 짐을 쌓고 풀기를 반복하고, 매일매일 새로운 사람과 부딪히고 또 대화하고. 그렇게 반복되는 과정에서 그 자체만으로도 피로를 느낄 때가 있다. 정말 아무 말도 하지 않고 편히 쉬고만 싶었다. 그래서 여기 '체스키 크룸로프(Český Krumlov)' 중세와 르네상스 양식의 건축물들이 잘 보존되어있어 유네스코 세계문화유산으로 지정되었으며, 동화 같은 풍경으로 유럽에서 가장 아름다운 마을로 잘 알려져있다에서 이틀 밤을 쉬어가기로 했다.

아무도 없는 1층 복도 끝 3인실 방에 짐을 풀어놓고 침대에 가만히 누웠다. '오늘도 무사히 달려왔어'라는 그 안도감이 나를 침대 깊숙이 더 파고들게 만들었다. 그렇게 잠시 숨을 고르고 눈을 떴더니 한참 시간이 흐른 뒤였다. 다른 건 몰라도 맥주는 내게 휴식이었으니, 해가 저물기 전에 침대에서 일어났다. 근처 ATM에서 코루나(Koruna)체코의 화폐 단위로, 체코는 유

온통 울퉁불퉁 돌길

동화 마을
체스키 크룸로프

로화를 도입하려 했다가 연기하였다. 표기는 kzn를 뽑고 호스텔 직원이 준 시티맵을 보며 근처 '에겐베르크(Eggenberg)' 양조장으로 향했다.

에겐베르크는 1560년도에 설립해, 450년이 넘는 역사를 가진 오랜 전통의 양조장이었다. 하지만 번화가보다 조금 안쪽에 있어 일부러 찾지 않는 이상 쉬이 오기도 어려울 듯했다. 일반적으로 양조장 옆에는 갓 뽑은 맥주와 음식을 먹을 수 있는 레스토랑이 있는데, 이곳 역시도 그랬다. 난 출출해진 배를 채우기 위해 먼저 레스토랑으로 들어섰다.

입구부터 줄지어 걸린 상패에 그 기대감이 한껏 부풀었지만 레스토랑 안은 생각보다 한산했다. 창가 쪽 테이블에 앉아 천천히 레스토랑 안을 둘러봤다. 천장도 높고 깔끔한 인테리어에 듬성듬성 앉아있는 사람들. 그 빈 공간을 미처 채우지 못한 한산함이 어쩐지 마음에 들었다.

직원이 가져다준 메뉴를 펼치니 'Pivo(체코 말로 맥주)'가 눈에 들어왔다. 나는 그중 바이젠(Weizen)과 전통 음식 '스피치코바(Svičkova)'를 시켰다. 500ml 1잔에 30코루나, 환율로 따지면 한국 돈으로 1,400원 정도? 이래서 사람들이 체코에선 물 대신 맥주를 마셔야 한다고 했구나. 머무는 동안 이곳은 천국이 될지도 모르겠다는 생각을 하며 둔켈(Dunkel) 한 잔을 더 주문했다.

한창 맥주를 마시며 사진을 찍고 있을 때 스피치코바가 나왔다. 덤플

Pivovar
zal.
1560
RESTAURANT
Eggenberg
Eggenberg

에겐베르크 맥주 한 잔과 스피치코바

링이라는 흰 빵과 수프, 소고기 장조림 같은 고기 덩어리 2조각, 그 위에 크랜베리 소스와 생크림이 얹어져있었다. 하얀 덤플링을 진한 수프에 찍어 먹는데 푹신한 빵이 수프와 어울려 입안에서 사르르 녹아버렸다. 소고기는 다소 짭조름했지만 맥주와는 그리 나쁘지 않았던 조합으로 제법 만족스러웠다. 사실 세련되진 않지만 이 레스토랑의 한적함이며, 음식이며, 그리 튀지 않는 맥주까지. 이곳이 주는 모든 느낌이 만족스러웠다. 그저 혼자서 하루 쉬어가기엔 충분한 에겐베르크였다.

Eggenberg Pšeničné 에겐베르크 프세니츠네

바이젠치고는 라거처럼 가볍다.
아주 약간의 몰트 향과 굉장히 연하고 목 넘김이 부드러운 맥주

▪국적 : 체코 ▪도수 : 알 수 없음 ▪스타일 : Hefeweizen ▪제조사 : Pivovar Eggenberg

스물아홉 번째 잔.　　널 알게 된 건 행운이야

'Bernard(버나드)'

아침에 눈을 뜨자마자 패니어 깊숙이 있던 믹스커피 봉지 2개를 꺼냈다. 오랜만에 맡는 익숙한 커피 향이다. 그러곤 다시 가방을 챙기려고 방에 들어갔는데 이른 아침부터 체크인을 한 한 청년이 짐을 풀고 있었다.

그는 인도에서 온 라훌(Rahul)로 나보다 한 살 많았다. 휴가에 체코 여행을 하다가 내일 잘츠부르크(Salzburg)로 넘어간다고. 역시 나도 오늘이 체스키에서의 마지막 날이라고 했더니, 저녁에 함께 투어를 하지 않겠느냐고 물었고 우린 각자의 투어를 마치고 7시쯤 다시 이곳에서 만났다.

체스키 크룸로프의 밤거리는 훨씬 차분했다. 낮에는 보이지 않던 작은 상점들도, 그저 스쳐 지나갔던 다리도, 그렇게 싫었던 돌길도. 혼자일 때와는 전혀 다른 또 새로운 느낌의 거리였다.

라훌은 휴가 때마다 주변 국가를 여행 하는데, 이번엔 체코-오스트리아 정도를 다닌다고 했다. 나는 그가 먼저 다녔던 프라하로 넘어가야 한다고 했더니 내가 좋아할 만한 곳이 있다며 열심히 설명해줬다. 그리

체스키 크롬로프의 밤

체스키크롬로프의 밤

고 내가 원한다면 함께 맥주 한 잔을 마셔도 좋다고 했다. 나 역시 그와 대화를 더 나누고 싶었으니 좋다고 했고, 그렇게 우리는 숙소 옆 작은 펍 'Hospoda99'로 들어갔다. 큰 목재 테이블에 따뜻한 분위기가 감돌았던 로컬 펍이었다.

테이블에 앉아 우린 '버나드(Bernard)' 맥주를 주문했다. 체코 이야기, 한국의 학생들 이야기, 맥주 이야기, 또래다 보니 이런저런 공통된 분모가 많았다. 특히나 우리가 생각하는 '행복의 기준'에 대한 이야기까지. 사실 거창할 건 없었다. 그는 가끔 이렇게 여행을 즐길 수 있는 지금이 행복하고, 난 맥주를 찾아다니고 이렇게 좋은 사람과 맥주를 마실 수 있는 지금이 행복하고. 이렇게 짧은 인연이지만 서로의 여행에 한 부분을 채울 수 있는 지금이 행복했다. 난 맥주를 한 모금 들이키고 말했다.

"맥주를 마시러 떠나온 여행이지만. 어쩐지 그 이상을 얻고 있는 것 같아. 자전거 여행을 하면서, 또 이렇게 사람들을 만나면서."

"그게 여행이란 것이 가진 매력이지."

그렇게 숙소로 돌아오고 모두가 잠든 사이. 혹여나 다른 사람들이 잠에서 깰까 조심스레 짐을 챙기던 라훌은 내 머리맡에 작은 쪽지를 남겨두고 새벽 버스를 타기 위해 길을 나섰다. 그 쪽지에는 이런 글이 있었다.

「Ha. 여행 중 널 알게 된 건 행운이야. 너의 여행과 너의 미래를 응원할게.」

여행 중 행운을 얻은 건 이곳에서 라훌을 만난 나일지도 모르겠다.

Bernard Černý Ležák 12° 버나드 케니 레자크 12

커피 향, 초콜릿 향이 감돌며
굉장히 부드럽지만 깔끔한 맛의 독특한 라거!

▪국적 : 체코 ▪도수 : 5% ▪스타일 : Dunkel ▪제조사 : Bernard Family Brewery

서른 번째 잔. 필스너의 도시 필젠(Pilsen)

'Pilsner Urquell(필스너 우르켈)'과 함께

"하, 이 냄새다."

처음 필젠(체코어로는 플젠 Plzen으로 표기 발음하며, 독일어로는 필젠 Pilsen으로 표기 발음한다.)에 도착한 그 순간을 아직도 잊지 못한다. 도시 전체를 뒤덮은 구수한 맥아 냄새에 저절로 페달을 멈추게 된 그 순간을. 그제서야 필스너의 본고장에 왔다는 게 새삼 실감이 됐다. 이 희열을 행여나 놓칠 세라 다시 한 번 깊게 숨을 들이마셔 본다.

사실 체코 여행 중 내가 가장 손꼽아 기다렸던 도시가 바로 필젠이었다. 탁한 빛깔의 에일 맥주가 주를 이룰 때 황금빛으로 전 세계를 물들이며, 맥주 역사에 한 획을 그은 '필스너(Pilsner)'. 그 탄생지이자 필스너 우르켈 양조장이 있는 도시. 그곳에서 직접 마신 필스너의 맛은 어떨지. 그 공간, 그 도시는 어떤 분위기일지 직접 느껴보고 싶었다.

필스너의 도시 필젠에 도착하다.

숙소에 짐을 풀고 맥주를 마시기 위해 길을 나섰다. 필젠의 밤은 낮보다는 조금 한산했다. 날씨도 우중충하니, 조금 오싹하기도 했다. 이게 이 도시만이 가진 느낌인가. 그리 활발하지 않고 차분한 이 느낌이.

더 어두워지기 전에 우선 햄버거를 먹을까 싶어 횡단보도를 건넜다. 그런데 내 발 아래 종이 한 장이 보였다. 뭐지? 200코루나였다. 아싸, 이게 웬 횡재. 혹여나 지나가던 사람이 흘린 게 아닐까 하고 주위를 두리번거렸지만, 그 길에는 지나가는 차 한 대도 보이지 않는다.

센크 나 파르카누 펍 입구

'필젠은 참 좋은 도시인가 봐.'

원래 주운 돈은 빨리 쓰는 거라는 누군가의 말이 귓가에 스쳤고, 난 곧장 실행으로 옮겼다. 햄버거는 제쳐두고 가벼운 발걸음으로 맥주를 마실 만한 곳을 찾아다녔다.

잠시 동안이었지만 이 곳은 도시 전체가 필스너의, 필스너를 위한, 필스너에 의한 박물관. 아니, 작은 테마 파크 같았다. 대개 한 펍이 한 맥주 브랜드를 취급하는데 이곳은 좌우를 살펴도 다 똑같이 '필스너 우르켈(Pilsner Urquell)', 혹은 '감브리너스(Gambrinus)' 등이 적힌 간판으로 빼곡했다. 나 같이 결정장애가 있는 사람에겐 의외로 행복한 고문이었다. 이곳에 살면 정말 하루 종일 필스너를 마시겠다며 이 도시 사람들이 내심 부러워진다.

한참을 더 두리번거리다 일찍이 문 닫힌 맥주 박물관 옆 '센크 나 파르카누 펍(Senk Na Parkanu Pub)'을 발견했다. 웅성웅성 소리가 골목 밖까지 퍼져나왔다. 이곳은 박물관과 탭 룸이 연결된 곳이기도 한데 필스너 우르켈 양조장을 제외하고 유일하게 필터링되지 않은 필스너 우르켈을 맛볼 수 있다. 그래, 오늘은 여기다!

거리에 없던 사람들이 이곳에 다 모였는지 안에는 맥주를 마시는 사람들로 북적였다. 여기 앉은 사람들은 연령대가 다양하지만 남자 손님이 대부분이었다. 오늘의 피로를 맥주 한 잔과 함께 털어내는 듯했다.

필터링되지 않은 필스너

타르타르

동양인에, 여자 혼자라곤 나밖에 없었지만 뭔 상관이랴, 나도 오늘의 피로를 털어내야지!

때마침 한 신사가 자리에서 일어났고 난 그 자리에 재빠르게 앉아 맥주 한 잔과 음식을 주문했다. 내일 양조장을 직접 방문할 예정이지만, 사전조사쯤으로 먼저 맛보기로 했다. 이렇게 필젠에서 필스너 우르켈을 직접 마시다니! 그 맛이 무척이나 기대됐다.

직원이 내려놓은 잔에는 황금색 빛깔과 세밀하고 풍부한 거품이 환상적인 필스너 우르켈이 담겨있었다. 이리저리 사진을 찍다 도저히 참을 수 없어 한 모금 쭈욱 들이켰다. 캬아! 탄성이 터져 나왔다. 부드러운 거품에 시원한 목 넘김. 짜릿함이 몰려왔다. 그리고 다시 천천히 맥주를 음미했다. 여기 앉은 분들은 매일 같이 이런 맥주를 마실 수 있다니, 다시금 부러워지는 필젠에서의 첫날밤이었다.

필스너 우르켈 공장 투어

이튿날, 자전거를 타고 도착한 곳은 필스너 우르켈 로고에서 보이는 정문, 일명 비어 게이트(Beer Gate)라 불리는 곳이었다. 이 역사적인 순간을 그냥 지나칠 수 없었다. 타이머를 맞출까 하고 두리번거리다 지나가던 한 외국인 아저씨와 눈이 마주쳤다.

필스너 우르켈 비어 게이트

"실례합니다. 사진 한 장만 부탁드려도 될까요?"

"Okay!"

한 수십 장을 연속 촬영으로 누르던 아저씨는 만족스러운 표정으로 내게 핸드폰을 건넸다. 땡큐를 외치며 핸드폰을 받아 든 순간, 나는 아차! 싶었다. 사진 속엔 나를 중심으로 반토막 난 정문과 반틈이나 훤히 보인 바닥이 보였다. 외국인들은 사진 찍을 때 인물 중심이란 걸 간과했던 것이다. 그래, 어디를 왔다는 것보다 '내'가 왔다는 게 중요하지. 아저씨 본인이 만족하셨으니까 나 역시도 그걸로 됐다.

자전거를 정문 근처에 묶어두고, 투어를 위해 방문자 센터로 들어갔다. 투어는 체코어, 영어, 독어, 러시아어로 진행이 되는데 나는 그중 1시에 영어로 진행되는 투어를 기다렸다. 1시가 되니 한 여성 가이드가 나왔고, 그녀의 간단한 설명을 시작으로 본격적인 투어가 시작됐다. 투어는 크게 생산 라인, 제조 과정, 지하 저장고 방문으로 이루어졌다. 우선 생산 공정을 보기 위해 'Pilsner Urquell'이 랩핑된 투어 버스를 타고 다른 건물로 3~4분 정도 이동했다. 그 잠깐 동안 창문 밖으로 보인 건물들이 필스너 우르켈의 거대한 규모를 새삼 실감나게 해줬다.

첫 번째 생산 공정이 진행되는 건물 내부로 들어서니 병끼리 부딪히는 소리가 생각보다 요란하게 들려왔다. 가이드의 목소리가 조금 묻히긴 했지만 유리창 너머로 병입 과정을 훤히 내려다볼 수 있었다. 병, 캔, 페

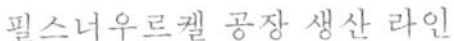

필스너우르켈 공장 생산 라인

지하 저장고로 깊숙이 들어가봅니다.

트 3개의 파트로 이루어져있는데 실제 전 세계에 유통되는 필스너 우르켈이 다 이곳에서 생산된다고 했다. 저 병, 저 캔 하나가 언젠가 집 앞 편의점에서 만날 필스너 우르켈이라는 것이구나.

그다음은 본격적으로 제조 과정을 살피기 위해 노란색 외벽의 건물로 이동했다. 그 길에 등대 모양의 급수탑(Water Tower)이 보였다. 이는 지금은 사용하지 않지만 공장화가 되기 전까지는 사용됐던 곳이라고 한다. 물은 맥주의 중요한 요소 중 하나인데, 부드러운 필젠의 연수(미네랄 성분이 적은 물)를 이용하여 다른 곳에서는 흉내낼 수 없는 지금의 '필스너' 만의 맛을 만들어냈다. 여기에 체코산 사츠홉과 보리가 더해져 필젠만의 황금빛 필스너가 탄생한 것이다.

투어 중 맥주를 만드는 세 가지 요소(물, 홉, 보리)에 대한 이해를 돕기 위해 직접 만지고 향을 맡을 수 있는 체험 공간도 마련되어있었다. 이어

지금은 중단된 급수탑

현대식으로 바뀐 양조 시설

제조 과정을 볼 수 있는 곳으로 이동했다. 예전에는 구리였던 것을 현대식으로 바꿨지만 옛 맛 그대로 유지하고 있다고 했다. 특히 몰트와 물을 가열한 뒤 섞는 삼중 디콕션(Triple Decoction)과 직화 가열로 필스너 우르켈 특유의 향과 풍미를 내는데, 이는 필스너 우르켈의 전통 방식을 그대로 이어온 것이라고 했다. 어쩌면 필스너 우르켈이 오랜 명성을 유지한 데에는 필젠 지역만의 재료들과, 변함없는 레시피로 그 맛을 일관되게 유지해왔기 때문이 아닐까 싶다.

긴 시간 동안 걸어다니는 게 조금 힘들기도 했지만 이를 달래줄 대망의 코너가 찾아왔다. 바로 필터링되지 않아, 신선한 효모의 맛이 살아

있는 필스너 우르켈을 맛볼 수 있는 지하 저장고다. 그곳에 들어서기 전에 가이드는 한참 동안 들고 있던 옷을 입기 시작했다. 그러더니 내부는 추우니 외투가 있는 사람은 옷을 입는 게 좋다고 했다.

지하 저장고로 들어서니 축축하고 음침한 길이 길게 이어져있었다. 지금은 현대식 냉장고에 보관하지만 1990년대까지만 해도 맥주를 저장하기 위해 이렇게 깊숙이 저장고를 판 것이라고 했다. 그것도 손으로 직접(이것이야 말로, 진정한 수제가 아닌가.). 그 길이가 무려 9km가 되니 지상과는 또 다른 동굴 세계가 펼쳐진 것만 같았다. 젖은 긴 길을 따라 미로처럼 된 길을 들어가다 보면 거대한 오크통을 볼 수 있는데 그 안에서는 여과를 거치지 않은 맥주가 효모와 함께 맛있게 익어가고 있었다. 가이드는 오크통에서의 전통 숙성 공법은 스테인리스통과의 비교해보려는 실험적인 목적도 있지만, 투어를 찾은 사람들을 위한 것이라고 말했다.

여과되지 않은 필스너 우르켈을 받아 맛있게 쭉 들이킵니다.

필스너 우르켈 투어에서만 가능한 특별한 경험을 만들어주는 것. 바로 대망의 시음 시간이다. 플라스틱 잔을 손에 들고 한 줄로 길게 줄지어 선 모습이 마치 미어캣 무리 같았다. 능숙한 손놀림으로 맥주를 따라주던 직원. 그에게서 맥주를 받고 옆 쪽 테이블에서 맥주를 마시기 시작했다.

캬아! 여기저기서 탄성이 터져 나왔다. 여기 모인 우리 모두 같은 생각을 하고 있는 듯했다. 짙은 황금색 빛깔 맥주 위, 소복이 얹어진 하얀 거품! 그 목 넘김은 환상적이었다. 어제와 분명 같은 것이지만, 음습하고 축축한 이 공간에서, 이 오크통을 안주 삼아 마신 맥주의 맛은 유난히 더 특별하고 맛있게 느껴졌다.

이곳을 찾아야만, 이곳에서만 가능한 경험.
아마 이러한 것들이 양조장을 직접 찾는 매력이 아닐까 싶다.

어쩐지, 이곳 필젠에서 더 오래도록 머물고 싶어졌다.

Pilsner Urquell 필스너 우르켈

풍부한 사츠홉 향과 특유의 단맛과 쌉싸름함이
완벽한 조화를 이뤘다. 피니시는 깔끔하기까지! 명불허전 필스너 우르켈이다.
■ 국적 : 체코 ■ 도수 : 4.4% ■ 스타일 : Pilsner ■ 제조사 : Pilsner Urquell

Pilsner Urquell®

쉬어가는 여행 이야기

… 예쁘지는 않지만

야, 유럽에 가면 막 찍어도 화보래.

도대체 그 '막 찍어도 화보'가 어떤 것인지. 같은 유럽이어도 난 말 그대로 그저 막 나올 뿐이었으니 말이다. 사실 애초에 화보 같은 사진은 욕심이었다. 자전거 여행을 하다 보면 빨래는 자주 못하니까 금방 마르는 기능성 옷을 입어야 하고, 자주 씻지 못하니까 화장 같은 건 꿈도 못 꾸고, 아! 어쩌다 한 번씩 화보가 나오는데 그건 아마 자전거 화보였고.

그런데 말이다.

다른 친구들처럼 예쁜 옷을 입고 예쁘게 화장을 한 건 아니지만 빵을 우걱우걱 먹는 모습도, 검게 그을린 얼굴도 그냥 그게 나더라.

길 위에서 만난

내 모습이

그게 진짜 나더라.

화보는 늘 자전거 화보였다.

이건 먹방 화보?

이건 얼굴 빼꼼 화보?

서른한 번째 잔. 거짓말

Strahov Monastic Brewery
(스트라호프 수도원 맥주 양조장)의 'Dark Lager(다크 라거)'

바츨라프 광장

'낭만은 개뿔.'

걷기만 해도 감수성이 차오른다는 낭만의 도시 '프라하(Praha)'. 버블 아티스트가 구시가지 광장에 동심을 더하고, 까를교(Charles Bridge)를 걸으며 마주하는 음악 소리가, 프라하 성에 바라본 아름다운 야경이, 이 도시 자체를 낭만의 대상으로 만들어버린다는 곳이다.

하지만 이게 내가 본 프라하란 도시의 첫인상이었다. 여기저기 바글바글한 사람들. 예쁜 옷, 예쁜 화장을 하고 삼삼오오 모여 사진을 찍는 사람들. 익숙한 스타일이라 유난히 눈에 띈 것도 있겠지만 이곳이 한국이지 않을까 싶을 정도로 프라하에는 한국 사람들이 너무 많았다. 어디를 지나도 셀카봉을 들고 서로 예쁜 구도로 이리저리. 저러려고 여행 왔나 싶다가도 하긴 저러려고 여행 오는 거지 싶었다. 이 낭만 프라하에서 최대한 예쁜 모습의 나로 남겨지길 바라면서.

정각마다 울리는 천문탑 앞에 모여든 사람들

버블 아티스트와
구경하는 아이들

까를교 위를
음악으로 채우는 사람들

혼자 씩씩거리다 그래도 프라하까지 온 김에 야경은 꼭 봐야겠다며 까를교를 지나 프라하성 일대에서 시간을 보내기로 했다. 양조장에서 저녁을 먹고 내려오면 시간이 얼추 맞을 것 같았다.

오늘 갈 예정인 '스트라호프 수도원 맥주 양조장(Strahov Monastic Brewery)'은 프라하성보다 외진, 높은 언덕에 있는데 그 길이 꽤나 등산로스럽다. 또 다시 씩씩거리며 10분 정도 언덕을 탄 후 도착한 수도원. 그리고 그 안에 있는 양조장을 찾았다(이 브루어리가 수도원 안에 있긴 하지만 맥주를 수도사들이 만드는 것은 아니다.). 1907년에 한 번 폐쇄되고 2000년에 재건축이 결정되었다고 하니 어떻게 보면 길면 또 길고, 또 어떻게 보면 짧은 역사를 가지고 있는 곳이기도 하다.

이곳은 양조장과 레스토랑이 함께 운영되는데 하얀 담벼락 안으로 들어서면 야외 테라스를 중심으로 왼쪽에는 '피보바(Pivobar)'양조장에 있는 펍으로 브루펍 개념, 오른쪽 레스토랑이 있었다. 피보바 안에는 2개의 숙성 탱크가 있어 이를 구경하는 재미도 쏠쏠하다.

직원들은 왼쪽 오른쪽 건물을 왔다 갔다 하며 음식을 서빙하느라 정신없었다. 실내를 둘러보다 야외 테라스에 나왔을 때 직원이 막 한 자리가 났다며 저곳에 앉아도 된다고 했다. 나는 행여나 누가 앉을까 냉큼 그 자리에 앉았다.

이곳의 생맥주는 여과 처리가 되지 않은 맥주로, 엠버 라거(Amber Lager), 다크 라거(Dark Larger), IPA(인디안 페일 에일)가 주를 이루고 그 외에 '계절 맥주(Sesonal Beer)'도 있었다. 우선은 가장 유명하다던 다크 라거를 주문하기로 했다. 맥주와 함께 음식을 주문하려는데 아까 자리를 안내해준 밝은 미소의 직원이 내게 다가왔다.

"다크 라거 한 잔하고요. 혹시 이와 어울릴만한 음식이 있을까요?"

그는 처음엔 '스피치코바(Svíčková)'나 '굴라쉬(Goulash)'헝가리식 비프 스튜를 추천해줬다. 한 번 먹어본 음식들이기도 해서 조금 색다른 메뉴를 먹고 싶다고 했더니 그는 잠깐 고민하다 으깬 감자와 토끼 고기를 추천해준… 아니, 뭐라고? 내가 아는 그 토끼 고기? 내 귀를 의심하며 직원에게 한 번 더 물었다.

"음, 저를 믿어보세요! 전 정말 좋아한답니다."

피보바 내부 양조 시설

충격의 토끼 고기와 다크 라거

스트라호프 피보바와 레스토랑

그 직원의 미소를 한 번 믿어보기로 했다. 맥주를 기다리는 사이 테이블에 놓인 종이가 눈에 띄었다. 양조 과정을 인포그래픽 형식으로 정리해둔 것인데 이해하기도 쉽고 맥주를 기다리는 동안 잠시나마 지루함을 달랠 수도 있었다. 그 사이에 맥주가 서빙됐다. 밀도 높은 풍성한 거품이 꽤나 부드러웠던 매력적인 다크 라거다.

뒤이어 음식이 나왔고, 의심 반 설렘 반으로 고기를 썰었다. 그리고 포크로 고기를 살짝 집어 이를 맛본 나는 글을 쓰고 있는 이 순간에도 그 향과 질감을 잊을 수가 없다. 어디서 맡아보지 못한 특유의 냄새와

성 비투스 대성당 야경

푸석하게 바스러지는 육질이 이런 게 정녕 토끼 고기일까. 직원은 내게 왜 이것을 추천해준 것일까. 그냥 먹던 걸 먹을걸. 하지만 먹다 보니 또 괜찮은 것 같기도 하고. 그 한 입에 수많은 생각들이 스치며 다시 그 직원과 눈이 마주쳤다.

"어때?"

"굿! 맛있어!"

여행 와서 늘어나는 몸무게만큼 거짓말도 는 듯하다. 하, 프라하는 어찌하여 내게 이렇게도 가혹한가.

Dark Lager 다크 라거

밀도 높은 부드러운 거품에 적당한 몰트 향과, 씁쓸함.
전체적으로 가벼운 느낌의 맥주이기에
간이 된 고기와 함께였다면
그 궁합도 금상첨화였을텐데!

▪국적 : 체코 ▪도수 : 5.5% ▪스타일 : Dark Lager ▪제조사 : Strahov Monastic Brewery

유럽 편

#8 오스트리아의 맥주 1잔

넌 그런 사람이 됐으면 좋겠어

출국 일주일을 남겨두고, 마지막 여행지인 헝가리로 향하기 위해 다시 오스트리아를 찾았다. 내게 오스트리아는 맥주 자체로 그리 큰 인상을 준 곳은 아니지만 생각의 전환점을 맞게 해준 두 사람을 만난 곳이다. 첫 번째는 평범하고 따스한 가정을 꿈꾸게 해준 요한 가족 그리고 두 번째는 앞으로의 방향성을 제시해준 다니엘(Daniel)

오스트리아에서 건축가로 일하고 있는 다니엘은 업무, 회의에 바쁜 일상을 보내고 있었다. 그래서 3박 4일 이곳에 머무는 내내 같은 집에 있으면서도 만나기 어려웠던 호스트였다. 내가 그와 마주친 거라곤 새벽 일찍 그가 출근하는 소리에 잠깐, 저녁 늦게 퇴근하고 잠들기 전 잠깐이었다. 그래도 그 짧은 시간에도 내가 좋아할 법한 펍, 관광지 등을 소개해주겠다며 이것저것 알려주기도 했다.

다니엘의 집에 머문 둘째 날이었다.

"Ha! 관광 잘 하고 왔어?"

"네. 빈(Wien)은 정말 예술적인 도시인 거 같아요. 그리고 다니엘이 추천해준 곳에서 맥주도 마시고 왔어요!"

"오, 어땠어?"

"관광객이 많지 않아서 좋았어요. 맥주도 괜찮았고."

"훌륭해. Ha, 맥주 한 잔 더 마실래?"

"좋아요!"

그렇게 우리는 치즈, 소시지를 안주로 그의 데일리 맥주 '뷔젤부르거비어(Wieselburger Bier)'와 함께 이야기를 나눴다. 아무렴 우리의 공통 관심사는 '자전거 여행'이었고, 긴 시간 먼저 여행을 다녀온 선배로서 그가 느낀 생각들을 말해주기 시작했다.

그는 가장 최근에 아시아 자전거 여행을 다녀왔는데 그중에서 한국의 서울이 인상 깊었다고 했다. 차도 많고 사람도 많았지만 생각 외로 자전거 도로도 잘 되어있고, 사람들도 친절했다고 말이다. 그래서인지 유독 이 집엔 한국인 게스트들이 많이 찾아온다고 했다. 한국인들과 대화를 해보면 다른 나라에 비해 또 잘 맞기도 했다고. 그렇게 한국에 대한 이야기는 한국 자전거 도로에 이어 자연스레 그 곳에 사는 사람들의 '삶'에 대한 이야기로 이어졌다.

"음. 한국에선 스펙 쌓기도 중요해요."

"스펙? 그게 뭐야?"

한국의 일상으로 다시 돌아간다면

"영어 점수를 따고 학점을 따고... 직업을 구하기 위해, 돈을 벌기 위해 저마다 쌓아둬야 되는 것들이라고나 할까요? 한국 사람들은 좋은 스펙이 없으면 살아남기 힘들다고 생각해요. 대다수가 그렇겠지만 저 역시도 직업을 구하기 위해, 바쁜 하루들을 보내게 되겠죠? 아마도 한국에 돌아가면 이런 생활을 다시 꿈꾸기 어려울 거예요. 이렇게 내가 좋아하는 맥주를 실컷 마시면서 여유롭고, 낭만적인 일상들을 말이죠."

여행을 하면서 생각한 마음가짐들을 한국에 돌아가서도 그대로 이어갈 수 있으리라 생각했는데, 다니엘과 대화를 하다 보니 다시 그전의 일상 속으로 돌아간 것만 같았다. 그 짧은 찰나 사색에 잠긴 내게 다니엘이 진지한 표정으로 말을 건넸다.

"Ha. 나 역시도 지금 건축가의 일을 하면서 굉장히 바쁘게 지내고 있어. 이렇게 되기도 쉽지 않았지. 누구나 다 일은 해야 되. 그런데 말이야. 휴가 때마다 떠난 '자전거 여행'이 내겐 정말 큰 전환점이었어. 여행 중에 새로운 인연들을 만나고, 또 놀라운 일들을 겪었지만 중요한 건 그 후였어. 여행을 다녀온 후에 사람들은 쉬이 경험하지 못한 일이니까 내게 질문을 하기 시작했어. 그래서, 한 사람 한 사람 내가 보고 온 것들을 알려주고, 조금씩 조언해주기 시작했어. 어떤 질문을 받아도 내가 아는 한 최대한 노력해서 답해주려 했고. 그런데, 어느날 누가 날 찾아왔더라고. 당신이 해준 말들이 변화의 계기가 됐다고. 정말 고맙다고 말이야. 굉장한 일이었지.

Ha, 난 여성 자전거 여행자들을 존경해. 남자들이야 체력도 좋고, 크게 공격받을 일은 없지만 여자 혼자서 이런 여행을 하기란 쉽지 않아. 그렇기 때문에 분명 너의 이야기를 듣고 싶어하고, 필요로 하는 사람이 있을 거야. 여자로서 이러한 도전을 했기에 넌 결코 평범하지 않아. 도전을 꿈꾸는 다른 이들에게 큰 도움이 될 거야. 한국에 돌아간다면 네가 겪은 일들을 보다 많은 사람들에게 돌려줄 수 있는 그런 사람이 됐으면 좋겠어."

한 번 숨을 고른 다니엘은 뒤이어 말했다.

고마워, 나침반 같은 선배 다니엘

"넌 아마도 그렇게 될 거고."

그가 건넨 말은 내 가슴 한 켠을 징하게 울렸다. 여행은 다녀온 것도 중요하지만 그 '후'도 중요하다는 것. 내 이야기가 어느 누군가에게는 꼭 도움이 될 거라는 것. 그리고 '확신'이라는 믿음을 준 것.

전혀 대단하지도 잘 나지도 않은 이야기지만 정말 다니엘의 말처럼 이 여행을 통해서 소중한 인연을 알게 됐고, 또 그 인연이 날 조금씩 변화시켜주는 것처럼. 나도 누군가에게 그 소중한 인연이 될 수 있지 않을까? 이대로 환상 가득한 맥주 여행으로 끝내버릴지, 더 긴 인생 여행의 시작점으로 만들어버릴지. 그 선택은 온전히 내게 달린 게 아닐까. 난 그의 말을 듣고 한참 동안 고개를 끄덕였다.

어쩌면 그 시작점이 오늘이 될지도 모르겠다.

Wieselburger Bier 뷔젤부르거 비어

입안을 감싸는 구운 몰트 향과
뒤로 갈수록 미세하게 느껴지는 호피한 피니시.
굉장히 가볍게 즐길 수 있는 맥주임엔 분명하다.

▪ 국적 : 오스트리아 ▪ 도수 : 5% ▪ 스타일 : Hells ▪ 제조사 : Wieselburger Brauerei

쉬어가는 여행 이야기

… 부다페스트(Budapest)라는 종착점

부다페스트 속 나를 찾아라.

부다페스트 세체니 다리에 도착하다!

드디어 마지막 페달질이다! 구글맵에 찍힌 나의 최종 목적지는 '부다페스트(Budapest)'의 '세체니 다리(Szecheny Lanchid)'였다. 여행 내내 그 모습을 상상해왔다. 이 다리 앞에서 큰 여행 현수막을 펄럭이며 사자 동상과 함께 마지막 인증샷을 남기겠노라고. 그 사진을 찍어야 이번 여행이 끝이 날 것이라고. 뒤에 실린 짐의 무게도, 빼곡히 들어선 차들도, 전혀 신경 쓰이지 않았다. 나는 그 마지막 장면을 위해 세체니 다리를 향해 거침없이 달렸다. 사자 동상 앞에 멈춰서 한참 숨을 고르고 있을 때 누군가 내게 말을 걸었다.

"저, 사진 좀 찍어주시겠어요?"
30대쯤으로 보이는 한국 여성 분과 외국인 남성 분 커플이었다.

"네! 물론이죠! 자, 찍겠습니다! 잠시만요, 다른 구도로 한 번 더 찍을게요!"
어디서 나온 오지랖인지 그렇게 한 수십 번 버튼을 눌렀던 것 같다. 그중 한 장이 그들의 부다페스트 여행 중 가장 많이 들여다볼 사진이 되길 바라며.

"그쪽도 사진 찍어드릴게요!"
"아, 저기 그럼... 잠시만요..!"

마침 잘 됐다. 자전거 핸들바에 있던 노란색 현수막을 주섬주섬 꺼내 들었다. 찰칵찰칵- 그 순간 세체니 다리를 건너려던 사람들도 여성 분 뒤에 멈춰섰다. 이걸 찍어야 정말 끝이 난다. 펄럭 펄럭. 내 현수막이 이 세체니 다리에 부는 바람에 따라 흔들렸다.

"잘 나왔네요. 즐거운 여행 되세요!"

즐거운 여행. 비 맞으면서 고생도 많았고, 울기도 많이 울었지만, 내 생애 두 번은 없을 참 즐거운 여행이었다.

그리고 그날 밤. 다시 이곳을 찾았다. 아까와 똑같이 서있었던 세체니 다리에서서 부다 왕궁이 있는 쪽을 한참 동안 넋을 잃고 바라봤다. 이래서 다들 부다야경 부다야경 하는 구나. 어둠이 이토록 아름다울 수 있다는 건 부다페스트의 야경을 두고 하는 소리였다.

도시를 밝히는 건물 저마다의 불빛이 어둠과 완벽한 조화를 이룬다. 바라보

다시 찾은 세체니 다리에서 바라본 부다 왕궁

는 이로 하여금 이 장면 그 이상의 아름다움을 상상할 수 없게 만들어버렸다. 지금 내 눈으로 담을 수 있다는 것 자체가 가슴 벅차게 황홀했다.
잔잔하게 흐르는 도나우강 위에 비친 불빛들이 지나가는 유람선이 만들어낸 물결에 함께 일렁이고 있었다. 내 마음에도 알 수 없는 무언가가 일렁이기 시작했다. 그 일렁임은 모름지기 '확신'이었다.

사실 전부터 염두에 둔 다음 행선지가 있었다. 유럽은 맥주의 오랜 역사와 전통을 갖고 있다면, 그곳은 역사가 그리 길지 않아도 크래프트 열풍의 주역으로 새로운 바람을 일으키고 있었으니 말이다. 그 열풍을 직접 느껴보고 싶었

부다 왕궁에서 바라본 국회의사당 야경

다. 하지만, 한 2년쯤 뒤면 가능할 거라며 막연히 그려만 보고 있었는데. 바로 이곳에서 해낼 수 있으리란 확신이 생겼다. 가슴속 일렁임이 밀려올 때 같이 일렁여야 더 크게 펴질 수 있으리라는 확신. 그 언젠가, 더 크게 더 단단해진 내가 되었을 때 다시 이 부다페스트를 찾겠노라고 다짐하며 두 주먹을 불끈 쥐어본다.

'다음엔 미국. 2016년은 미국 맥주 여행의 해로 만들겠어.'

그러고는 여행을 시작할 때처럼 다시 한인민박을 찾았다. 출국을 준비하며 그간 하지 못했던 밀린 일들을 하기 위해서였다. 한국말 실컷 하기, 한국 음

이젠 타이머 맞춰놓고 안 찍어도 되요.

식 실컷 먹기, 한국 친구들과 함께 실컷 사진 찍고 놀기. 며칠 후면 할 수 있는 일들이기도 하지만 마지막 이틀은 꼭 이렇게 그간의 여정을 위로 받고 싶었다.

민박에서 지내는 사람들과의 야경 투어는 지난밤 혼자서 야경을 볼 때와 또 다른 느낌이었다. 부다왕궁에서 바라본 세체니 다리를 배경 삼아 서로의 인생 사진을 담아내고 나 역시도 오랜만에 자전거 없이 여행지에서의 인생 사진을 남겨본다. 긴 투어를 마치고 내려오는 길엔 다 함께 맥주 한 캔씩 사들고 숙소에 귀가했다. 덕분에 그날 밤은 깔깔깔. 전보다 편해진 내 목소리와 함께 밤새 웃음소리가 끊이질 않았다.

사람들과 마지막 맥주로 치얼스

STOUP
BREWING

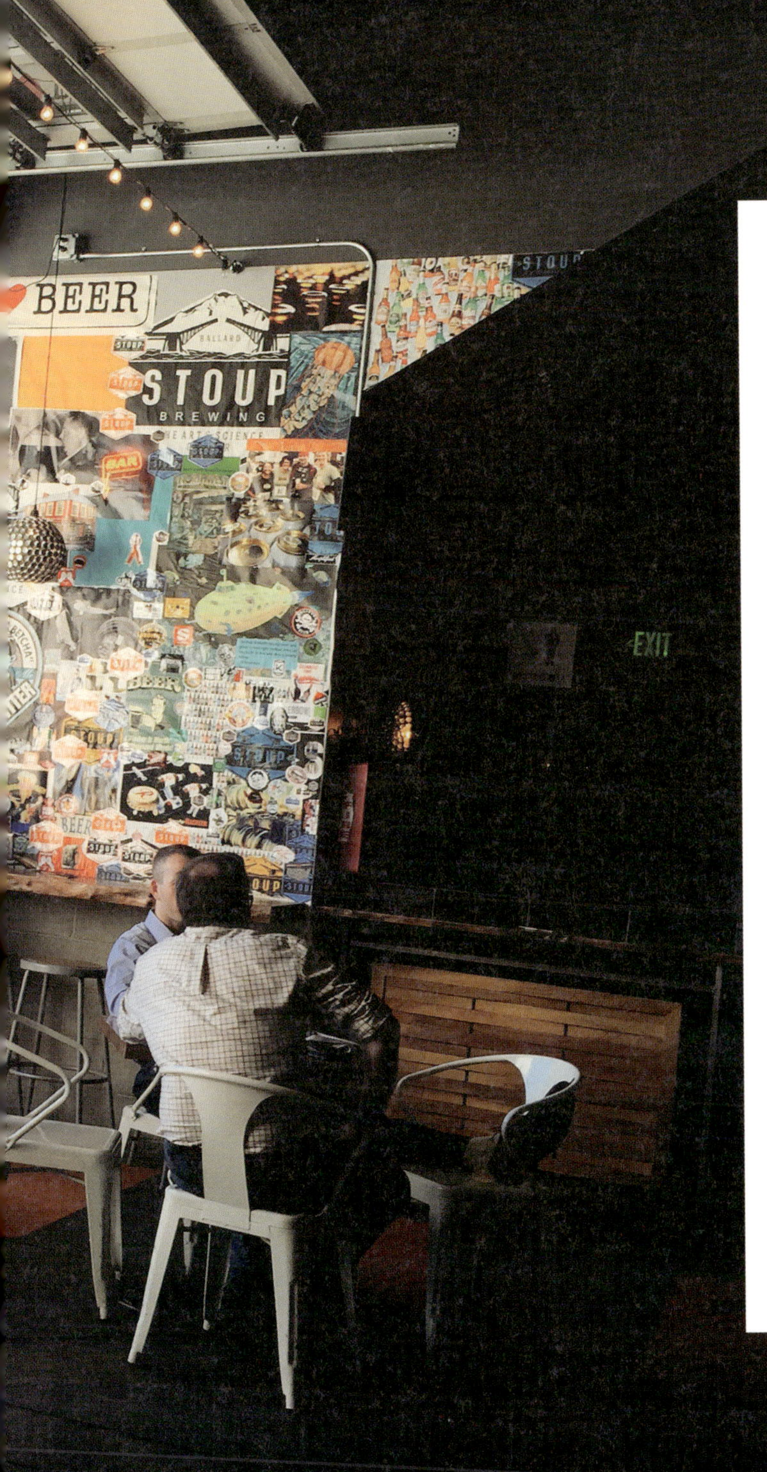

#1 워싱턴의 맥주 7잔

쉬어가는 여행 이야기

… 왜 미국이어야 했을까

한 해가 지나고 다음 해 8월이 찾아왔다. 그리고 나는 두 번째 여행을 떠날 준비를 하고 있었다. 누군가는 맘 편하게 여행을 떠나기 위한 명분을 만드는 거라 할 수도 있겠지만 미국행은 적어도 내겐 자연스러운 수순이었다.

1. 나를 향했던 맥주 여행의 방향이 달라지다

"왜 맥주 여행이야?"
라는 질문은 내겐 '밥 먹었니?'만큼이나 많이 들어온 질문 중 하나였다. 사실 여행에 굳이 이유가 있어야 되나 싶기도 하지만 있으면 있는 대로 또 없으면 없는 대로, 그게 어찌됐든 내 여행을 궁금해해줬다는 건 참 고마운 일이었다. 그리고 여행 내내 들어온 이 질문은 오히려 그 안에서 또 다른 답을 찾을 수 있는 기회가 되기도 했다.

사실 맥주의 다양성에 대해선 귀가 닳도록 들어온 이야기지만, 유럽을 여행하면서 60여 일이 넘는 시간 동안 옮기는 지역마다 매일 다른 맥주를 마실 수 있었다는 건 꽤나 큰 충격이었다. 그중에서도 영국 전통 에일을 부흥시키기 위한 맥주 축제 GBBF, 쾰른의 대표 맥주 쾰쉬, 필스너의 테마파크 필젠까지. 맥주가 단순히 관광 상품이 아닌 그 지역을 넘어선 그 나라의 역사가 담긴 하나의 대표 문화가 되었다는 것. 이렇게 되는 데에는 다양하고 오랜 전통의 맥주를 만들어내는 생산자와, 이에 대한 자부심을 소비로 응답하는 소비자들이 함께 만들어가는 문화였기에 가능했다.

이는 '한국에는 맛있는 맥주가 별로 없어'라고 섣부르게 마음을 닫아버렸던 내 지난날을 다시 한 번 돌아보게 만들었다.

그런데 혹시 말이다.
만약 이러한 것들이 한국에서도 가능하다면?
굳이 먼 곳을 여행하지 않아도 내가 마주했던 다양한 경험들을, 우리 지역에서 나는 신선하고 맛있는 맥주를 마시며 느낄 수 있다면. 한국 맥주 문화는 더욱 더 다양하고 풍성해질 수 있지 않을까? 이를 위해 내가 할 수 있는 일은 과연 무엇일까?

한국 맥주 시장의 현시점은 미국 맥주 시장의 30년 전과 비슷하다고 한다. 맥주 역사가 그리 길지 않을뿐더러 대형 맥주 회사의 천편일률적인 라거가 시장의 대부분을 차지하는 등 많은 부분이 그렇다. 지금 크래프트 맥주 열풍이 일고 있는 것 역시 말이다.
크래프트 맥주. 국내 맥주 시장에 관심을 가지면서 그중에서도 내가 단연 매력을 느끼고 가장 중요하다고 생각했던 부분이 '크래프트 맥주'였다. 개인적으로 딱딱한 개념 정리를 참 싫어하지만 크래프트 맥주라는 용어에 대해 조금 더 정확히하자면 이 단어의 발원지인 미국 양조가 협회(The Brewers Asso-

ciation of America)의 정의를 들 수 있다.

Small - 연간 생산량은 600만 배럴 이하여야 하고,

Independent - 대자본을 가진 기업이 양조장의 지분 25% 이상을 가질 수 없고,

Traditional - 맥주를 만드는 전통적인 재료를 기반으로 창의적이고 혁신적인 방법으로 맥주를 양조해야 한다.

다양성이 가득한 크래프트 맥주를 이렇게 단순히 세 단어로 정의할 수 있을까 싶기도 하지만, '크래프트 맥주'라고 불리기 위해서는 '소규모의 독립적이고 전통적이어야 한다는 세 가지 자격을 충족시켜야 한다'는 것이다(하지만 일각에서는 요즘은 대기업의 크래프트 맥주 회사 인수, 시장의 확대 등으로 단순히 세 단어로만 정의 내리기는 모호하다고도 한다.). 어쨌거나 중요한 건, 현대 맥주 시장에 이러한 단어가 생겨날 만큼 작지만 다양하고 혁신적인 맥주들이 많이 생겨나고 있다는 것이 아닐까. 그리고 이러한 크래프트 맥주가 전 세계에 맥주 시장에 상당한 영향력을 끼치고 있다.

그런데 이 열풍의 발원지가 바로 '미국'이었다는 사실은 참으로 흥미로운 이야기다. 미국의 맥주 문화는 19세기 유럽 이민자들에 의해 유럽식 맥주 문화를 토대로 일궈졌기 때문이다. 시작은 유럽식이었지만, 1980년대 이후 미국에서 크래프트 맥주가 합법화되면서 다수의 양조장이 생겨나기 시작했고, 미국 스타일로 재해석한 다채로운 맛과 향을 가진 맥주들이 나타났다. 우리가 흔히 알고 있는 버드와이저, 밀러 등과 같은 대형 맥주 회사의 획일적인

맛에 질린 소비자들이 각 지역에 생겨나는 개성 가득한 맥주에 눈을 돌리기 시작한 것이다.

그렇게 맛과 개성이 다양한 크래프트 맥주로 시시각각 변하는 소비자들의 입맛을 사로잡았고, 2016년 기준 미국 내 등록된 브루어리 수만 해도 약 7,000여 개가 된다. 해마다 브루어리가 생겨나는 상승폭이 상당한 만큼 문을 닫는 곳도 많지만, 이에 종사하려는 사람들이나 이를 찾는 사람들 역시 꾸준히 늘어나고 있다.

분명 크래프트 맥주가 이리 큰 인기를 얻은 이유가 맥주의 '다양성'만은 아닐 것이다. 미국 크래프트 맥주는 지역 사회를 근간으로 한다. 브루어리들은 로컬 팜과의 직거래를 통해 원료를 가져오고, 양조 후 남은 곡물 찌꺼기는 다시 로컬 팜에서 키우는 가축들 먹이로 되돌려준다. 또한 지역민들에게 받은 사랑을 환원하고자, 다양한 기부 활동이나 교육 활동 등을 주최하기도 한다.

이뿐만이 아니다. 해마다 몇백 개씩 생겨나는 브루어리들 사이에서 경쟁력을 강화하기 위해 다양한 경험과 가치를 제공할 수 있는 그 브루어리만의 다양한 이벤트, 축제 등을 기획한다. 단순히 먹고 마시는 맥주에 머물지 않고 그 이상의 가치와 경험을 만들어주는 브루어리, 하나의 브랜드로서 그 문화를 함께 소비하고 싶어지는 브루어리가 된다는 것. 정말이지 매력적인 부분이 아닐 수가 없다. 이 부분 역시 국내 맥주 문화가 한층 더 성숙해지기 위해 필요한 부분 중 하나로 보였다.

다시 처음의 질문으로 돌아온다. 그래서 내가 할 수 있는 건 도대체 무엇일까? 분명 국내에는 세금 문제와 같은 제도적 개선이 필요하겠지만 이를 위해 마냥 변화를 기다리기보다 소비자의 입장에서 내가 할 수 있는 일이 필요했다. 가진 거라곤 '맥주 사랑'밖에 없는 내가 할 수 있는 것.

그래, 더 열심히 '찾아' 마시는 방법밖에 없겠구나. 결론이 뭐 이래? 싶겠지만 맞다. 남들에게 전문적인 지식을 알려줄 만큼의 대단한 능력은 없지만, 누구보다 대범하게 맥주들을 '찾아' 마실 수는 있다. 때론 혼자서, 때론 현지인들의 일상 속에서, 함께 나누고 마시며 경험한 다채로운 매력들을 보다 많은 사람들에게 '쉽고 재밌게' 전하면서 말이다. 그래서 떠나보기로 했다. 크래프트 열풍이 시작된 미국으로. 직접 눈으로 보고 맛보며 그 바람에 직접 휩쓸려 보기로 했다.

2. 자전거로 미국 서부를 달리다

유럽 여행을 하면서 두 번 다시는 자전거 여행을 않기로 다짐했던 나인데 자전거와 맥주. 내겐 이미 치맥 그 이상으로 최고의 조합이 되었다. 라이딩이 끝난 후 마시는 맥주 한 잔, 그리고 그 과정에서 만들어낸 소중한 경험들. 그러고 보니 '자전거 여행은 무서운 중독'이라는 누군가의 말이 거짓은 아닌 듯하다.

자전거라는 이동 수단을 이용하면서 미국 전역을 다 돌아다닐 순 없었으니, 자전거와 맥주의 교집합이 필요했다. 브루어리가 밀집되어 있으나 자전거 여행을 하기에도 적합한 곳. 그곳은 바로 '미국 서부'였다.

미국 서부 해안의 브루어리만해도 1000여 곳이 넘고 세계에서 가장 많은 맥주 양조장이 모여 있는 도시 포틀랜드, 2013년 『뉴욕타임즈(New York Times)』가 선정한 최고의 크래프트 맥주 여행지 샌디에이고 등이 있다. 특히나 홉이 두드러지는 미국식 IPA가 크래프트 열풍을 몰고 왔다고 할 수 있는데, 미국 서부에는 세계적인 홉 농장이 있을뿐더러 동부의 IPA와 달리 서부 해안의 강렬하고 뜨거운 햇빛처럼 홉의 향과 쓴맛이 강한 것이 특징이다.

이 길을 자전거로 달릴 수 있느냐가 큰 관건인데 운 좋게도 캐나다 밴쿠버에서 시작되어 미국 남단 임페리얼 비치(Imperial Beach)까지 이르는 태평양 연안 사이클 경로가 있다. 이는 필히 운명처럼 들려왔다. '넌 서부를 달려야 할 운명이야'라는.
그리하여 나는 밴쿠버를 제외한 미국 시애틀부터 샌디에이고까지 약 3,000km에 달하는 거리를 정해두고 그 안에서 가고 싶었던 브루어리들을 여행하기로 했다.

아름다운 자연경관이 펼쳐진 드넓은 태평양 연안을 달리며,
앞이 아닌 내 등 뒤에서 바람이 불어오길 바라며.

첫 번째 잔. 인천공항 표류기

예상치 못한 그 상황에서
달라진 건 하나였다

방에 짐을 풀어놓자마자 침대에 대자로 누웠다.

곧바로 벨 소리가 울렸다. 큰언니였다.

"승하야, 무슨 일이야! 비행기를 못 탔다고?"

"응. 나 지금 호텔이야."

"뭐라고?"

그랬다. 지금쯤 미국행 비행기에 몸을 싣고 저 드넓은 태평양 위에 있어야할 나는 여전히 한국, 이 인천공항 근처 호텔에 머물고 있었다.

"항공사 전산 오류래. 전 세계 그 항공사 비행기가 취소되거나 지연됐다나봐. 난 그중 하나고. 그래도 내일 아침에 호텔 쪽으로 연락준다고 하니까 기다려봐야지."

"아, 그래? 큰일이다 정말."

"아냐, 언니. 호텔에서 푹 쉴 수도 있고 아까는 저녁 먹으면서 맥주도 막 사 마셨어. 대신 엄마 아빠한테는 말하지 마. 걱정하실 거 같아."

"응. 알았어. 내일 다시 출발하게 되면 연락 줘. 잘 자, 내 동생."

통화가 끝나자마자 핸드폰을 침대 머리맡에 던져두곤 다시 누웠다.

'휴, 이게 뭐야.'

수화기 너머론 아닌 척했지만 힘이 쭈욱- 빠졌다. 멀리 공항까지 마중 나와준 친구들과 쿨하게 인사하고 돌아섰는데 여전히 한국이라니. 혹시 미국을 가지 말란 소린가? 거기 가면 무슨 일이라도 생긴다는 거야? 얼마나 날 빡시게 굴리려고!

사실 미국 여행을 결심할 때부터 늘 최악의 상황을 상상해오던 나였지만, 이렇게 떠나기 전부터 초를 치나 싶어 괜히 찜찜하고 불안했다. 그 와중에 침대는 왜 이렇게 푹신한 건지. 오늘 새벽부터 정신없이 돌아다닌 탓에 쌓인 피로를 침대의 푹신함으로 달랬다.

그런데 침대에 누워서 가만 생각해 보니 하루 지연된다고 크게 달라질 건 없었다. 시애틀에 도착하자마자 만나기로 한 웜샤워 호스트 부부에게 미리 양해를 구한 상태였고, 따로 급한 일정이 잡힌 것도, 교통수단을 예약해둔 것도 아니었으니 말이다.

그래, 이렇게 일정에 자유로울 수 있다는 게 자전거 여행이 가진 매력 중 하나지.

오히려 미국 여행 전 하루의 유예기간이 생겼는걸.

어쩌면 어제 미처 사지 못한 목베개를 사라는 뜻일지도,

한 번 더 차근차근 내 여정을 다듬어보라는 뜻일지도 모르니까.

그렇게 마음을 먹고 나니 좀 전까지만 해도 불안했던 마음이 왠지 모르게 편안해지기 시작했다. 따뜻한 물에 샤워를 하고 다시 침대에 누워 펜을 들었다. 앞으로 달려야 할 루트를 확인하고, 방문하고 싶었던 브루어리도 재차 확인했다. 그리 많은 일을 한 것도 아닌데 그것만으로도 마음이 놓였다. 바뀐 건 마음가짐 하나였는데 그 하나가 모든 것을 바꾸어놓은 것이다.

아침에 눈을 뜨니 항공사 홈페이지는 북새통을 이룬다. 항공사 측에서는 보상 문제가 어느 정도 해결됐다는 말과 함께 본인의 티켓을 재차 확인해보라고 전했다. 그런데 이거, 전산 오류가 제대로 났구나!

"어머~ 고객님. 이런 경우는 드물긴 하지만 오늘 저녁 비행기 비즈니스 석으로 업그레이드된 거 맞으세요. 일정 다시 한 번 확인해주시고 즐거운 여행되세요."

의심 가득한 목소리로 고객센터로 전화를 한 내게 재차 확인을 시켜

태평양을 가로질러

준 직원. 그분의 목소리가 이토록 나긋나긋하게 들릴 수가 없다. 어제와 똑같은 방법으로 수화물을 부치고 비행기에 올라탔다. 그리고 푹신한 베개와 이불이 놓여있는 내 좌석에 앉았다. 정말 비행기에서 누워서 가다니! 이게 말이 돼?

발을 동동 굴려도 앞좌석에 발이 닿지 않자 하늘을 날고 있으면서도 하늘을 나는 기분이다. 그 기분에 흠뻑 취해 잠들려고 승무원에게 맥주를 부탁드렸더니 열일곱 살이 아니냐며 깜짝 놀라던 직원 분. 아마도 그녀는 내가 만난 승무원 중에 가장 친절했던 분이었지 싶다. 맥주 한 캔을 쭉 들이켜고 이불을 덮고 어둑어둑해진 기내 천장을 바라보며 가만히 생각에 잠겼다.

이 모든 게 미리 맞은 액땜에 대한 보상인지,

앞으로 펼쳐질 험난한 여정의 폭풍전야인지.

사실 그건 잘 모르겠다. 무엇이 어찌 됐든 지금 이렇게 몸과 마음이 편한 여행을 하고 있으니

이 순간, 이 감정들을 실컷 누리는 게 중요했다. 난 그저 지금 시애틀로 가는 긴 시간, 누구보다 편안히 누워서 태평양 위를 달리고 있다는 그 사실이 행복했다.

두 다리 쭉 뻗고 기내에서 하이네켄 한 잔

Heineken 하이네켄

굳이 긴 설명이 필요할까 싶기도 하다.
맥아 향이 강조되진 않았지만 전체적으로 고소하고 상큼하다.
가볍고 깔끔한 맛을 가진 네덜란드의 대표 맥주!

▪국적 : 네덜란드 ▪도수 : 5% ▪스타일 : Pale Lager ▪제조사 : Heineken Nederland B.V.

미국 첫 맥주, 'Red IPA(레드 IPA)'

사실 미국 여행에 앞서 걱정이 많았다.

아니, 조금 두려웠다는 게 더 맞는 표현이겠다.

그것은 '미지의 세계'에 대한 두려움보다 '이미 경험으로 알게 된 것들'에 대한 두려움이었다. 자전거를 타는 중엔 그것이 나 자신을 돌아보게 만드는 시간이 될 줄 알면서도 지독하게 외로움을 타게 될 것이라는 것과, 힘든 순간이 찾아와도 그 모든 것이 내 상상 이상일 거라는 것. 아무것도 모르고 무작정 도전했던 첫 유럽 여행에 비해 한 번의 여행을 다녀오고 난 이후로 알게 된 감정들이 많아졌던 탓이다. 어쩌면 그 두려움을 내 것으로 만들어가는 것 또한 이번 여행 중 큰 과제가 될지도 모르겠다.

처음으로 발을 디디는 넓디넓은 미국 영토, 조금은 어색하고 낯선 이 공기 속에서 그나마 긴장을 풀 수 있게 만들어준 건 첫 웜샤워 호스트 케빈(Kevin)과 한국인 선영(Sun-young) 부부였다. 두 달이 넘는 여행 기간

동안 미국 환경에 빠르게 적응할 수 있었던 건 첫 시작점에서 따뜻한 보금자리를 내어주고 내 집처럼 편히 쉬었다 갈 수 있도록 해준 그분들의 역할이 컸다. 여행 내내 서부 여행지에 대한 정보도 아낌없이 전해주시며 나침반의 역할도 해주셨으니 말이다.

첫날 샤워를 마치고 함께 저녁 식사를 할 때였다. 두 분은 직접 만든 피자와 샐러드를 건넸고 난 접시를 받아들고 야외 테라스에 앉았다. 케빈은 내가 오기 전 미리 사왔다며 그라울러(Growler)테이크아웃용 맥주 용기를 꺼내왔다. 담긴 맥주는 '배드 지미스 브루잉 컴퍼니(Bad Jimmy's Brewing Company)'의 '레드 IPA(Red IPA)'였다. 시애틀 발라드(Ballard) 지역에만 해도 10개 정도의 브루어리가 있는데, 배드 지미스는 그중 하나이며 생긴지 3년이 채 안 된 곳이었다.

"Ha, 바로 앞에 있는 브루어리인데, 한 번 소개하고 싶어서 미리 사 왔어. 맘껏 즐기길 바라."

IPA는 물릴 때까지 마셔보자라는 생각이었는데 첫날부터 IPA라니, 어쩐지 시작이 좋다. 잔에 따른 레드 IPA는, 일반적인 밝은 오렌지 빛의 IPA와는 달리 황금색 빛이 감도는 검붉은색의 IPA였다. 때마침 우리 주변에도 천천히 노을이 내려앉아 하늘을 붉게 물들이기 시작했다. 나보다 유창한(?) 한국어 실력까지 겸비한 케빈은 팔을 왼쪽으로 쭉 뻗으며 말했다.

"Ha, 이 근처에는 유명한 펍이나 브루어리가 많아. 맥주 투어를 하기에 최적의 장소지! 내일 저녁에 함께 가보자."
"정말요? 좋아요!"

그 말에 좋다며 해맑게 웃던 나였다.

맞아, 그랬지. 참,
첫 여행을 하면서 이미 알게 된 것들이잖아.
맥주와 사람들이 함께라면 이렇게 웃을 일이 가득하다는 걸 말이야.

여행지가 바뀔 때마다 내가 할 수 있는 일도, 느낄 수 있는 감정들도 달라지는 건데 나도 모르게 필요 이상으로 '두려움'이라는 울타리를 만들었는지도 모르겠다. 물론, 여행을 통해 알게 된 것들 중엔 좋은 것이 더 많았는데 말이다.

선영이 야외 테라스 전구에 불을 밝혔다.

우리가 앉은 테이블에도, 내 얼굴에도 천천히 빛이 스며들고 있었다.

어쩐지 내일은,

첫 여행지에서와는 또 다른 내일의 새로운 일들이 기다리고 있을 것만 같다.

Red IPA 레드 IPA

고소한 캐러멜 몰트 향에 이어 아메리칸 IPA의 전형적인 시트러스(감귤류) 향, 약간의 풀 냄새도 났다.
첫 모금은 미세하게 단맛이 느껴졌고 이후 감귤, 오렌지 향으로 입안이 뒤덮였다. 탄산기는 혓바닥을 토도독-하고 치는 정도.
그 상황에선 어떤 맥주를 마셔도 다 맛있게 느껴졌을지도 모를 미국의 첫 맥주지만 꽤나 드링커블하게 마셨던 맥주.

▪ 도수 : 8% ▪ 스타일 : American IPA ▪ 제조사 : Bad Jimmy's Brewing Company

'Interurban IPA(인터어반 IPA)'

시애틀 8월의 아침은 다소 쌀쌀했다. 우리나라라면 8월이 더위가 절정에 달할 때인데 이곳은 자욱한 안개와 축축한 기운이 온 동네를 뒤덮고 있었다. 이런 날씨엔 따뜻한 커피 한 잔이 딱인데. 그 바람이 전해지기라도 한 듯 겨우 이불 속을 벗어나 부엌으로 나온 내게 선영은 빵과 따뜻한 아메리카노 한 잔을 건넸다. 그러고 보니 '시애틀=커피'라는 공식에는 이 흐린 날씨가 한몫하는 듯하다.

짙은 안개가 내려앉은 창밖과 달리 집 안은 온통 깊고 진한 커피 향으로 채워졌다. 천천히 들이킨 커피 한 모금에 밤새 추위에 떨었던 몸이 스르르 녹았다. 체온이 차츰 돌아오니, 몽롱했던 정신이 제자리를 찾는다. 그래, 추워도 오늘 할 일은 해야지.

이른 시간부터 자전거를 타고 출근하는 사람들. 가을 외투를 걸치고 길을 걷는 사람들. 조금은 어색한 풍경의 이 낯설음이 그리 나쁘지 않았다. 선영과 버스를 타고 다운타운(Downtown)으로 출근하는 사람들 틈에 끼여 겨우 난 자리에 앉았을 때였다. 한참을 달리던 버스 안에서 그녀는 창밖의 무언가를 가리키며 말했다.

"Ha, 저기 텃밭이 보여요?"

사진에 담을 겨를도 없이 빠르게 지나간 작은 텃밭이 보였다.

"네? 아 네! 보여요!"
"저걸 음... 아마 피-패치(P-Patch)라고 했던 것 같아요. 피-패치는 공동체 텃밭인데, 시애틀 시정부에선 도시 농업을 위해 상당한 노력을 기울이고 있어요. 대부분 시에서 소유하고 있는 토지나, 공공시설 유휴지에 사람들이 직접 텃밭을 관리하게끔 적극적으로 지원해주죠. 그래서 이렇게 버스를 타고 가면서 종종 볼 수 있어요."

우리나라에서도 건물 옥상이나, 아파트 단지에서도 작은 텃밭을 종종 볼 수 있는데 시애틀의 피-패치는 그보다 좀 더 확대된 개념이라고 한다. 보통의 텃밭은 신선한 과일, 채소 등 건강한 내 먹거리를 얻는 게 주 목적이라면 이곳은 누구나 찾아와 휴식을 취할 수 있는 도심 속 오아시스 같은 공간을 지향한다. 더불어 멀어진 지역사회 구성원들을 한데 모아주며, 서로 문화, 예술적으로 교류할 수 있는 교류의 장으로서 역할을 톡톡히 한다는 것이다.

그런 공간 개념의 확장은 텃밭뿐 아니라 크래프트 맥주 씬(Scene)에서도 이뤄지고 있었다. 그중 대표적인 것이 바로 오늘 첫 번째로 들렀던 '프리몬트 브루잉 컴퍼니(Fremont Brewing Company)'였다.

2009년에 처음 설립되어 그 역사가 10년도 채 되지 않은 곳이지만, 현지인들 말로는 시애틀에서 가장 핫한 브루어리 중 하나라고 했다. 이곳은 다운타운을 지나, 유니언 호수(Lake Union)의 북쪽 프리몬트(Fremont) 지역에 있는데, 트레일에서도 거대한 컨테이너 창고의 모습을 한 외형이 훤히 보일 정도로 호수와 인접해있다. 브루어리 가까이 들어서니 이 브루어리의 상징인 부리 긴 왜가리 한 마리가 먼저 눈에 들어왔다.

프리몬트 브루잉 컴퍼니의 사옥

처음엔 촌스러웠지, 이 초록과 파랑의 조합　　계단형 테이블

실내는 전체적으로 원목 가구가 배치돼있었고 파란색과 초록색 벽으로 칠해져있었는데 아니. 잠깐, 나무, 파랑, 초록색의 조합. 어딘가 모르게 촌스러우면서도 익숙하지 않은가?

사실 이곳의 오너는 오랜 기간 활동한 환경 운동가였다. 그래서 이 브루어리가 지향하는 것 중 하나가 '지속 가능한 환경을 지향하는 브루어리'라고. 이는 일반적으로 생각하는 자연환경에만 그치는 것이 아니라, 사회/경제적으로 포괄적인 의미에서 환경 보호를 고민한다는 것이다.

그 대표적인 실천 방법 중 하나가 맥주를 생산하는 과정에서 나오는 쓰레기를 줄이기 위해 가축 사료를 필요로 하는 인근 농장에 곡물 찌꺼기를 보내는 것. 가능한 지역에서 나거나 유기농 재료들로 맥주를 만들고자 하는 것. 그 외에도 시애틀 공공기관이나 지역 사회를 기반으로 다양한 파트너십을 맺거나 예술 활동을 펼치기도 한다. 이러한 모든 것들이 일 년 동안 지지해주고 사랑해준 지역 주민들과 이 지역에 그대로 돌려주기 위해서 라고 한다. 무엇보다 놀라웠던 건 이와 같은 사회적 환원을 마땅히 해야 하는 의무이자 권리라고 여겼다는 것이었다.

브루어리의 로고를 자세히 살펴보면 'Fremont, Earth'라고 쓰인 문구를 발견할 수 있다. 그러고 보니 지구를 연상시키는 파란색과 초록색, 그리고 원목 가구의 나무까지. 이는 프리몬트 브루잉이 지향하는 바를 가장 잘 나타내는 상징적인 색깔이 아닐까.

본격적으로 맥주를 주문하기 위해 바(Bar)로 향했다. 메뉴를 보니, 이

발라드의 프리먼트 브루어리

곳에는 특이하게도 술 외에 음식 종류가 없다. 실내 한편에 프레즐과 사과를 무료로 제공하고 있지만 인근 음식점에서 포장해오거나, 직접 싸오는 것을 적극 권장한다. 대신 맛있는 맥주를 만드는 데 집중하며 방문객이 편하게 쉬어갈 수 있는 장소를 만들겠다는 의지가 엿보였다. 이는 미국 다수의 브루어리들에서 흔히 볼 수 있는 풍경이기도 하다.

나는 황금빛 맥주가 담긴 '인터어반 IPA(Interurban IPA)'를 받아들고 야외로 천천히 걸어 나왔다. 쌀쌀했던 아침 날씨와는 달리 뜨겁게 내리쬐는 햇빛 탓에, 천막이 쳐진 긴 목재 테이블 중앙에 자리를 잡았다. 그 순간, 테이블 전체가 삐걱 소리를 내며 그곳에 앉아있던 사람들 모두가 함께 흔들렸다. 괜히 내 몸무게 탓인가 싶어 헛기침을 했는데 맨 끝에 앉아있던 커플이 자리를 일어날 때도 테이블 전체가 흔들리지 않는가(지금 생각해보니 테이블 연식이 오래된 것 같기도 하다.). 그때 난 무언가 깨달은 듯 아차 싶었다.

이렇게 하나로 이어진 긴 목재 테이블이며, 전체적인 분위기이며. 브루어리가 내고자 하는 색깔이 확실해보였다. 하나하나 개별적인 공간으로 구분 짓기보다 한데 어울려 새로운 관계를 형성하고 공유할 수 있는 공간. 단순히 맛있는 맥주를 마시는 장소에 그치는 것이 아니라, 누구든 편히 쉬었다 갈 수 있는 도심 속 오아시스 같은 공간. 그곳으로 트레일에서 자전거를 타던 사람들도, 아이를 데리고 다니던 엄마들도, 홀로 거리를 거닐던 아저씨도 하나둘 모여들고 있었다.

어반 비어 가든 테이블에 앉아

분명 이 모습은 국내 크래프트 맥주 업계에서도 깊이 자리 잡았으면 싶은 모습이었다. 빠른 속도로 생겼다, 빠른 속도로 사라지는 것이 아닌. 지역 사람들의 오아시스가 되어 편히 오래 머물다 갈 수 있는 공간으로.

때마침 천막 안으로 선선한 바람이 불어왔다. 머리카락을 넘기는 옆 사람의 작은 몸짓에도 삐걱거리는 소리에 피식 웃음이 났다. 어쩐지 이 인터어반 IPA의 맛은 더 오래도록 기억에 남을 것 같다.

Interurban IPA 인터어반 IPA

시트러스의 맛과, 꿀, 가벼운 솔 향과 상큼하고 달달한 맛이 입안을 가득 채웠다. 마치 도심 속 피크닉의 느낌이랄까
하지만 피니시는 굉장히 드라이하고 씁싸름한 맛이 제법 오래간다.

■ 도수 : 6.2% ■ 스타일 : IPA ■ 제조사 : Fremont Brewing Company

과학 학도들의 브루어리

시애틀의 북서쪽, 다수의 브루어리가 밀집되어있는 발라드(Ballard)는 최근 크래프트 맥주 씬에서도 주목받고 있는 곳 중 하나이다. 프리몬트에 있던 프리몬트 브루잉 컴퍼니도 몇 년 전 이곳에 브루어리를 신설했고, 캘리포니아주에 있는 '라구니타스(Lagunitas)'도 곧 이곳에 상륙할 예정이라고 한다(방문 이후인 2016년 하반기에 설립되었다.). 발라드란 이름처럼 아늑하고 낭만적일 것 같은 이 도시 속 브루어리 수만 해도 10여 곳이 된다고 하니, 맥주 투어에도 안성맞춤이다.

발라드 맥주 투어 중 첫 번째 방문지는 '스투프 브루잉(Stoup Brewing)'이었다. 여기는 2013년, 두 명의 과학 학도들과 와인 전문가에 의해 설립된 신생 브루어리다.

브루어리가 가까워지니 맥주 생각이 절로 들게 만드는 고소한 치즈 향이 먼저 풍겨왔다. 치즈 냄새의 시작은 브루어리 입구에 세워진 파란색의 푸드 트럭이었다. 이곳은 음식을 따로 판매하지 않지만 매일 오후

스투프 브루잉과 푸드 트럭

에 다양한 종류의 음식을 실은 푸드 트럭이 앞쪽에 찾아온다고 한다.

'매일 다른 종류의 맥주와 안주를 먹는 재미가 쏠쏠하겠어.'

푸드 트럭을 지나 펍 안으로 들어서니 이곳의 자유로운 분위기를 대변하듯 남녀노소할 것 없이 이 공간을 즐기고 있었다. 그중에서도 가족 구성원 모두가 펍에서 함께하는 모습은 미국 브루어리에선 종종 볼 수 있는 흔한 풍경이다.

이곳에선 5oz[약 142g], 12oz[약 340g], 16oz[약 454g], 32oz[약 907g], 62oz[약 1,758g] 이렇게 다양한 크기로 맥주를 주문할 수 있는데 나는 맛보기로 '모자익 페

맥주를 주세요. 어서!

남녀노소 가릴 것 없이

일 에일(Mosaic Pale Ale)'과 '시트라 IPA(Citra IPA)'를 5oz(각각 2달러)씩 주문해 테이블에 자리를 잡았다.

잔마다 눈금이 그려져있는데 그 작은 양으로 비교 시음을 하겠다고 잔을 들었다 놓았다를 반복하고 있으니 흡사 과학자 같기도 하다. 또 눈금이 뭐라고 웬지 심플하면서도 멋스럽다.

한창 맥주를 마시고 있으니 푸드 트럭에서 다시금 풍겨나오는 치즈 냄새가 코끝을 자극한다. 아쉽게도 웜샤워 호스트 케빈과 저녁 약속이 잡혀있었기에 오늘은 이대로 자리에서 일어나야만 했다. 다음번에 시애틀을 찾으면 꼭 여길 가장 먼저 찾겠어!

Mosaic Pale Ale 모자익 페일 에일

이들은 강조된 홉의 이름을 따서 그 이름이 지었다. 주황빛이 살짝 감도는 노란색의 모자익 페일 에일의 모자익 홉은 크래프트 맥주 내에서 인기가 많은 품종이기도 하다. 입안 가득 시트러스와 망고 향이 감돌며 꽤나 드링커블한 맥주였다.

■도수 : 5.3% ■스타일 : APA ■제조사 : Stoup Brewing

Citra IPA 시트라 IPA

시트라 IPA는 앞의 것보다 더 밝고 깨끗한 노란색이었는데 그 맛 역시도 약간의 비터감이 있을 뿐 IPA치곤 깔끔했다.

■도수 : 5.9% ■스타일 : APA ■제조사 : Stoup Brewing

Peddler Brewing Company(페들러 브루잉 컴퍼니)

페들러 브루잉 실내

"Ha, 네가 좋아할 것 같아서 이리로 와봤어! 자전거와 맥주. 딱 네 얘기잖아."

숙소에서 저녁을 배불리 먹고 해질녘 즈음. 케빈과 함께 자전거를 타

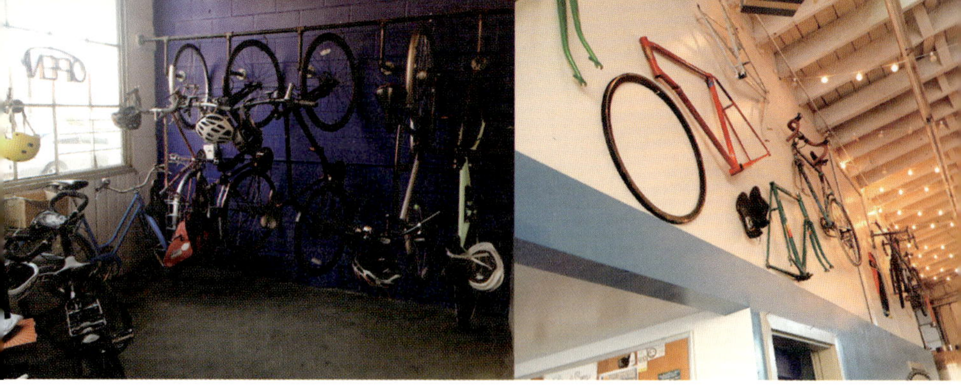

브루어리 안 자전거 거치대　　　　　　브루어리를 채운 자전거

고 '페들러 브루잉(Peddler Brewing)'을 찾았다. 안으로 들어서니 'Peddler'라는 글자 뒤로 자전거 휠 모양의 로고가 눈에 띈다. 그렇다. 이곳은 자전거를 컨셉으로 하는 브루어리였다.

그의 말로는 이곳의 창립자 데이브(Dave)와 헤일리(Haley)는 자전거를 좋아하는 커플이었고, 그만큼 맥주를 만들고 마시는 것을 좋아했다고 한다. 그래서 이를 한데 모아 브루어리를 차렸는데 맥주를 만들고, 팔고, 자전거를 타고, 사이클링을 후원하러 다니는 그 모습이 마치 행상인(Peddler) 같아 'Peddler'라는 이름을 붙이게 되었다고. 말 그대로 '자전거인의, 자전거인을 위한, 자전거인들에 의한 브루어리'인 것이다.

안으로 들어서니 자전거를 걸어둘 수 있는 거치대는 물론 져지와, 프레임 등 자전거 관련 갖은 용품들이 전시되어있었다. 나는 케빈에게 슬며시 물었다.

"케빈, 이곳은 자전거 타는 사람들이 환장하겠는걸요?!"

그는 갑자기 자세를 낮추며 한 손을 입에 갖다 대고 낮은 목소리로 말했다.

"Ha, 사실 꼭 그렇지만은 않아. 초반에는 자전거 용품을 증정하는 식의 이벤트로 반짝 인기를 끌었지만 솔직하게 맛이 평범했어. 그런데 작년 말부터인가, 점점 '맛'이라는 게 생기고 그 맛이 안정된다는 소문이 돌면서 인기가 높아지고 있다고 해. 나도 정말 오랜만에 찾았어.

그리고 이 브루어리는 지역 사이클리스트(Cycliste)들을 위한 활동들을 많이 하고 있어. 시애틀에 자전거 타는 사람들이 많은 거 봤지? 다운타운으로 출퇴근하는 사람들이 대부분이야. 물론 전체적으론 길이 잘 되어있는 편이긴 하지만, 가끔 전용 도로도 없이 좁고 위험한 길도 있어. 이 근처도 마찬가지였는데 브루어리에서 사이클리스트들을 위해 자전거 전용 도로를 확보한 것으로 알고 있어."

대단했다. 사실 난 자전거 타고 맥주를 마실 줄만 알았지, 그런 부분까진 미처 생각지 못했으니 말이다. 그 외에도 이와 관련된 대회나 지역 커뮤니티를 위한 활동들을 많이 꾸리는 듯 보였다. 단순히 자전거를 컨셉으로 내세우기보단 진정으로 사이클리스트들을 위한 활동을 지지하고 또 그런 일을 사랑하는 듯했다. 여기에 맥주까지 맛있으면 정말 금상첨화겠다.

우린 네 잔의 샘플러가 담긴 트레이를 받아들고 테이블에 앉았다. 이

샘플러 네 잔과 프레즐

곳 역시 다른 곳처럼 편하게 음식을 들고 와서 먹을 수 있었고 샘플러 트레이에는 각 구멍마다 바둑돌처럼 생긴 돌이 붙여져있는데 직원이 그 위에 주문받은 맥주의 번호를 적어놓았다. 탭 리스트가 적힌 명함만한 크기의 종이도 함께 말이다.

그래, 정말 솔직한 심정으로 '맛'이란 건 있었다. 하지만 '재미'는 없었다고 해야 할까. 네 잔의 샘플러 중 잔을 깨끗하게 비운 건 호피함이 만족스러웠던 '온 유어 레프트 IPA(On Your Left IPA)'였다. 맥주를 좋아하는 케빈도 나도 도무지 잔을 비우는 속도가 늘지 않고 있을 때, 선영이 구세주처럼 나타났다. 우린 그녀가 숨을 채 고르기도 전에 다른 맥주를 맛보러 가자며 서둘러 그 자리를 일어섰다.

"자, 다음 펍으로 가실까요?"

On Your Left IPA 온 유어 레프트 IPA

캐러멜 몰트와 풀 내음, 약간의 꿀 맛이 느껴졌다.
크리미하고 부드럽지만 쌉싸름함이 오래가는 맥주!

▪**도수** : 6.4% ▪**스타일** : American IPA ▪**제조사** : Peddler Brewing Co.

산을 오르듯 묵묵히
NW Peaks Brewery(노스웨스트 픽 브루어리)

그런 말이 있다. 산을 좋아하는 사람은 그 산을 닮아간다고.

아마 산을 좋아하는 사람이 만든 브루어리 역시 그 산을 닮아가지 않을까?

페들러에서 코너를 돌아 오른쪽으로 가면 말 모양의 네온사인이 반짝인다. '노스웨스트 픽 브루어리(NW Peaks Brewery)'의 탭 룸 '베르그슈룬트(The Bergschrund)'였다. 실내는 다른 곳에 비해 비교적 한산하다. 케빈 말로는 마니아들이 주로 찾는 곳이라고 한다. 온종일 북적거리던 브루어리들을 지나온지라 이 한적함이 되려 평온했다.

노스웨스트 픽 브루어리의 오너는 10년 넘게 홈브루잉을 해오다가 시애틀로 이사를 온 후인 2011년에 이곳을 설립했다고 한다. 그는 열정적

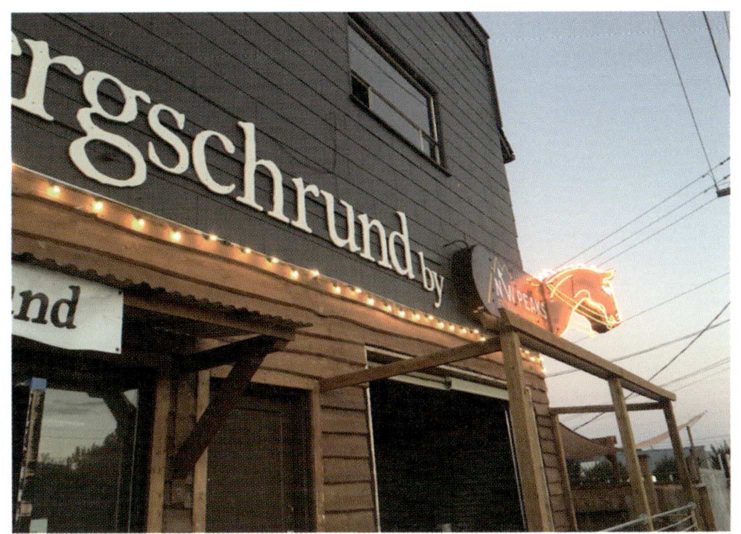

베르그슈른트

인 산악인었던 지라 브루어리 이름도 미국 북서쪽, 노스웨스트(Northwest)의 산봉우리 이름을 따서 지었다고 한다.

산 사랑은 맥주에도 이어진다. 모든 맥주의 이름을 그가 올랐던 산의 이름을 따서 지었으며, 그곳에서 받은 영감을 맥주에 담아내기 시작했다. 선영이 추천해준 '엘도라도 페일 에일(El Dorado Pale Ale)' 역시 빙하가 뒤덮인 엘도라도 산 정상에 올랐을 때 바라본 풍경에 영감을 받은 것이라고 한다. 산 능선과 엘도라도 빙하 위 하얗게 내려앉은 새로운 세상을 떠올리며 말이다. 나는 산도 잘 모르고, 등산도 좋아하진 않지만 그 감성이 되게 낭만적으로 다가왔다.

그 외에도 맥주를 판매하고 나오는 수익금 일부는 아웃도어를 사랑하는 지역 주민들을 위한 교육 활동 등에 쓰거나, 비영리단체에 기부한다고 한다고 한다.

다른 곳들처럼 화려하지도 규모가 큰 것도 아니었지만, 많은 산악인들이 묵묵히, 하고자 하는 바를 향해 한발 한발 나아가는 것처럼 이 브루어리 행보 또한 그리 느껴졌다.

산을 담은 맥주, 또 그 산을 닮은 브루어리.

아마도 이곳의 오너는 맥주와 함께, 산을 오르는 긴 삶의 여정을 그려가고 있는지도 모르겠다.

창밖에는 어느 새 어둠이 깊게 내려앉았다. 그 속에서 이 브루어리의 네온사인은 더욱 또렷이 빛나고 있었다.

El Dorado Pale Ale 엘도라도 페일에일

가볍지만, 입안 가득 퍼지는 향긋한 꽃향기와 감귤류의 과일 향. 어쩐지 엘도라도 정상 위 눈 덮인 산 능성을 바라보며 숨을 고르고 있을 때, 두꺼운 옷 사이로 흐르는 땀이 식어가고 얼굴에 내리쬐는 햇빛에 코끝이 찡한 그 순간이 아마 이런 맛이 아닐까 싶다.

■ 도수 : 5% ■ 스타일 : Pale Ale ■ 제조사 : NW Peaks Brewery

NWPEAKS
BREWERY

일곱 번 째 잔. 미국 적응기

'Bud Light(버드라이트)'

하루의 대부분을 이 도로 위에서

"빠------앙!"

타코마(Tacoma)를 지나던 때였다. 미국에는 유난히 대형 화물 트럭이 많은데 내 옆을 빠르게 지나면서 일으킨 바람에 크게 휘청. 하마터면 이 글을 영원히 쓸 수 없게 될 뻔했다. 여행 초기의 대범함은 어디가고 간이 콩알만해져서는 어깨와 손에 힘이 잔뜩 들어갔다.

늘상 새로운 나라의 도로에 적응하는 데는 시간이 필요하다. 짐을 한가득 실은 내 모습에 모든 이들의 시선이 꽂힌 것만 같고, 갑자기 무슨 일이라도 일어날 것만 같은 그 공기마저 낯설고 두렵다. 이틀 정도가 지나면 금세 적응해버리고 말았지만 땅덩어리도, 도로도, 사람들도. 아기자기하고 차분했던 유럽에 비해 모든 게 차갑고 냉정하게만 느껴졌으니 미국에서는 꽤나 오랜 시간이 걸렸다(사실 차들이 쌩쌩 달리는 하이웨이에 자전거를 올릴 수 있다는 것만으로도 이미 적잖은 충격이었다.).

그래서일까. 이 모든 환경에 제대로 적응하기 전까진 촉각을 온통 곤두세워 모든 일에 잔뜩 날이 서있을 수밖에 없었다.

지난 밤 와일드 캠핑을 한 탓에 오늘은 모텔에서 하룻밤 쉬어가기로 했다. 다섯 시쯤 도착한 롱뷰(Longview)의 모텔 사무실로 들어서자 험상궂은 인상의 직원 아저씨가 날 맞았다.

"65달러야."

65달러짜리 모텔

65달러라니!! 이 돈이면 맥주가 몇 잔이야. 숙박비는 거의 대부분 2인 기준으로 책정된지라 혼자라도 그 가격을 지불해야했다. 달러를 쥔 손을 덜덜 떨며 내밀었지만, 그래도 와일드 캠핑보단 훨씬 편하겠거니 여기며 문을 열었다.

덜그덕 – 방으로 들어선 순간 나는 코끝을 찌르는 꿉꿉한 냄새에 잔뜩 인상을 찌푸리고 말았다. 뭔 모텔이 이래? 침대와 화장실이 있을 뿐 와일드 캠핑만큼이나 위험하고 불안한 곳 같았다. 심지어 문도 잘 안 잠겨. 어쩐지 여기 직원 아저씨도 험상궂게 생겼던데... 옆방에서 마약 밀매라도 하는 거 아냐? 누가 총이라도 들고 있는 거 아니냐고. 혼자 방에 들어가는 걸 본 옆방 아저씨가 여길 부수고 들어온다면! 아, 난 여기서 죽고 싶지 않다고!! 미드를 많이 봐온 탓에 한껏 상상의 나래를 펼쳤다.

불안하게 잠기는 방문을 굳게 잠그고 숙소에 짐을 풀었다. 땀에 젖은 옷이며, 양말, 속옷을 손빨래를 하는 데만 30분을 소요하고 나니 배에선 꼬르륵 소리가 났다. 해가 지기 시작한 터라 먼 곳까진 나가지 못하고 근처 주유소 작은 편의점을 찾았다.

'가만 보자...'

맥주 코너 앞을 가장 먼저 서성였다. 미국은 편의점에서도 쉽게 크래프트 맥주를 찾아볼 수가 있는데 대부분 한 팩에 여섯 병이 들어있었다. 보통 다른 곳은 한 병을 빼게 해주는데 이곳은 작은 규모의 편의점이라 그마저도 안 된다고. 맥주를 물처럼 마신다고 자부하는 나긴 하지만 오늘은 여섯 병이나 마실 기운이 없었다. 결국 눈을 옆쪽으로 돌렸다. 영롱한 푸르른 빛의 '버드 라이트(Bud Light)'가 날 사라고 손짓한다. 오늘은 네 녀석이다.

슬리퍼를 질질 끌며 맥주 한 캔, 웨지 감자가 담긴 묵직한 종이 봉지를 들고 걷고 있자니, 어째 여기서 몇 년 산 현지인같기도 하다. 그래, 자연스러웠어. 이러면 누가 날 해치려고 들지도 않을 거야. 그러면서도 보폭과 속도는 경보 수준이었다. 종이 봉지를 가슴에 품고 곧장 건물 안으로 들어서려는데 험상궂은 인상의 직원 아저씨가 갑자기 내게 말을 건넸다.

"저녁은 먹었니?"

"아, 이제 먹으려고 장을 봐왔어요!"

"좋아! 자전거 여행을 하니 힘들 거야. 든든하게 챙겨 먹으렴!(방긋)"

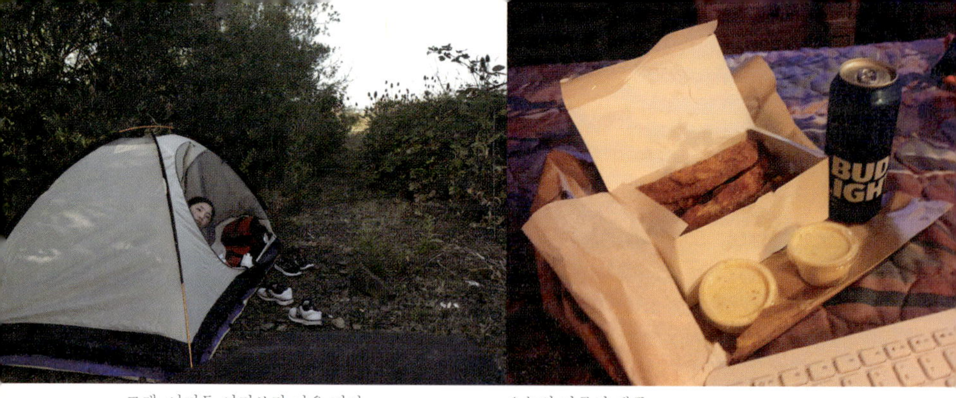

그래, 어디든 여기보단 나을 거야.

오늘의 마무리 맥주

그 험상궂은 얼굴에서 저런 인자한 미소가 나올 수 있다니. 혼자 상상의 나래를 펼쳤던 순간들이 불현듯 떠오르면서 갑자기 죄송스러운 마음이 들었다. 와이파이 비밀번호도 친히 알려주시고, 지나다닐 때마다 방긋 인사도 건네주시는 이렇게 자상한 아저씨였는데 말이다.

덕분에 하루종일 날이 서있던 마음의 벽이 한 꺼풀 벗겨진 기분이었다.

곧장 침대에 누워 음식을 펼쳤다.

그러곤 TV를 틀어놓고 버드 라이트 한 캔을 들이켰다.

그래. 어디서 자도 밖에서 자는 것보다 훨씬 좋은 상황이잖아. 저 아저씨가 이곳을 지킨다면 갱단도, 도둑도 들어오지 못할 거야.

분명 취할 도수는 아니었는데 마음이 편했던지 나도 모르게 금세 잠이 들었다.

Ps. 글을 쓰면서 나중에서야 이곳의 후기를 봤는데, 화장실에서 마약 주사기를 발견한 사람도 있다고 한다. 아, 역시나 슬픈 예감은 틀리지 않았어.

Bud Light 버드라이트

미국 버드와이저의 하위 브랜드 중 하나로 앤호이저 부시 인베브에서 생산하는 대표적인 라이트 라거다. 청량감이 강하며 부드러운 목 넘김이 강조된 맥주. 개인적으로 향은 거의 나지 않았고 아주 희미한 몰트에 강한 탄산으로 입안을 채웠다. 국내에서도 쉬이 접할 수 있는 대중적인 라거의 맛이다.

■ **도수** : 4.2% ■ **스타일** : Light Lager ■ **제조사** : Anheuser–Busch InBev

쉬어가는 여행 이야기

… 오늘은 내게 화요일이었다

누군가 말했다.

"여행 일정인 70일 중에 10일쯤 됐으니, 일주일로 치면 오늘은 화요일쯤 됐겠네요!"

내게 화요일은 유난히 전공 수업, 근로로 빽빽하게 채워져있던 날이었다.
때문에 하루의 시작은 빠르고, 하루의 마감은 어느 때보다 늦었던.

그래서였나.
화요일은 일주일을 시작하는 월요일보다 더 길고 피곤하게 느껴졌다.

그런데 오늘이 내 여행의 화요일이었다.

사실 얼마 전부터 여행의 속도를 조금씩 늦추기 시작했다.
미국 도로에 차차 적응해가는 중이고 도시마다 마시고 싶은 맥주도 많았고.
하루 이동 거리를 100km에서 50km로 줄이면서
한 도시에 머물다 가는 시간도 부쩍 늘어났다.
그런데 그와 함께 하루가 흘러가는 속도도 느려지고 있었다.

분명 체력적으로는 덜 힘들어야 할 텐데,

전보다 더 피로하고 기운이 빠지는 게.

어쩌면 달리는 것 외에 그 시간 동안

내가 생각해야할 것들이 더 늘어났기 때문인지도 모르겠다.

이렇게 맥주를 찾아다니는 게 맞을까,

이렇게 쉬었다 가기만 해도 되는 걸까.

달리는 동안에는 달리는 것만 생각하면 됐는데,

어쩐지 전과는 또 다른 피로감이 몰려오는.

그랬다. 오늘은 내 여행의 화요일이었다.

CANADA

#2 오리건의 맥주 8잔

'Breakside IPA(브릭사이드 IPA)' & 'Back to the future IPA(백 투 더 퓨쳐 IPA)'

'저 다리만 건너면 그곳에 도착한단 말이지.'

곧게 뻗은 민트색의 세인트 존스교(St. Johns Bridge)에 다다랐을 때였다. 샌프란시스코, LA보다 더 손꼽아 기다리던 도시. 그가 안장 위에 올라 있는 나를 향해 어서 건너오라 손짓하고 있었다.

'세계에서 맥주 양조장이 가장 많은 도시는 어디일까'라는 질문에 아마도 많은 이들이 '맥주의 오랜 역사를 자랑하는 독일이나 체코 등 유럽의 어느 한 도시?'라고 생각하기 쉽다. 하지만 이 생각을 철저하게 깨트려버린 곳이 있다. 정답은 바로 서울 절반의 크기도 안 되는 작은 면적에 60만 인구가 살고 있는 소도시, 미국 오리건주의 '포틀랜드'였다.

잠깐, 맥주 양조장이 가장 많은 도시라고?

그 말은 잠깐이나마 그들의 일상을 상상해볼 수 있게 했다.

도시 전체에 구수한 맥아 냄새가 풍기고 있진 않을까.

이른 아침 노트북을 들고 카페 대신 집 앞 브루어리를 찾진 않을까.

브루어리만 해도 70여 곳이 넘는다고 하는데, 요일별로 하나씩 브루어리를 찾아다녀도 70일은 탐험하는 기분이지 않을까.

신기하게도 내 상상 속 포틀랜드에서는 스트레스나 촉박함 같은 건 그려지지 않았다. 그저 여유롭고, 평온하니 상상만으로도 흐뭇해지는 곳이었다. 그런 면에서 여행이란 건 참 재밌다. 도착하기 전까진 타인의 삶을 자유롭게 상상해보고 그려볼 수 있으니 말이다.

다리를 넘어 상상 속 현실로 들어오니 입이 절로 벌어진다. 도로를 달리며 이 수많은 브루어리들 중 어디를 찾아가야 되나 행복한 고민을 하다가 새삼 나 같은 고민을 하는 사람들 때문에 브루어리간 경쟁도 치열하겠다 싶다.

그런데 오히려 포틀랜드 사람들은 이런 경쟁이 서로 맥주의 맛과, 품질을 상승시키는 선의의 경쟁이라고 여긴다.

분명 이렇게 많은 브루어리가 생겨나고 또 소비될 수 있었던 데에는 풍부한 자원이 뒷받침되고 있었기에 가능한 일이었을 것이다. 오리건주

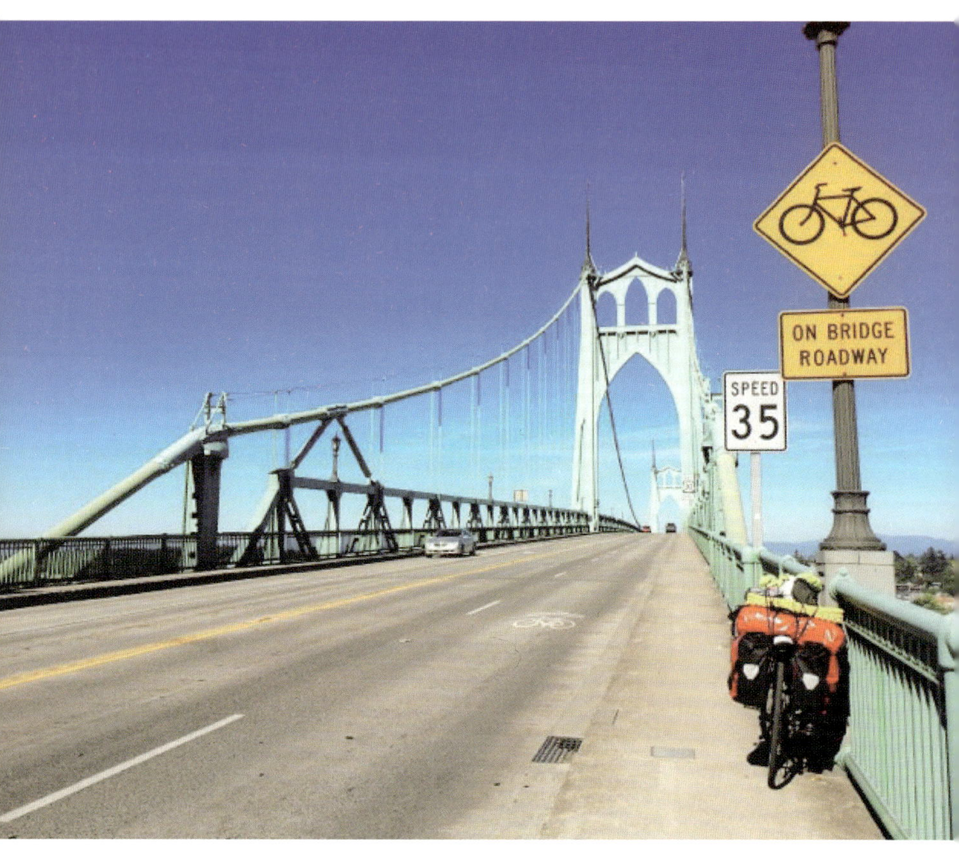

여기는 포틀랜드

에만 해도 미국 홉 재배율의 17%를 차지하고, 풍부한 수자원, 보리가 잘 자라날 수 있는 기후 등 맥주를 생산하는 데 최적의 조건을 가지고 있으니 말이다.

그렇게 모든 조건을 두루두루 갖춘 곳에서 가장 먼저 도착한 곳은 포틀랜드 노스이스트(Northeast)에 있는 '브릭사이드 브루어리(Breakside Brewery)'였다. 붉은색 외벽에 여유롭게 앉아있는 사람들, 거기에 내리쬐는 태양까지 모두 따사롭게 느껴졌다. 퇴근 시간이었던 탓에 이곳을 찾은 사람이 많았는데 그만큼이나 많은 자전거들이 세워져있었다. 실제 포틀랜드에는 자동차 대신 '자전거 러시아워'가 있을 정도로 자전거 이용자가 많은데, 자전거로 퇴근 후 브루어리나 카페에 들러 맥주나 커피를 마시는 게 일상이라고 한다.

이는 그들이 지향하는 삶의 방식을 나타내기도 한다. 자연친화적이고 건강한 생활을 추구하는 '킨포크 라이프(Kinfolk Life)'. 느리고 여유로운 일상. 누구나 한번쯤 꿈꿔보지만 쉬이 행하기 어려운 이상적인 삶이기도 하다.

브루어리는 원목 기둥을 중심으로 2층 구조의 따뜻한 분위기였다. 나는 막 자리가 난 테이블에 자리를 잡고, 맥주를 주문하기 위해 바(Bar)로 향했다. 칠판에 쓰여진 글을 가만 보고 있자니 바에 있던 직원이 친절하게 메뉴판을 내밀었다. 그중 레드 IPA인 '브릭사이드 IPA(Breakside IPA)'와 '백 투 더 퓨쳐 IPA(Back to the future IPA)' 샘플러를 선택했다.

첫 번째로 마신 브릭사이드 IPA는 이곳의 가장 인기있는 맥주답게 첫 모금 마시자마자 번쩍 눈이 떠졌다. 감귤류와 열대과일 향이 입안 가득 퍼지며 펀치를 날렸는데 과할 정도는 아니었으니, 잽- 잽- 원 투 정도?(후

브루어리 내부

훗, 소싯적 복싱을 좀 배웠다.) 잔잔하게 솔 향도 풍겼고 미세한 캐러멜 몰트의 단맛이 느껴졌으니, 전체적으로 마냥 가볍지만도 않은 맥주였다.

두 번째 백 투 더 퓨쳐 IPA는 2015년에 열렸던 '포틀랜드 비어 위크(Portland Beer week)'를 기념해 시애틀 프리몬트 브루어리와의 콜라보로 만들어진 맥주다.

미국 크래프트 업계에선 서로의 부족한 부분을 보완해 창의적인 맥주를 만들어내거나, 대중적으로 인지도를 높이는 등의 목적으로 브루어

브릭사이드 IPA와 백 투 더 퓨쳐 IPA

리간 콜라보레이션이 종종 성사된다. 특히나 이 맥주는 시애틀-포틀랜드 브루어리의 합작품으로 그들이 생각하기에 지금은 잘 알려지진 않았지만 차세대 'Next Top Hop'이 될지도 모르는 흥미로운 홉들로, 통상적인 IPA와는 다른 새로운 맥주를 만들기를 시도했다고 한다.

2015년에는 '치눅(Chinook)', '엘라(Ella)', '아자카(Azacca)' 등을 혼합하여 전체적으로 자몽, 열대과일 향이 나는 화사하고 상큼한 IPA로 큰 사랑을 받았다고 한다. 2016년에는 이미 잘 알려진 홉들과 새롭게 주목을 받는 홉들을 차례대로 혼합하여 다양한 배치를 출시하고 있는데, 내가 마신 배치는 '레몬드롭(Lemondrop)'과 '시트라(Citra)'가 들어간 맥주였다.

새로운 맥주를 만들기 위해 계속해서 연구하고 도전하는 모습. 다음 번엔 또 어떤 새로운 홉들이 혼합되어 이곳의 맥주를 만들어갈지, 꽤나 흥미롭게 지켜볼 일이었다.

테이블에 자전거 헬멧을 올려놓고 잔에 남은 맥주를 천천히 음미해본다. 상상 속으로만 꿈꾸던 도시, 바로 그 속에서 맥주를 마시고 있구나.

그래, 여긴 진짜 포틀랜드였다.

Back to the future IPA 백 투 더 퓨처 IPA

전체적으로 레몬, 자몽, 오렌지 향이 풍겼다.
덕분에 입안 가득 새콤함과 화사함이 가득했고 잔잔하게 남는 쌉싸름함이 그리 오래 가지 않았던 밝은 느낌의 IPA.

■ 도수 : 7% ■ 스타일 : American IPA ■ 제조사 : Breakside Brewery

'Jade Tiger IPA(제이드 타이거 IPA)'

포틀랜드는 확실히 조금 달랐다. 커피와 맥주의 도시 등 비슷한 수식어를 가진 시애틀과는 다르게 조금 더 가족적이고 친근한 느낌이 강해보였다. 이는 에스더(Esther)와 티모(Timo) 가족들을 만나면서 더 확실해졌다.

맥주를 마시고 호스트 집으로 가는 중에 페달을 멈췄다(포틀랜드는 맥주를 마시고 자전거를 타는 것이 합법적으로 허용되는 도시다.). 에스더와 티모 부부와 함께 마실 맥주를 사기 위해서였다. 목적지는 'BTU 브라세리(BTU Brasserie)' 'Brasserie'는 프랑스어로 식사도 할 수 있는 맥주 집을 가리킨다로 이곳은 중국 음식을 메인으로 하는 레스토랑과 탭 룸을 겸하는 곳인데 외부에 주렁주렁 달린 홍등에서부터 중국 음식 전문점스러운 포스를 풍긴다. 양조장을 창밖에서도 볼 수 있지만 오늘은 양조를 하지 않는 듯했다.

실내로 들어서니 네모난 모양의 중앙 바(Bar)에 혼자서 맥주를 즐기는 아저씨들이 많았다. 동양 분위기가 물씬 풍기는 이곳에서 외국 청년이

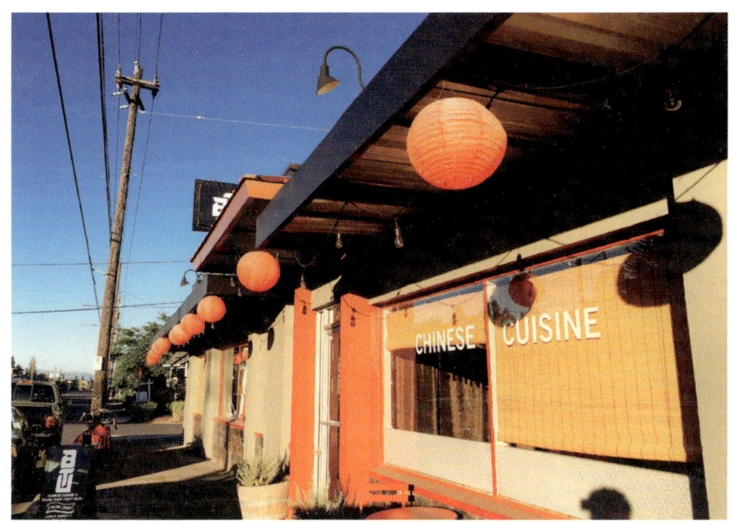

BTU 브라세리

맥주를 서빙하고 또 다른 이들이 맥주를 마시고 있다는 게 조금 이색적이긴 하다.

나는 바(Bar)로 가서 IPA를 그라울러로 주문해 자전거 그물망 사이에 꽁꽁 묶어두었다. 집까지 깨지지 않고 무사히 가야할 텐데.

그렇게 서커스단 같은 페달질로 5분 정도 달렸을까. 줄지어 선 집들 사이로 구글맵이 알려주는 지점을 서성이고 있으니 이제 막 한 살이 된 아기와 에스더가 문을 열고 환한 미소로 반겨주었다. 고양이 2마리도 함께.

"Ha! 반가워!"

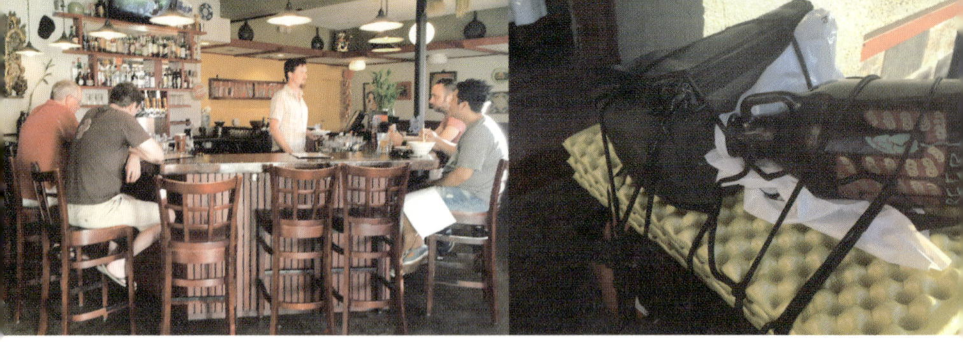

BTU 브라세리 내부

아슬아슬 맥주 운반하기

"저도 반가워요! 에스더. 아기는 괜찮아요? 초대해주셔서 감사해요. 밖에 나가진 못할 것 같아서 알려준 BTU에서 맥주를 사왔어요."

"오! 미안해. 의사가 약 먹으면 괜찮아질 거래. 이건 저녁에 마시면 되겠다. 걱정해줘서 고마워! 어서 들어와!"

샤워를 하고 나온 내게 에스더와 티모는 저녁 식사를 준비했다며 부엌으로 불렀다.

"자, 지금부터 브리또를 만들 거야. 우리가 자전거 여행을 다녀오면서 사랑에 빠진 음식이라 종종 이렇게 만들어 먹곤 해."

그렇게 재료를 손질하던 에스더는 갑자기 지름 20cm는 족히 넘어 보이는 또띠아 3장을 굽기 시작했다. 설마 1인 기준은 아니겠지? 암, 그렇고말고.

그녀는 손질한 재료를 하나씩 구운 또띠아 위에 얹기 시작했다. 라이스, 레드빈, 토마토, 사워크림 등 ... 재료를 얹을 때마다 내게 "Yes? or No?"를 묻던 에스더의 물음에 모두 "예쓰"를 외쳤는데, 그 크기가 심상치 않다.

내가 받아든 브리또는 이제껏 본 것 중에 가장 크고, 두껍고, 무거웠다. 족히 2인분은 되겠어. 접시를 테이블로 옮기던 티모는 내가 사온 맥주를 잔에 따랐다.

밝은 호박색에 거품이 풍성하게 차올랐다.

"잘 먹겠습니다!"

브리또를 한 입 베어 문 순간 접시에 브리또 폭우가 내리는 듯 했다. 사워크림과 온갖 재료들이 접시며 옷이며 사정없이 떨어지기 시작했다. 이는 티모와 에스더도 마찬가지였다. 제아무리 브리또를 많이 먹어본 사람이라도 흘리지 않고 먹을 순 없을 거다. 그녀는 접시에 사워크림을 흘리며 원래 이렇게 먹어야 제 맛이라고 했다. 그 모습이 인간적이면서도 자연스러워, 브리또 하나로 금세 가까워진 기분이었다.

"여긴 버스나 자전거를 타고 포틀랜드 브루어리 투어도 가능해. 그런

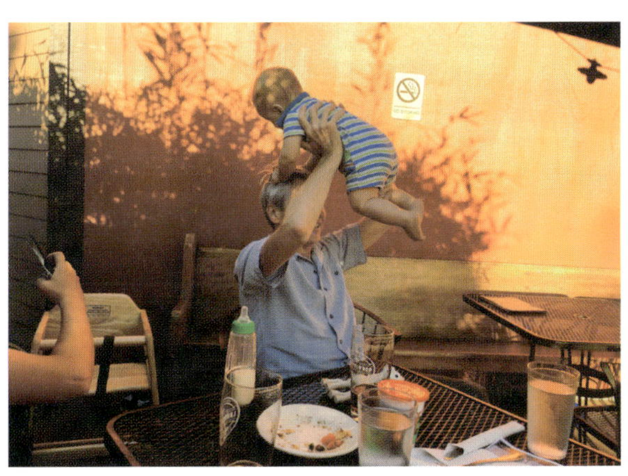

사랑스러운 패밀리

걸 보면 지역 비즈니스가 잘 구축된 곳이기도 하지."

"그렇군요. 한국은 펍을 찾는 사람은 대부분 젊은 청년, 혹은 중년들이에요. 그런데 여긴 그렇지 않은 것 같아요. 가족 단위도, 아주 나이 많으신 분들도 많았어요."

"우리에겐 너무나도 당연한 이야기야. 가족과 함께 일상을 보내고, 이웃에게 안부를 묻고, 또 다 함께 맛있는 음식과 맥주를 먹고. 이렇게 사랑하는 가족과 내가 좋아하는 것들을 함께한다면 내 삶은 더더욱 행복해질 수밖에 없지 않겠어?"

그 말과 동시에 티모는 아기를 안고 있는 에스더를 향해 미소를 지어 보였다.

그녀는 볼 키스로 화답했다.

가족과 함께 밥을 먹고, 여가를 즐기고.

내 가까이있는 사람들과 맛있는 걸 먹고 나누며 여유롭게 지내는 삶.

그에 비해 내가 사는 곳은 당연히 이런 것들을 누리기 어려운 사회일 것이라고 미리 단정지었기에, 그걸 특별한 비법인 것처럼 이유를 찾으려 한 것일지도 모르겠다.

그들에겐 너무나도 일상적이고 당연한 이야기들이었는데 말이다.

어쩐지 이 세 식구의 모습은 더 꾸밈없고 행복해 보인다.

Jade Tiger IPA 제이드 타이거 IPA

부드럽고 풍성한 거품.
다소 느끼할 수도 있는 샤워크림을 꽉 잡아주는
IPA 특유의 진한 쌉싸름함이 제법 마음에 드는 맥주였다.

▪ 도수 : 6.8% ▪ 스타일 : American IPA ▪ 제조사 : BTU Brewing

Good Beer Brings People Together

(좋은 맥주는 사람들을 한 데 모은다)

어떤 걸 봤을 때 불현듯 떠오르는 사람이 있다는 건 참 좋은 일이다. 함께 있지 않아도 잠시나마 그 사람과 머물 시간을 만들어주니 말이다. 포틀랜드에 머무는 동안엔 이렇게 함께 있지 않아도 그 순간 머물다 간 사람이 많았다.

1. 엄마의 얼굴

포틀랜드에서의 이튿날. 맥주 투어를 하기에 앞서 워싱턴 공원(Washington Park)에 있는 '로즈 가든(International Rose Test Garden)'에 들렀다. '장미의 도시'라고도 불리는 포틀랜드의 필수 코스라고들 한다. 날씨가 화창한 탓인지 5~6월이 절정임에도 꽃들이 활짝 피어있었다. 빨갛고, 노랗고, 또 새하얀 형형색색의 장미꽃들. 그 앞에서 서로의 사진을 찍어주는 한 여자아이와 엄마의 모습을 바라보고 있노라니, 문득 떠오르는 얼굴이 있다.

"어휴, 꽃은 무슨. 엄마 그런 거 안 좋아해!"

셋째 언니 웨딩 촬영 당일 날, 촬영 소품으로 준비된 부케를 받아 든 엄마는 말했다. 잠시 내가 사진을 찍어주겠다고 했더니 평생 꽃이라곤 들여다볼 일도, 또 좋아하지도 않는다며 손사레를 치던 엄마였다.

"아냐. 엄마 진짜 예뻐!"

그 말에 "그래?"하며 슬며시 벽에 기대어 미소를 띠던 엄마의 모습은 수줍은 소녀 같았다. 몇 장 사진을 찍고 있으니 엄마는 장미꽃 배경인 자리에 서서 이 모습도 찍어달라고 하셨다. 옆으로 서서 손을 모으는 모습, 가만히 하늘을 바라보는 모습. 이리 저리 포즈를 취하며 미소 짓는 엄마의 모습에 나도 모르게 웃음이 났다.

"우리 엄마, 천상 여자였네."

그러고 보니 엄마는 꽃을 좋아하지 않은 게 아니라, 꽃을 들여다볼 여유조차 없이 지난 세월을 지내왔을지도 모르겠다. 엄마랑 여기 왔으면 정말 좋아했을 텐데. 나도 저 모녀처럼 엄마 사진을 예쁘게 담아줄 수 있는데. 혼자 이 순간을 누리고 있자니 괜히 또 뭉클하고 미안해져 장미꽃을 카메라에 잔뜩 담았다. 다음번엔 이 자리에 선 엄마의 미소가 담겨있길 바라며.

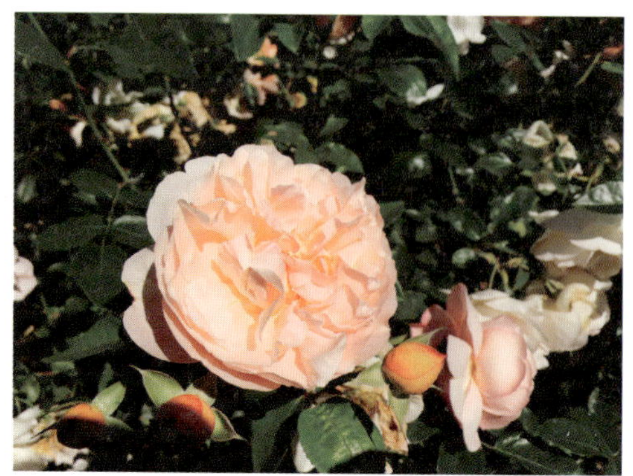

장미와 함께 머물다간 엄마의 얼굴

2. 친구의 얼굴

로즈 가든을 니와 다운타운을 향해 달렸다. 화사한 꽃들을 본 덕인지, 내리막길이 계속된 덕인지 다운타운으로 향하는 내내 페달이 가볍기만 하다. 혼자 흥얼흥얼 콧노래를 부르다 보니 어느 새 '10 배럴 브루잉(10 Barrel Brewing)' 앞에 다다랐다. 나는 자전거를 입구 앞 기둥에 묶어두고 실내로 들어섰다.

북적거리던 실내는 전체적으로 깔끔하고 세련된 느낌에 다른 곳에 비해 젊은이들이 많이 찾는 공간인 듯했다. 넓은 내부에 목재 테이블, 천장을 채운 은색 파이프. 요즘 한국에서도 흔히 찾을 수 있는 카페 인테리어와도 비슷하다. 바(Bar)에는 빈자리가 없었던터라 바를 마주보는 긴 테이블에 자리를 잡았다. 그러자 풍채 좋은 직원이 다가왔다.

"주문하겠어요?"

여기에선 10개의 샘플러 세트를 꼭 마셔봐야 한다는 지인의 추천이 있었기에 1초의 고민 없이 샘플러를 주문했다(이곳 샘플러는 무조건 10개가 1세트이다.).

그래. 샘플러가 10개여 봤자 얼마나 되겠어. 모자라면 마시고 더 시켜야지. 룰루~ 라는 생각은 샘플러가 내 앞에 도착하고 나서야 큰 착각이었음을 알게 됐다.

'헐, 이 많은 걸 어떻게 다 마셔.'

숨을 크게 들이마시고 번호가 적힌 순서대로 맛을 보기 시작했다. 그렇게 차례대로 맥주를 마시다 보니 6잔쯤 되었을 땐 점점 시험치는 기분도 들고, 네 맛이 다 내 맛 같은 게 혀가 마비되어가는 기분이었다. 아, 구원투수라도 있었으면. 이리저리 둘러보니 삼삼오오 모여 맥주를 나누는 이들의 모습이 더 눈에 들어온다.

맥주라면 나만큼 난리가 나는 친구가 있는데 그 친구가 여기 왔다면 지금쯤 1인 1샘플러를 마시고도 모자라다며 더 시키자고 직원을 향해 손을 들었겠지. 그렇게 밤새도록 맥주에 취해 포틀랜드 시내 여기저기를 돌아다니고 있을지도 모르겠다. 역시, 이렇게 맛있고 다양한 맥주도 혼자 마시니까 재미가 없다. 다음번엔 꼭 같이 오자, 친구야.

3. 그 모두의 얼굴

마지막으로 찾은 곳은 '데슈츠 브루어리(Deschutes Brewery)'. 1988년 오리건주의 벤드(Bend)에서 시작된 이곳은 포틀랜드에서 가장 오래되고 유명한 브루어리 중 한 곳이다. 그래서인지 풍기는 아우라가 남달랐다. 신생 브루어리의 파릇파릇하고 진취적인 느낌보다는 고향을 방문한 듯 편안하고 오래 묵은 느낌. 연예인으로 비유하자면 오랜 연기 경력의 내공을 가진 30대의 연기파 배우 느낌이랄까. 앞서 방문한 10 배럴과는 아주 상반된 느낌이었다.

포틀랜드의 관광 명소답게 대기 인원이 많았으나 난 혼자여서 바로 자리를 안내받을 수 있었다. 널직한 내부는 다소 동양적인 느낌의 인테리어가 패밀리 레스토랑 같았다. 관광객, 현지인 상관없이 많은 이들이 공간을 채우고 있었는데 가족 단위로 식사를 즐기는 사람들, 친구와 맥주를 나누는 사람들, 나처럼 혼자 맥주를 마시러 온 사람들. 모두 각양각색이었다.

실제로 포틀랜드는 이렇게 다양한 연령층이 함께 브루어리를 찾는 것

10개의 샘플러

이 일반적이다. 이는 기본적으로 가족, 이웃 등 가까운 사람들과 함께 먹고 마시며 여유롭게 즐기는 삶의 질에 초점을 두는 포틀랜드 사람들의 라이프 스타일을 반영하고 있다.

그러다 보니 이런 브루어리에서 맥주만 즐기기보다 가족 구성원이 패밀리 레스토랑처럼 오랜 시간 음식을 먹으며 천천히 머물다 간다. 때문에 브루어리에서도 로컬 푸드(Local Food)를 사용한다던가, 친환경 재료를 사용한다던가. 맥주만큼이나 음식에 굉장한 공을 들일 수밖에 없다고.

아침부터 빈속에 맥주를 들이켜온 터라 끼니를 해결할 겸 더블 머시룸 햄버거를 주문했다. 음식을 기다리는 동안 먼저 도착한 맥주는 '프레

데슈츠 브루어리 내부

의외로 멋진 조합, 햄버거와 맥주

시 스퀴즈드 IPA(Fresh Squeezed IPA)'. 붉고 짙은 호박색에, 얕게 깔린 헤드. 한 모금 마시자 마치 요리왕 비룡처럼 헉 소리와 함께 내 머릿속에 '미미(美味)'가 지나다녔다. 세상에나!

데슈츠 브루어리는 음식이며, 맥주며, 분위기까지 삼박자가 골고루 갖춰진 곳이었다. 많은 사람이 찾아 바쁜 와중에도 미소를 잃지 않았던 직원의 서비스까지. 친구들 그리고 우리 가족들과 함께 찾아도 모두가 만족할 그런 곳이다.

남은 맥주를 마시려고 잔을 들었는데 아까는 보이지 않던 코스터 문구가 눈에 들어왔다.

"GOOD BEER BRINGS PEOPLE TOGETHER좋은 맥주는 사람들을 한데 모은다."

그러네. 이 장소, 이 분위기에 딱 어울리는 메시지다.
그리고 좋은 맥주는
여기 있지 않은 사람들까지도 그 순간 함께하도록 만들어주었다.

Fresh Squeezed IPA 프레시 스퀴즈드 IPA

그 맛은 마치 이름처럼 홉과 감귤과 자몽들을 입안 가득 짜낸 느낌이랄까? 뜨거운 태양이 내리쬐는 여름날, 해변에 앉아 쭉 들이켜면 잘 어울릴 것 같은 맥주. 굉장히 주시(Juicy)하고 맛이 좋았다.

▪도수 : 6.4% ▪스타일 : IPA ▪제조사 : Deschutes Brewery

보랏빛 줄기, 'Brambleberry Quad(브램블베리 쿼드)'

자전거 여행을 하다보면 왔던 길을 다시 되돌아가는 경우는 잘 없다. 아, 길을 잃어 한참을 잘못 달려온 경우를 제외하고.

뭐랄까. 힘들게 달려온 거리만큼 다시 되돌아가야한다는 것이 어떻게 보면 조금 허무하기도 하고, 또 한편으론 앞으로 계속 나아가야만 할 것 같기도 하고.

아무리 좋았던 곳이라도 다음번에 오면 자전거를 두고 편하게 와야지 하거나, 진작 머물 때 진득하게 머물러있거나. 그 둘 중 하나였다.

그런데 이날은 조금 달랐다.

『Ha. 포틀랜드에서 오는 거지? 오리건 시티를 벗어나면 언덕을 지나야 할 거야.

그 언덕을 지나고 또 작은 언덕을 지나고 나면 우리 집이 보일 거야.

모르겠으면 다시 연락 줘! 기다릴게.

아, 참. 그리고 만약 4시 30분까지 우리 집에 도착할 수 있다면

작은 크래프트 맥주 행사에 데려가고 싶어. 남편이 말하길 네가 아주 좋아할 거라고 했어. 만약 그 시간에 도착할 수 있다면 함께 가고 그렇지 않다면 집에서 맛있는 저녁과 맥주를 즐기자!

샌디(Sandy)로부터』

포틀랜드를 떠나던 날, 캔비(Canby)에서 머물 웜샤워 호스트가 내게 보낸 메일 내용이었다. 포틀랜드에서 집까지 찾아오는 길을 친절히 알려주던 그녀였는데, 메일 속 '언덕'이 유난히 눈에 밟힌다. 노트북이나 다른 폰을 가지고 있었더라면 고도 확인이 가능했을 텐데 내가 가진 사과폰으로는 도무지 알 방법이 없다. 직접 부딪혀보는 수밖에.

그러고는 항상 잊어버린다. 외국인들의 엔진은 나의 2배라는 것을. 그녀가 말한 언덕은 아무래도 산에 가까워보였다. 약속했던 4시 30분까지는 10여 분 정도밖에 남지 않은 상황이었다. 뭐든 데드라인이 생기면 괜히 조급해지고 불안해지는 게, 결국 바짝 열이 올라서 허벅지에 아무런 감각이 느껴지지 않을 때까지 무작정 달려갔다.

4시 28분. 2분을 아슬아슬하게 남겨두고 세이브! 대문 입구에 서서 숨을 천천히 고르고 있는데 때마침 카를로스(Charles) 아저씨가 뛰어왔다.

"반가워! Ha."

"아, 안녕하세요. 제가 너무 늦은 건 아니죠?"

"응, 물론이지. 딱 맞춰 도착했어! 우린 포틀랜드로 갈 거야!"

"네????"

"6시에 행사가 시작되니까, 네가 씻고 나와서 출발하면 딱 시간이 맞을 것 같아!"

나는 그 순간 이 험난한 언덕들을 다시 자전거로 달려야 하나. 차라리 거기서 기다리고 있을 걸 그랬나 하는 생각에 입술이 파르르 떨렸다.

"자전거를 타고 갈까? 농담이야, 하하. 오늘 힘들게 달렸으니 이젠 푹 쉬어야지! 자동차는 왜 있겠어? 얼른 씻고 나와! 분명 네가 좋아할 거야."

내 맘을 들었다 놨다 들었다 놨다. 굉장히 유쾌하고 장난기가 많으신 아저씨였다. 그곳에 도착할 때까지 내가 가야 할 곳을 비밀로 묻어두기까지 했으니 말이다. 그와 성격이 닮았는지 대문에서부터 성큼성큼 뛰어왔던 커다란 개도 내 주위를 빙글 빙글 뛰어다녔다.

샤워를 마치고 나와 샌디 아줌마, 카를로스 아저씨 그리고 나. 이렇게 셋은 자동차를 타고 다시 포틀랜드로 향했다. 우리가 달린 길은 내가 힘겹게 인상을 쓰며 올라왔던 그 길이었다. 어쩐지 몸과 마음은 편해도 이러려고 힘들게 달려왔나 싶기도 한 게, 조금 허무하다.

퇴근 시간이 겹쳤지만 딱 6시에 맞춰 비밀의 장소에 도착했다. 이곳은 바로 포틀랜드하면 빠질 수 없는 브루어리 '캐스케이드 브루잉 배럴 하우스(Cascade Brewing Barrel House)'였다. 오크통에서 오랜 숙성 시간을 거쳐 신맛과 쿰쿰함, 단맛과 상큼함 등이 복합적으로 일어나는 사우어 맥주의 성지인 곳이다. 포틀랜드에 머물면서 시간이 빠듯해 다음으로 미뤄뒀던 곳인데 하루 만에 다시 찾게 되다니! 아마도 두 분과 함께 쌓을 추억을 위해 이렇게 돌아올 운명이었나 보다.

이 브루어리에 대해 이야기를 잠깐 하자면...

1990년대쯤 미 서부를 중심으로 다양한 홉들이 개발되면서 한창 '홉 전성시대'가 열렸다. 그래서 더 호피하고 자극적인 IPA를 만들어내고자 홉을 때려 넣으며 브루어리간 경쟁이 과열화되었다. 이에 오히려 염증을 느낀 이곳 브루어리 오너와 브루마스터들이 기존과는 다른 방향으로 새롭고 독창적인 맥주를 만들고자 하는 욕구가 들었다고 한다.

평소 박테리아를 이용해 맥주를 만들어내는 데 흥미를 느꼈던 그들은 기존에 구축된 시장에 대항한 독창적이고 새로운 맥주들을 만들어낸 것이다. 바로 사우어!

아, 물론 사우어의 원조는 유럽이지만, 이를 대중화에 기여한 것은 미국이라 할 수 있다. 기존의 유럽식 사우어에 다양한 과일, 홉 등을 첨가하며 좀 더 새롭고 독창적인 시도를 많이 했던 것이다.

다소 마니아틱한 맥주이긴 하지만 한국에서도 점점 인기를 끌고 있는

우린 모두 사우어의 중독자들!

맥주 스타일 중 하나인 사우어. 처음 맛보고는 괴상하다며 잔뜩 인상을 찌푸렸지만 왠지 모르게 자꾸 생각나는 묘한 중독성이 있다. 아마도 그런 '중독성'이 사우어 맥주를 찾게 되는 이유 중 하나인 듯하다.

그럼 설명은 여기까지 하고, 맥주를 마셔보자.

두근거리는 마음을 안고 안으로 들어서자 과일 향과 쿰쿰함이 뒤섞여 코를 찔렀고 행사를 기다리는 사람들의 한층 고조된 기운이 안을 채우고 있었다. 모두가 사우어의 중독자들인가!

오늘은 매주 화요일마다 열리는 '탭 잇 튜스데이(Tap it Tuesday)'였다. 배

이곳의 인기는 세계 각국으로

럴 하우스의 자체 행사로 매주 화요일마다 사전 신청한 2명에게 새로운 배럴을 탭핑할 수 있는 기회를 주는 행사다. 그 경쟁이 (아마도) 대학 수강 신청만큼이나 치열하다고.

행사는 매우 간단하다. 직원의 짧은 인사말이 끝나면 신청자 2명 중 한 명은 탭을 잡고, 다른 한 명은 망치로 탭을 두드리면 끝.

배럴이 터지는 순간 분수처럼 맥주가 뿜어져 나올 수도 있으니 근처에 앉은 사람들은 미리 전장의 준비태세를 갖춰야 한다. 직원은 바(Bar)에 놓인 모니터를 비닐봉지로 뒤집어씌우고, 가까이 앉은 사람들은 수건으로 가리거나 몸을 멀찌감치 떼어놓았다. 곧 직원의 "쓰리! 투! 원!" 카운트다운 소리와 함께 탁-탁-탁 탭이 박혔다.

탭 잇 튜스데이

그 순간 오늘의 배럴, '브램블베리 쿼드(Brambleberry Quad)'의 보랏빛 줄기가 터져 나왔다. 폭탄처럼 터질 거라 상상했던 장면과는 사뭇 다르게 줄줄줄– 이었지만 그 순간 골이라도 들어간 마냥 모두가 하나되어 건물이 떠나가게 물개박수를 쳤다.

그런 걸 보면 맥주 사랑은 틀리는 법이 없다. 뭘 크게 한 것도 아닌데 단순히 이 행동 하나로도 같은 감정을 공유한 친구처럼 서로 간 끈끈한 연결고리를 만들어주니 말이다. 덕분에 실내의 열기는 한층 더 후끈 달아올랐다.

우리는 자리에 앉아 오늘의 사우어와 '노이오(Noyaux)', '아프리콧(Apricot)' 등을 주문했다. 전체적으로 바디감도 있고, 도수도 상당했다. 나도 모르게 입가에 웃음이 번져서는 한 잔, 두 잔을 비워냈다.

때마침 캐스케이드의 오너이자 크래프트 업계의 유명인사, '아트 라랑스(Art Larrance)'이 운명처럼 우리 테이블로 걸어왔다. 그와 인사를 나누던 카를로스 아저씨는 나를 그에게 소개했다.

"여기는 한국에서 크래프트 맥주 여행을 하겠다고 온 Ha예요. 그것도 자전거를 타고 왔죠."

"와우! 한국에서 왔다고요? 어디를 여행해요?"

"시애틀부터 샌디에이고까지 갈 거예요."

오늘의 맥주, 브램블베리 쿼드

샌디와 카를로스 부부

"믿기지 않아! 샌디에이고까지라니. 한국에도 우리 맥주가 수출되고 있는데, 참 고맙게도 한국 사람들은 유난히 우리 맥주를 사랑하는 것 같아요. 자전거를 타고 온 당신처럼요. 행운을 빌어요. 이곳을 시작으로 가는 길에 훌륭한 맥주를 많이 만날 수 있을 거예요."

그와 악수를 나누는데 심장이 쾅쾅쾅. 이건 마치 연예인을 만난 것보다 더 떨리고 설레는 순간이었다. 그 모습을 흐뭇하게 지켜보던 카를로스 아저씨는 내게 말했다.

"하하하. 놀랄 것 없어. 포틀랜드 맥주 투어는 지금부터 시작이야! 준비됐어? Ha?"

어쩐지, 다시 포틀랜드로 돌아오길 잘한 것 같다.
포틀랜드의 또 다른 맥주와,
새로운 사람들로 추억 한 겹을 더 쌓을 수 있게 되었으니 말이다.

"네! 준비 됐어요!!"

Brambleberry Quad 브램블베리 쿼드

베리의 아로마와 단맛이 입안 전체를 감싼다.
거기에 배럴 특유의 쿰쿰함과 진득함.
우드 향과 함께 깊은 풍미가 부드럽게 넘어가던 아주 매력적인 맥주.

■ **도수** : 9.4% ■ **스타일** : American Wild Ale ■ **제조사** : Cascade Brewing

열두 번째 잔. 내가 만든 맥주야

카를로스 아저씨의 홈브루잉 맥주

부엌에서 신나는 노랫소리가 흘러나왔다. 샌디 아주머니는 저녁 준비에 한창이었다. 두 분은 채식주의자는 아니지만 건강을 생각해 직접 채소들을 키워 음식을 해 드신다. 오늘 저녁도 마찬가지였다.

나는 아저씨를 도와 바질 페스토를 만들기 시작했다. 나의 임무는 마늘 까기. 그런데 마늘 까기도 왜 이렇게 신나고 재밌는지 양손 가득 냄새가 배어도 흥겹다며 아저씨가 틀어놓은 음악과 함께 흥얼흥얼 콧노래를 불렀다. 사실 바질 페스토를 만드는 과정은 정말 쉽고 간단했다. 내가 마늘을 까면 카를로스 아저씨가 블렌더에 바질, 잣, 오일 조금 그리고 깐 마늘을 넣고 힘껏 갈았다. 도와 드렸다기도 뭐한 단 몇 초면 완성되는 바질 페스토였다. 마지막으로 완성된 걸 보관용기에 담거나 일부는 얼리기 위해 틀에 담아두면 끝. 그러자 아저씨는 특유의 호탕한 웃음과 함께 "하하! 이건 Ha의 바질 페스토군!" 하셨다.

우린 빵이 담긴 바구니와 접시를 들고 햇볕이 드는 뒷마당 테이블에 저녁 식사를 준비하였다. 그러자 카를로스 아저씨는 부엌에서 무언가를 들고 나오셨다.

"내가 직접 만든 사이더(Cider)사이더라면 일반적으로 생각하는 우리나라에서의 카테고리와 달리 '사과로 만든 술'을 의미한다야!"

한국에선 아직 특이 취미로 보이지만 미국에는 이렇게 집에서 홈브루잉(Home Brewing)을 하는 사람들이 많다. 미국은 1979년 지미 카터(Jimmy Carter) 대통령이 홈브루잉을 합법화하면서 다양한 맥주를 만들어내는 홈브루어(Home Brewer)들이 많아졌고, 이를 기반으로 크래프트 맥주 산업이

바질 페스토 만들기

카를로스 아저씨의 사이더

카를로스 아저씨의 포터

활성화될 수 있었다. 그런 면에서 홈브루잉은 꽤나 중요한 부분이라고 할 수 있다.

아저씨 역시도 대단한 맥주 광이기에 오래전부터 사이더는 물론 포터까지, 계절에 따라 다양하게 홈브루잉을 해왔다고 한다. 판매를 목적으로 하지 않지만 내 가까운 사람들과 즐겨 마시기 위해 종종 만드신다고.

"정말 멋있어요! 어떻게 홈브루잉을 하실 생각을 다했어요?"

"간단해. 내가 만든 맥주. 재밌잖아! 오랜 시간이 걸려도 그렇게 만드는 게 난 재밌어. 사람들이 맛있게 먹어주면 더 좋고!"

불현듯 누군가 한 말이 떠올랐다. 똑같이 맥주를 좋아하는 사람이더라도 맥주를 양조하는 것에 흥미를 느끼는 사람과, 맥주 마케팅/서비스 등 관련된 분야에 흥미를 가지는 사람은 확실히 그 방향이 다를 것이라고. 이를 분명히 알고 그와 관련된 일을 더 깊이 파보는 것이 중요하다고 말이다.

사실 나도 미국 여행 전 잠깐 홈브루잉을 배운 적이 있다. 맥주를 좋아한다고 무조건 맥주를 만들어야하는 건 아니지만 후자를 하려고 해도 전자를 이해해두는 게 중요하다고 생각했기 때문이었다.

짧디짧은 두 달이라는 시간 동안 진득하게 배워봤어!라고 할 순 없지만 한 가지는 분명해졌다. 내게 전자의 끼는 없구나. 대신 맥주를 마시는 속도에 비해 만드는 데 훨씬 오랜 시간과 정성이 필요하다는 걸 알게 된 이후론 정말 이를 만드는 과정 그 자체에서 오는 재미와 즐거움이 없다면 함부로 덤비기 어렵겠다는 생각이 들었다. 또 누군가 만든 맥주에 대해 맛이 있다, 없다 라고 함부로 단정 지을 수 없을 것 같았다. 새삼 세상의 모든 양조사분들이 대단하게 느껴지면서 그렇게 만들어진 맥주를 사람들이 찾게끔 다듬고 표현해내는 게 마케터가 할 일인 듯했다.

사이더를 내 잔에 따르자 잔은 연한 금빛으로 물들었다. 그리고 나는 천천히 향을 맡고 쭉 들이켰다. 새콤달콤한 맛이 식전주로도 제격인 듯했다. 낮에는 아저씨의 포터를 마셨는데 정말 이를 팔아도 될 만큼 훌륭한 퀄리티였다. 이렇게 그가 정성들여 만든 맥주를 마실 기회를 얻은 난 참 행운아였다.

“완벽해요. 어떻게 이렇게 맛있을 수 있죠?”

오늘은 아저씨의 일일 마케터가 되어보련다.

카를로스 아저씨의 사이더

향긋한 사과 향과 새콤, 시큼, 달콤한 맛이 한데 어우러져 입안을 가득 채웠다. 이런 맥주라면 매일 매일 마실 수도 있겠는걸!

■ 도수 : 알 수 없음 ■ 스타일 : Cider ■ 제조사 : 카를로스 아저씨

'Hoodoo Voodoo IPA(후두 부두 IPA)'

인랜드에서 벗어나 본격적으로 서부 해안 도로를 접하기 시작했다. 태평양 바람이 불어와 조금 쌀쌀해지긴 했지만 사람들이 그토록 아름답다고 극찬하던 하이웨이 101번 도로(HWY 101)를 만나게 된다니. 무엇보다 이제야 제대로 캠핑을 할 수 있는 기회가 생긴 것이다.

사실 미국 여행을 하면서는 가급적 캠핑장에서 캠핑을 많이 해보고 싶었다. 워낙에 캠핑 문화가 깊이 자리 잡은 곳이기도 하고, 텐트를 중고가 될 때까지 써보고 싶기도 하고. 무엇보다 캠핑을 많이 해보면 전과는 또 다른 새롭고 즉흥적인 순간을 마주하게 될 것 같았다. 막상 까놓고 보면 여행이라는 것 자체가 새롭고 즉흥적인데 말이다.

미국의 캠핑장엔 예약도, 인원수 제한도 없는 하이커 앤 바이커(Hiker & Biker)존이 있다. 이는 대부분의 주립공원에 마련되어있는데 가격이 매우 저렴해 나처럼 재정이 넉넉하지 않은 여행자들에게는 굉장히 좋은 공간이다. 잘 곳, 씻을 곳을 단돈 5달러에 해결 가능하니 말이다(워싱턴, 오리건은 5달러, 캘리포니아는 10달러. 물론 전자는 샤워까지 포함이지만 후자는 잦은 가뭄으로 코인 샤워를 이용해야 한다.).

대신 캠핑장에 도착하기 전엔 늘 한 가지 의식을 치러야 한다. 바로 식료품점을 찾는 것. 미국의 캠핑장엔 식료품점이 포함된 곳이 그리 많지 않다. 미국의 모든 도로나 생활 반경은 자동차를 기준으로 돌아가기에 캠핑장에서 몇 킬로미터나 떨어진 곳에 식료품점들이 위치한 경우가 많았다. 캠핑장에 짐을 풀어놓고 다시 자전거를 타고 사러 간다는 끔찍한 생각보다 짐이 조금 무겁더라도 캠핑장으로 가기 전 가까운 식료품점이나, 마트의 위치를 파악해두고 미리 사들고 가는 편이 좋았다.

오늘 머물 캠핑장 근처의 한 식료품점을 찾았다. 식료품 코너를 한참 동안 돌아보는데, 미국 사람들은 참 대량을 좋아하나 보다. 소시지도, 치즈도, 빵도 모든 게 대량. 한 묶음, 한 봉지였다. 아무리 많이 먹는 나라지만 이건 낭비였다. 친구들과 함께 왔다면 더 저렴한 편이니까 신나서 사겠는데 혼자선 어차피 남기고 버려질 게 뻔해서 몇 번을 들었다 놨다 들었다 놨다. 결국 샌드위치와 라면을 집어들었다.

한숨을 푹 내쉬다가도 절로 행복해지는 곳도 있다. 바로 맥주 코너. 매번 마트를 찾을 때마다 이렇게 마트에서 미국 내 크래프트 맥주의 인기를 새삼 실감할 수 있다는 데 놀란다. 긴 맥주 코너의 거의 반 이상을 크래프트 맥주가 차지하고 있었고, 내로라하는 대형 브루어리의 것부터

먹고 싶다고 막 집을 수 없었던 음식들　　　　가까이 서면 힘이 났던 맥주 코너

작은 브루어리의 것까지 하루에 한 종류씩 마셔도 다 마시질 못할 만큼 다양하게 진열되어있었다. 이 부분만 똑 떼어내서 우리 동네 마트에 고대로 옮겨놓고 싶을 만큼 말이다. 가격이 무조건 저렴한 건 아니었지만 한국에서 사마시는 가격보다 훨씬 나은 환경이었다. 난 그중 할인 행사 중이던 '후두 부두 IPA(Hoodoo Voodoo IPA)'를 집어 들었다.

장을 본 짐들을 자전거에 실어두고 5㎞쯤을 더 달렸을까. 오늘 머물 '데블스 레이크 주립 공원(Devil's Lake State Recreation Area)'이 보였다. 직원에게 여권을 보여주고 하루 머물 가격으로 5달러를 내밀었다. 그녀는 친절하게 하이커 앤 바이커 존을 알려주며 내게 "굿나잇"이라고 인사를 건넸다. 그래요, 오늘은 어쩐지 좋은 밤이 될 것 같아요. 이제야 제대로 된 캠핑을 시작한다고요!

미국 여행을 함께한 노란 텐트

코펠과 버너 드디어 개시

소시지 라면과 후두 부두 IPA

Hoodoo Voodoo IPA 후두 부두 IPA

자몽, 열대과일 향이 주를 이루고 솔 향도 조금 났다.
전체적으로 마시기 무난하고 굉장히 클래식했던 IPA.

■ 도수 : 6.2% ■ 스타일 : American IPA ■ 제조사 : Three Creeks Brewing

쉬어가는 여행 이야기

… 펼쳐진 건 텐트뿐만이 아니었다

아, 인생사 바라는 대로 딱딱 이뤄지면 좋겠다마는
또 그렇지만 않다는 것을 캠핑 하루 만에 느꼈다.

시간이 지날수록 텐트를 치는 게 번거로워지는데
그 펼친 텐트를 아침마다 다시 정리하는 게 더 귀찮아지고,
아까는 잘 터지던 3G가 캠핑장에만 들어서면 먹통이 되고,
라면을 끓여 먹겠다고 한참 동안 물 끓기를 기다리는 게 귀찮아지고,
맥주를 많이 마신 탓에 밤늦게 화장실을 자주 가게 되고, 생각보다 차가운
바닷바람에 밤새도록 오들 오들 밖에서 잠이 든 듯한 기분이 들고,

무엇보다 이 모든 과정을 캠핑장을 찾을 때마다 반복해야 한다는 것.
어째 내가 하고자 했던 캠핑과는 달리 굉장히 번거롭고 지극히 현실적이었다.

그런데 참 신기하다. 이 모든 과정을 캠핑장을 찾을 때마다 반복해야 하지만
그러한 불편함 속에서 나름대로 내게 맞는 방법들을 찾아가며 적응해가기
시작했다는 것이다.
시간이 지날수록 텐트를 치고 접는 데 노하우가 생겨 속도가 빨라지고
3G가 터지는 곳에서 미리 내일 일정을 짜두거나 그 시간에 일기를 쓰고

물 끓기를 기다리는 동안 옆 텐트의 여행자와 담소를 나누고
맥주는 여전히 많이 마시지만 화장실은 한 번에 몰아서(?) 가고
밤새도록 오들오들 떨긴 하지만 조금 덜 떨게 있는 옷 없는 옷 다 껴입어 보게 됐다는 것.

그 덕에 전에는 보지 못했던 내 안의 새로운 모습들을 펼쳐 보이곤 했다.
'내가 정리 정돈을 그렇게 싫어하진 않았구나.',
'일기 쓰기를 싫어하진 않았구나.'
이미 정해진 답이라고 생각했던 '나'라는 사람에 대해서 한 줄 한 줄 고쳐 쓰기를 하게 된 거다. 물론 '추위는 유별나게 탄다'는 것처럼 더욱 확실해지는 것도 있지만 말이다.

그 모습이 어떠하든 나란 사람을 더 잘 알게 된 것 같아서 싫지가 않았다.
내일, 그리고 그다음에 펼쳐 보일 모습들은 어떠할지,

다음 캠핑을 기다려본다.

캠핑장에 펼쳐진 내 모든 것

열네 번째 잔. 잠시 멈추어 섰을 때 알게 된 것들

'Rogue Farms 7 Hop IPA(로그 팜즈 7 홉 IPA)'

찰칵-

자전거를 타고 달리다 보면 매 순간 아름다운 풍경들을 마주한다. 하지만 늘 그 장면을 사진으로 찍겠다고 멈춰 서진 않는다. 그저 눈으로 담아내고 싶다는 마음도 있지만 페달이 한창 탄력을 받다가 멈춰 서면 다시 탄력을 받을 때까지 힘과 시간이 배로 들기 때문이었다. 그런데 오늘은 그 자리에 멈추어 설 수밖에 없었다.

미국 서부 해안을 달리며 마주할 수 있는 흔한 풍경들

뉴포트(Newport)를 10km쯤 남겨두고 오르막길을 힘겹게 오르고 있었을 때였다. 얼굴과 등줄기엔 땀이 줄줄. 이미 내 정신은 육체를 벗어난 지 오래였다. 오른쪽 2시 방향으로 떠있는 햇볕은 왜 그리도 따가운지. 나도 모르게 인상을 찌푸리며 고개를 휙 돌렸는데 그 순간 "와" 하고 소리를 지르고 말았다.

뜨겁게 내리쬐던 햇빛이 파도에 알알이 부서지니 유리알처럼 반짝반짝. 저 하늘과 맞닿은 수평선 너머의 끝은 어디인지. 상상 꾸러미를 펼치게 만드는 그 장면에 나도 모르게 소리를 지른 것이다. '세상 다 가진 기분'이라는 표현은 바로 이럴 때 쓰는 게 아닐까.

체력적으로 힘든 순간이 많지만 이런 순간을 마주할 때마다 '그래. 이 맛에 자전거 여행을 하지' 싶다. 자동차나 기차로는 그냥 지나칠 수 있는 사소한 부분들에 멈추어 설 수 있다는 것. 이렇게 두 눈에 담아 내 것으로 만들어낼 수 있다는 것. 느리지만 내 힘으로 달려가는 자전거 여행의 큰 장점이기도 하다. 그렇게 오르막길에서의 힘겨움은 잠시 잊은 채 혼자 감상에 젖어들고 있었다.

"이 포인트에선 쉬는 게 맞아."

이 구간은 라이더들이 유난히 많았는데 그때 로드 자전거를 타고 올라가던 한 아저씨가 내게 말을 건넸다.

"그래. 넌 어디서 왔니?"

"한국에서 왔어요!"

"오! 어디서부터 시작한 거야?"

"시애틀부터 시작했고 샌디에이고까지 갈 예정이에요."

"말도 안 돼! 설마 혼자서? 대단해!"

사실 대단한 여행을 하고 있다고 한 번도 생각해본 적이 없는데, 사람들이 그렇게 말해줄 때마다 이게 새삼 대단한 여행인가 싶기도 하다. 별로 특별할 것 없는, 그냥 남들처럼 똑같이 여행을 다니며 맥주를 마실 뿐인데 말이다. 아저씨는 뭐 이런 애가 다 있지 하는 표정으로 계속해서 질문을 했다.

"왜 이렇게 여행을 하고 있는 거야? 그것도 한국에서 오다니!"

"저 맥주 여행 중이에요. 특히 미국 크래프트 맥주에 대해서 알고 싶었거든요."

"오 마이 갓. 크래프트 맥주 여행이라고? 나도 크래프트 맥주 광이야. 난 벤드에서 왔어! 데슈츠 브루어리가 시작된 곳이지! 종종 주말마다 차를 끌고 와서 라이딩을 하고 다시 돌아가. 오늘은 어디에서 머무니?"

"뉴포트에 있는 사우스 비치 주립 공원(South Beach State Park)에서요."

"그래? 나도 근처 바이크 샵에 차를 두었어. 거기 '로그 브루어리(Rogue Brewery)'가 있는데 맥주를 꼭 맛보길 바랄게. 아! 이름이 뭐야? 난 존(John)이야."

“전 승하에요. 그냥 Ha라고 불러주세요. HaHaHa!!!! 기억하기 쉬울 거예요!”

“그래 Ha!! 네 이야기는 내게 동기 부여가 되었어. 고마워. 행운을 빌어.”

그렇게 인사를 끝내고 다시 언덕을 오르는 듯하던 존 아저씨는 얼마 못 가 다시 되돌아왔다.

“Ha. 혹시 너만 괜찮다면 이야기를 더 나눠보고 싶어. 네 맥주 이야기가 궁금하거든. 나는 4시쯤 차를 타고 벤드로 돌아갈 건데 그 전에 뉴포트에 도착한다면 바이크 샵에서 만나자.”

그렇게 3시쯤 약속한 장소에서 다시 존 아저씨를 만났다. ‘맥주’라는 공통 관심사가 있었던 우린 야퀴나 베이교(Yaquina Bay Bridge)를 건너서 바로 왼쪽 편에 있는 ‘로그 에일즈 앤 스피리츠(Rogue Ales & Spirits)’로 향했다. 오늘 머물 주립 공원에서도 10분밖에 되지 않는 거리였으니 맥주를 마시고 캠핑장에서 하루 머물다 가기에 이만큼 최적의 장소도 없었다.

이곳의 규모는 상당했다. 브루어리뿐 아니라 펍, 레스토랑이 함께 운영되고 있었으니 말이다. 여길 찾는 손님들도 그 규모만큼 많았는데 아마 이 중의 절반은 나와 비슷한 여행자들로 보였다. 사람이 많은 탓에 우린 웨이팅을 걸어두고 굿즈가 진열된 곳에서 잠시 대기를 하고 있었다.

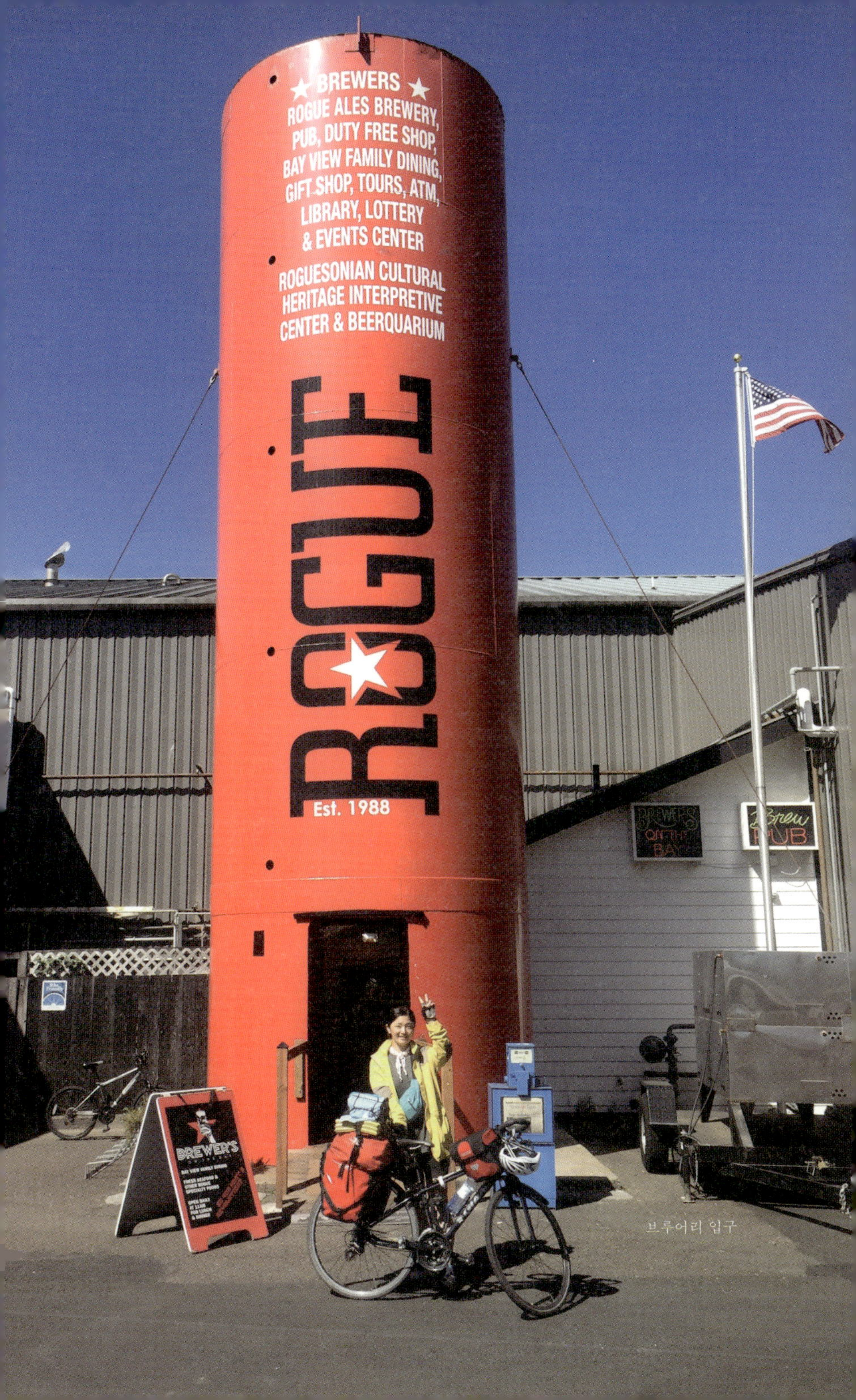
BREWERS
ROGUE ALES BREWERY,
PUB, DUTY FREE SHOP,
BAY VIEW FAMILY DINING,
GIFT SHOP, TOURS, ATM,
LIBRARY, LOTTERY
& EVENTS CENTER
ROGUESONIAN CULTURAL
HERITAGE INTERPRETIVE
CENTER & BEERQUARIUM
ROGUE
Est. 1988
BREWER'S ON THE BAY
Brew PUB
BREWER'S
브루어리 입구

다양한 전용잔들과 특이한 탭들까지. 잔뜩 사고 싶은 마음을 꾹꾹 눌러두고 둘러보고 있는데 존 아저씨가 카운터에 서있는 직원들에게 내 소개를 하기 시작했다.

"이 친구는 한국에서 왔어! 크래프트 맥주 여행을 하겠다고 말이야! 자전거를 타고 샌디에이고까지 간대. 믿기지 않아! 어떻게 이렇게 달릴 생각을 하지? 그녀는 미친 게 분명해!"

오히려 나보다 더 신이 나서 말을 하던 그였다.

자리에 앉은 후에도 마주치는 직원들마다 그렇게 내 소개를 했다. 나는 그 사소한 배려심이 참 고마웠다. 그만큼 나와의 인연을 소중하게, 또 내가 이 자리와, 이 사람들에 빨리 스며들 수 있도록 신경 써주는 듯한 기분이 들었기 때문이다. 그는 분명 타인을 배려할 줄 아는 사람이었다.

어제 먼저 이곳을 찾았다던 아저씨는 필스너를, 나는 샘플러 4잔을 주문했다. 선택한 맥주 중 '7 Hop IPA'가 가장 내 취향이었는데 브루어리의 농장인 '로그팜(Rogue Farm)' 윌래밋 강(Willamette River)이 흐르는 오리건주의 인디펜던스에 있는 로그 브루어리의 농장 에서 기르는 7개의 홉(Liberty, Newport, Revolution, Rebel, Independent, Freedom, Alluvial)을 섞어 만든 것이라고 한다. 여러 개의 홉이 들어간 만큼 맛이 복합적일 거라 생각했는데 그게 과하지 않고 아주 꽉 찬 느낌의 훌륭한 맛이었다.

브루어리 내부

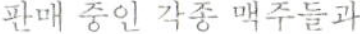
판매 중인 각종 맥주들과

스티커, 코스터들

그렇게 맥주와 함께 식사를 하며 내 얘기는 물론 존 아저씨 대한 이야기를 한참 동안 나누었다. 그는 집에서 홈브루잉도 직접 하고 맥주 축제도 많이 찾아다닌다고 했다. 곧 벤드에서도 맥주 축제가 열리는데 내게 기회만 된다면 초대하고 싶다고 했다. 경로상 다시 내륙으로 향하긴 어려웠기에 다음번에 찾아야겠다고 했더니 그는 내가 가는 길마다 들을만한 브루어리를 추천해주었다. 그리고 마지막으로 인사를 하며 말을 덧붙였다.

"Ha, 내가 너만큼 젊었다면 그렇게 맥주 여행을 다녀보고 싶어. 나는 자전거와 맥주 둘 다 좋아하지만 그렇게 떠나볼 생각은 하지 못했거든. 그래서 조만간 미국 횡단을 해볼 작정이야. 왕복이면 더 좋고. 너의 용기가, 그리고 너의 도전이 내겐 큰 자극제가 됐어. 고마워!"

펍 내부

샘플러 4종과 임페리얼 스타우트

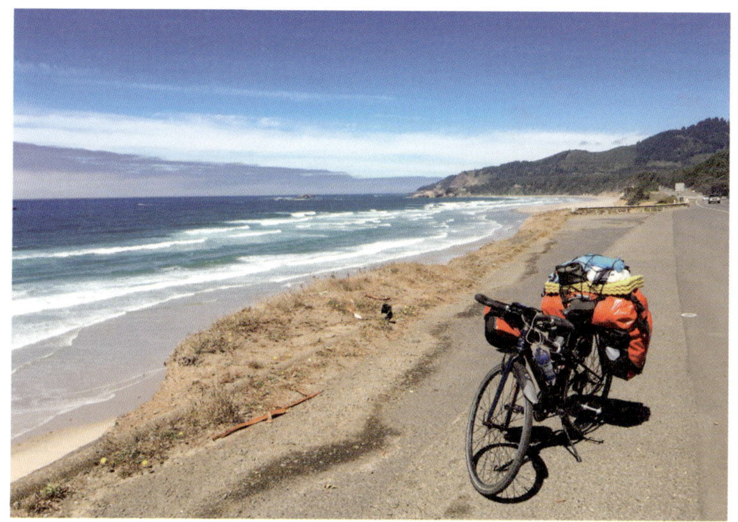

이렇게 잠시 멈추어 서는 순간들은, 다음을 향해 달릴 수 있는 계기가 되기도 한다.

그와 뜨거운 포옹을 하고 나니 나는 울컥 눈물이 차올랐다.

이 여행이 그에겐 새로운 도전을 향한 계기가 되었다라고 말해주어, 대단하지도 않았던 내 여행을 더욱 특별하게끔 여기게 해주었으니 말이다. 짧은 시간이었지만 나를 배려해준 그의 따뜻한 마음씨와 나와의 만남을 소중히 여겨준 그가 정말 고마웠다.

그리고 다시 출발해야 하는 것이 힘겨워 멈추어 서기를 주저하는 것보다 이런 순간들이 다음 목적지를 향해 더욱 힘껏 내달릴 수 있는 인연을 만나는 계기가 될 수 있음을 알게 해준 오늘의 풍경에 감사했다.

Rogue Farms 7 Hop IPA 로그 팜즈 7 홉 IPA

코끝을 후려치는 감귤, 망고와 같은 열대과일과 솔, 풀내음, 거기에 캐러멜 향이 적절하게 어우러졌다. 쌉싸름하면서도 달달한. 농장에서 길러낸 7가지 홉에 깃든 정성이 느껴지는 아주 화사한 느낌의 IPA였다.

▪도수 : 7.7% ▪스타일 : Imperial IPA ▪제조사 : Rogue Ales & Spirits

The Spoon(더 스푼)에서의 'HOPSMACK(홉스맥)'

뜻밖의 맛집 더 스푼(The Spoon)

페달을 멈춰 세웠다.

101번 도로를 달리는 중에 우연히 만난 랑글루아(Langlois)의 한 로컬 음식점 앞이었다. 도로만 계속되다 배가 고파질 때쯤 기막힌 타이밍에 떡하니 나타나준 음식점이다.

음식점의 이름은 굳이 간판을 보지 않아도 알 수 있었다. 멀리서부터 시선을 사로잡은, 오랜 때 묻은 숟가락 모양의 조형물이 떡하니 자리 잡고 있었으니 말이다. 거기에 작고 아담한 크기의 음식점 외형에 약간 허름한 저 느낌이 왠지 모르게 숨겨진 맛집일 거라는 것이 직감적으로 느껴졌다. 나는 자전거를 한쪽 벽에 기대어두고 가게 안으로 들어섰다.

내부는 특별할 게 없었다. 언젠가 한 번 온 듯한 기시감이 들게 하는 너무나도 평범하고 편안한 그런 공간이었다. 안에는 5개 정도의 테이블이 놓여있었고 난 그중 카운터가 보이는 방향의 자리에 앉았다.

카운터 뒤쪽에는 주방이 있었는데 그쪽에 선 두 명의 여성이 이 식당을 운영하는 듯했다. 젊은 아가씨는 바삐 요리를 하고 있었고 이 가게의 주인으로 보이는 아주머니께서는 카운터에서 메뉴판을 들고 내게 천천히 다가왔다. 질끈 묶은 파마머리에, 늘씬한 팔다리, 말하는 내내 잃지 않는 시원한 미소까지. 어쩐지 그녀의 성격을 짐작할 수 있었다.

"안녕? 주문하겠니?"

"음. 잠시만요..."

"어떤 걸 선택하든 우리 음식은 다 맛있어. 그건 내가 보장할게. 이건 비밀이지만 우린 신선한 로컬 재료들을 사용하고 있거든."

"아, 그럼 이 세트를 주문할게요."

"좋아. 마실 건?"

고민에 빠졌다. 라이딩 중 가급적이면 맥주를 마시지 말자 다짐했건만 이 목구멍이 타는 듯한 갈증은 탄산으로도 해결되지 않아 보였다. 목적지까지 남은 거리가 얼마 되지 않았고, 시간은 이제 막 1시를 넘었으니 길에서 쉬다 가다를 반복하다보면 어떻게든 되겠지 싶었다.

"혹시 맥주 있어요?"

"물론! 저기 냉장고에서 원하는 걸 집어와도 돼."

나는 앞에 놓인 냉장고 안을 들여다보자마자 깜짝 놀랐다. 그 가짓수가 많진 않았지만 이 작은 도시, 작은 음식점에서도 크래프트 맥주를 접할 수 있다니. 도시나 작은 시골마을 할 것 없이 속속들이 뻗은 유통망에 꽤나 신선한 충격을 받았다. 실제로 여행 중에 마트나 편의점은 물론, 이렇게 일반 로컬 음식점이나 카페에서도 손쉽게 크래프트 맥주를 찾을 수 있었다. 로컬 음식을 먹으며 로컬 낮맥이 가능하다는 것. 또 가끔은 이렇게 음식점에서 마시는 맥주가 그 브루어리와 가까워지고 있음을 알 수 있는 하나의 척도가 되기도 했다. 나는 나열된 맥주들 중에서 '홉스맥(Hopsmaek)'이라고 적힌 병맥주를 집어들었다.

"오, 나랑 취향이 비슷하구나. 그건 나도 좋아하는 맥주 중 하나란다."

아주머니는 곧 맥주를 따를 잔을 가져다주셨고 나는 맥주를 잔에 부으며 천천히 주위를 둘러봤다. 투박한 갈색 소파에, 나무 테이블. 그 사이 숟가락으로 꾸며진 시계, 곳곳에 붙여진 지도들, 여행지에서 가져온 듯한 돌까지. 평범하지만 곳곳에 소소한 볼거리들이 가득했다.

곧 음식이 나왔다. 달걀 프라이 2개에 해시 포테이토, 스테이크, 빵. 정말 지극히 평범한 미국 가정식 식사였다. 그럼에도 이토록 맛있게 느

가게 이름에 걸맞는 스푼 시계

실내를 장식한 액자와 포스터들

껴지는 건 신선한 재료 덕이었을까. 주방에 있는 저 아가씨의 멋진 요리 솜씨 덕이었을까. 아니면, 맥주 한 잔에 취기가 오른 탓일까. 다시 고개를 들어 주위를 천천히 둘러봤다.

막 문을 열고 들어오며 주방에 있는 아가씨에게 곧장 메뉴를 말하는 걸 보니 단골인듯한 아저씨, 내가 들어오기 전부터 앉아 식사를 하고는 이제 휴식을 취하고 있는 커플, 옆 테이블에서 천천히 핫도그를 먹으며 맥주를 마시고 있는 한 여행자, 거기에 자전거 헬멧을 올려두고 음식을 먹고 있는 나까지.

그 장소를 채운 어느 누구 하나 튀지 않고 조화로워 보였다.

101번 도로를 스쳐 지나갈 이름 모를 누군가에겐 길 위에서 만난 편안한 안식처로, 또 다른 이들에겐 늘상 찾는 동네 단골집으로, 누가 찾아도 제 옷을 입은 마냥 편안한 느낌을 주는 건 이런 로컬 음식점이 주는 매력일지도 모르겠다.

홉스맥과 맛있는 점심 식사

아마 가던 길을 다시 되돌아오지 않는 한 여행 중 이곳을 다시 찾을 일은 없겠지.

마치 오랜 단골집 같은 느낌이 들어 그냥 떠나기엔 아쉬워 여기 놓인 5개의 테이블이 꽉 차기 전까지 한참을 더 머물러 있었다.

Ps. 미국에선 술을 마시고 자전거를 타면 음주 운전으로 인정된답니다. 그러니 자전거를 탈 땐 음주를 금해주세요~

라면서 나는 음주운전을 밥 먹듯 했다고 한다. 죄송합니다. ㅠㅠ

HOPSMACK 홉스맥

주먹 모양의 로고와 이름에서 느껴지듯 열대과일과 시트러스 아로마가 펀치를 때린다. 망고, 오렌지, 자몽 맛이 느껴지며 가벼운 캐러멜로 홉을 살짝 묶어주기도 했다. 홉 러버들에겐 사랑을 받을 맥주!

■ 도수 : 6.4% ■ 스타일 : IPA ■ 제조사 : Cascade Lakes Brewing Company

쉬어가는 여행 이야기

… 마치 국경을 넘은 것처럼

안개가 자욱하게 내려앉으면 모든 것의 경계선이 사라진다.

사실 유럽을 달릴 때는 국경을 넘는 쾌감 같은 것이 있었다.

마치 어려운 퀘스트를 깬 것 마냥 '이곳을 지났어!'하는 그런 쾌감. 그리고 그 때마다 날아오는 외교부의 문자가 '그래, 넌 벨기에 국경을 넘었어!', '야, 체코까지 왔다잖아!'하며 엉덩이를 톡톡 쳐주는 듯했다.
그런데 미국엔 그러한 포인트가 없었다. 전보다 긴 호흡을 가지고 '저 끝에 있는 샌디에이고에 닿아야 모든 게 끝나는 거야!' 하는 어쩐지 막연한 느낌이다. 마치 안개가 자욱해 앞이 잘 보이지 않는 길을 무작정 달려가야 하는 오늘처럼 말이다.
분명 캘리포니아로 넘어가는 날인데 어젯밤 꿈자리가 사나웠던 탓인지 아침

경계선과 함께 시야도 금세 흐려진다.

부터 썩 기분이 좋지 않았다. 우중충한 날씨도 한몫했다. 미국 서부 해안의 아침은 늘 안개로 시작되지만 간밤에 비가 내린 탓에 유난히 더 짙게 내려앉았다. 마치 불투명한 앞날을 걱정하는 내 마음처럼.

그러다 보면 바로 앞에 그어진 도로 차선도, 날 줄곧 따라다녔던 아름답던 해안들도 잘 보이지 않는다. 내가 도로를 달리는 건지 허공을 달리는 건지 잠시 착각에 빠지기도 한다. 온 세상이 그저 뿌옇게 변해버려 최대한 밝은 옷을 꺼내 입고, 후미등을 켜두어야 한다. 헬멧은 더 꽉 조여 매고 장갑을 낀 양손으로 볼을 두어 번 정도 치고 나면 정신이 번쩍. 그리고 저 앞에 달려가는 자동차 후미등을 바라보며 이쯤이 쇼더겠지 하며 내 직감에 의존해 길을 달리기 시작한다.

보통 안개가 조금 걷히기 시작하면 페달에도 힘이 들어가는데 오늘은 어쩐지 영 기운이 나지 않는다. 결국 나는 어깨가 축 처진 몸을 끌어 근처 맥도널드에 멈춰 세웠다. 오리건주와 캘리포니아주 경계선을 10km쯤 남겨두었던 곳이었다. 따뜻한 커피를 받아 들고 테이블에 앉아 천천히 몸을 녹이고 있을 때였다.

많은 추억을 남겨준 오리건, 다시 또 만나.

"드르릉 -"

핸드폰이 울렸다.

"승하야, 괜찮아?"

분명 한국 시간으로는 새벽 2시쯤 되는 시간인데 한국에 있던 한 친구에게서 메시지가 왔다. 나는 흠칫 놀라 주위를 둘러봤다. 이 친구가 혹시 내 주위에서 지켜보고 있나 싶은 마음에.
다시 핸드폰 화면에 머물러 있는 그 문자를 봤다. 와이파이가 터져서가 아니라 정말 지금 날아온 문자였다. 분명 대수롭지 않은 말이었는데, 친구의 메시지를 다시 읽자마자 왈칵 눈물이 났다. '괜찮아?'라는 글자 너머로 '너 안 괜찮은 거 알아. 혼자서 많이 힘들겠다'라는 친구의 마음이 스며든 것 같았기 때문이다. 평소 같았으면 잘 해내고 있다고, 심지어 여긴 맥주 천국이라며 실컷 자랑을 했을 텐데 그날은 바로 나도 모르게 솔직한 심정을 털어놓았다.
'괜찮지 않다고. 힘들긴 정말 더럽게 힘들다고.'

그만큼 정신적으로 힘든 상황이었을지도 모르지만 여행을 하면서 조금씩 배워가고 있는 것 같다. 좋은 것도, 싫은 것도, 힘든 것도 내가 보고 느끼는 감정들에 좀 더 솔직해지는 방법을. 그러자 친구는 말을 이어갔다.

"지금 어디쯤인데?"
"오늘 캘리포니아주로 넘어가."
"벌써? 서두르지 말고, 천천히 해."

친구가 전해준 한 마디는 나를 잠시 멈춰 세웠다. 앞이 보이지 않는 곳을 무작정 달리는 나를 말이다. 서두르지 말고 천천히. 내 여행을 만드는 건 그 목적지에 도달하는 것이 아니라 그곳을 향해 달려가는 과정에서 일어나는 일들이라는 걸. 알면서도 자꾸만 잊어버린다.

매일같이 도로 위를 달렸지만 세계 각국의 차들과 어깨를 나란히 하며 달릴 수 있었고, 또 그렇게 달리는 중에 저마다 다양한 색깔과 향기를 가진 도시들을 만났고, 굽이진 언덕을 만났지만 캠핑장에서 만난 여행자들과 맥주가 날 기다리고 있었고, 또 이렇게 힘든 순간마다 머나먼 한국 땅에서 건너온 응원의 목소리들까지 내 여행을 더해주고 있다는 걸 말이다.

벗어둔 장갑을 다시 꼈다. 그리고 헬멧을 꽉 조여 매었다. 여전히 안개가 짙게 깔려 있었지만 이는 더 이상 중요치 않았다. 마치 이 안개는 다음 펼쳐질 무대를 위해 살포시 내려앉은 장막 같았다.

The Irish Way
ROOT Beer or STOUT FLOATS
CHEERS!

#3 캘리포니아의 맥주 21잔

'델 노터 포터(Del Norter Porter)'

그녀를 만난 건 크레센트 시티(Crescent City)의 한 교회였다.

캘리포니아주를 넘어서자마자 만난 크레센트 시티의 웜샤워 호스트 집에서 이틀간 머물게 되었다. 사실 호스트와는 첫날 30분 정도 인사를 나눈 것 말고는 거의 만날 수가 없었는데 대신 캐나다 토론토에서부터 여행을 시작한 다른 자전거 여행자와 동거동락을 하게 되었다.

그녀의 이름은 안젤라(Angela). 30대 중반의 안젤라는 내가 여행 중에 만난 첫 여성 여행자였다. 길 위에서 부부 여행자는 자주 마주쳤지만 혼자 떠나온 여성 여행자는 거의 찾아보기 어려웠다. 그래서인지 대화를 하는 내내 서로 통하는 부분이 많았다. 빨랫감을 해결하는 법, 화장실을 찾는 법, 심지어 안경을 껴서 얼굴이 그 모양대로 탄 것도 똑같았다. 우린 공통점을 찾아갈 때마다 박수를 치며 방이 떠나가라 웃었다.

하지만 그 많은 공통점 중에서도 통하지 않는 부분이 딱 한 가지 있었다.

나의 친구 안젤라

"세상에! 어떻게 맥주 여행을 할 수가 있어? 정말 미친 거야."

"아냐. 맛있는 맥주가 얼마나 많은데!"

"아니. 난 이해할 수가 없어! 난 술 자체를 좋아하지 않거든. 굳이 마셔야 한다면 사이더 정도?"

"사이더는 거의 음료수야!"

"오! 말도 안 돼!"

그녀는 내 취향을 믿을 수 없다고 했지만, 내심 내 여행이 궁금했나 보다. 내일 오후에 근처 브루어리를 찾아갈 것이라고 하니 본인도 함께 가겠다고 했다. 교회에서는 걸어서 30분 정도 되는 거리에 있던 '포트 오 파인츠 브루잉 컴퍼니(Port O'Pints Brewing Company)'라는 브루어리였다. 2015년 11월에 설립된, 오픈한 지 10개월도 채 안 된 따끈따끈한 브루어리다.

다음 날 2시 오픈 시간에 맞춘 탓인지 우리가 오늘의 첫 손님이었다.

포트 오파인츠 브루잉 컴퍼니

건물 외벽부터 실내까지 한참 사진을 찍고 있으니 안젤라도 호기심 어린 표정으로 카메라를 들어보였다. 뒤이어 한 여행자 부부도 들어왔다.

우린 바(Bar)에 자리를 잡았고 나는 6종의 샘플러 세트를, 안젤라는 '하드 사이더(Hard Cider)'를 주문했다. 탭은 자체 맥주와 게스트 맥주를 포함해 12종이 있었는데(지금은 14종으로 바뀌었다.) 나는 그중 '벨지안 윗(Belgian Wit)', '엠버(Amber)', '스타우트(Stout)', '허니 브라운(Honey Brown)', '라이드 서프(Ryed Surf)', '11 브라보(11 Bravo)'를 골랐다. 직원은 조타기 모양의 케이스에 샘플러를 담아주었고, 그 모양이 똑같이 그려진 코스터 위에 순서대로 맥주를 적어주었다. 샘플러를 받아 들고 함박웃음을 짓는 날 보고 안젤라는 믿을 수 없다는 듯 고개를 저었다. 그러고는 옆에 앉아있던 한 부부와 대화를 하면서 말했다.

"이 친구는 미국 자전거 여행 중인데 맥주를 찾아다닌데요! 그게 말이 돼요?"

그러자 두 부부는 물론 맥주를 따르고 있던 직원까지 동시에 대답했다.

"말이 되지!"

브루어리 내부

안젤라는 이곳이 브루어리란 걸 잠시 잊고 있었나 보다. 대답을 한 모두를 보며 믿을 수 없다는 표정을 지었지만 그녀를 제외한 모두가 그 순간 대동단결이었다. 역시 맥주 사랑은 뛰어난 결속력을 가진다. 난 든든한 지원군이 생긴 것마냥 흐뭇해졌다. 사이더를 마시던 그녀에게 나는 샘플러를 내밀었다. 그녀는 잠깐 머뭇거리더니 한 번 마셔보겠다고 했다. 그중 스타우트는 두어 번 마시더니 "음. 이건 맛있네"라고 했다.

어쩐지 곧 그녀와의 공통점이 하나 더 늘어날 것 같다.

샘플러 6종

맥주, 놓치지 않을 거예요!

Del Norter Porter 델 노터 포터

진한 초콜릿, 커피의 풍미와 크리미한 목 넘김이 좋았다. 단맛은 그리 강하지 않았고 군더더기 없이 깔끔했던 피니시. 포터를 그리 좋아하지 않는 나도, 안젤라도 좋아했던 맥주!

■ 도수 : 5% ■ 스타일 : American Porter ■ 제조사 : Port O'Pints Brewing Company

열일곱 번째 잔. It's not you!

'Angry Orchard Apple Ginger (앵그리 오차드 애플 진저)'

미국에서 술을 마시겠다면 신분증은 필수다. 설령 그가 백발 노인이라 하더라도. 식료품점이든, 편의점이든, 브루어리든 술을 살 때마다 신분증을 보여줘야 한다. 난 여행 중 맥주를 언제 마실지 몰랐으니 여권은 늘 필수품이었다.

안젤라와 식사에 곁들일 술을 사기 위해 근처 마트로 향했다. 길을 걸어가는 중에 그녀가 말했다.

"나 여행을 하면서 피부가 엄청 탔어."
"나도 그래!"

새카만 피부는 자전거를 좀 탄다 하는 사람이라면 누구나 얻는 훈장일 것이다. 우린 길 한복판에 서서 서로 탄 피부를 보여주며 누가누가 많이 탔나를 자랑하기 시작했다. 그러다 내가 반바지를 살짝 걷어 허벅지의 경계선을 보여주자 안젤라는 웃음이 빵– 터졌다.

"세상에!!!! Ha. 이건 너무 심해!!!!"

사실 안젤라에게 보여주기 전까진 나도 그렇게까지 피부가 탄 줄은 몰랐다. 약간 그을린 정도겠지 했는데 흑과 백의 경계선이 아주 심했다. 시애틀에서부터 익어온 피부가 한 번은 심하게 벗겨지더니 이제는 점점 검게 변하고 있었던 것이다. 남부로 내려갈수록 기온이 더 높아질 텐데 이거 큰일이다. 안젤라는 여행이 끝나면 괜찮아질 거라 날 위로했고 나도 당연히 그리 될 거라 믿으며 마트 안으로 들어섰다.

오늘 저녁은 특별히 그녀가 좋아하는 사이더를 마시기로 했다. 그중에서 '앵그리 오차드 애플 진저(Angry Orchard Apple Ginger)'를 집었다. 카운터에 사이더를 내려놓자 직원은 신분증을 요구했다. 나는 늘 하던 대로 가방에서 여권을 꺼내 직원에게 보여줬다. 이제 바로 "오케이"가 나와야 할 타이밍인데 직원이 한참 동안 사진을 들여다본다. 그러더니 다시 내 얼굴과 여권 속 사진을 번갈아 보더니 말했다.

"It's not you!네가 아닌 것 같다"

그 말에 놀란 안젤라가 내 여권 사진을 보더니 또 웃음이 터졌다.

"맙소사! 이건 거짓말이야! 한국 여자들의 화장 실력은 대단해!!"

나는 안경 때문이라며 벗어 보였지만 직원은 한참을 웃으며 고개를 절레절레 흔들었다. 난 여권에 적힌 주소를 읊으며 내가 맞다고 외쳐보아도 직원은 이 말을 반복할 뿐이었다. "It's not you, It's not you...이건 네가 아닌 거 같아" 피부가 검게 그을린 탓도 있을 거고, 화장을 안 한 탓도 있을 테지. 나는 하는 수 없이 변명 아닌 변명을 했다.

"자전거 여행과 맥주가 날 이렇게 만들었다니까요. 하하."

줄지어 선 손님 탓에 하는 수 없이 직원의 인정(?)을 받았지만, 기분이 영 개운치 않았다. '내 얼굴이 그렇게 많이 변했던가. 설마 이 얼굴로 영영 살아야 하는 건가' 하고.

교회로 돌아가는 내내 안젤라가 직원의 말을 반복하며 나를 놀려댔지만 나는 나름 심각했다. 앞으로 더 자전거를 타고 더 맥주를 마셔야 할 텐데... 아마도 이번 여행의 타이틀은 맥주를 찾는 여행이 아니라 '못생김의 끝을 찾아서'로 바뀔지도 모르겠다.

Ps. 한국에서 입국심사를 하던 날, 몇 번이고 같은 질문을 받았습니다. "에이, 정말 당신이 맞아요?"라고. 그 이후로 검게 그을린 이 피부는 영영 회복되지 못했다고 합니다.

Angry Orchard Apple Ginger

앵그리 오차드 애플 진저

앵그리 오차드 애플 진저는 이제껏 마셔온 달달하거나, 시큼한 사이더와 달리 새콤달콤한 사과 맛에 아주 미미한 생강 향이 균형을 이뤘다.

생강이 과하기보다 한 방울 톡하고 풍미를 살려준 느낌.

하지만 가벼운 목 넘김으로 술술 넘기다간 훅 취해버리고 말지도 모른다.

▪도수 : 5% ▪스타일 : Cider

▪제조사 : Boston Beer Company

조금씩 늘려보는 마음의 크기

18년 전쯤이었나.

초등학교 여름방학 때 부모님께서 나를 시골 외할머니 댁으로 보냈었다. 부모님도 없이 온전히 혼자 외할머니, 사촌들과 함께 일주일을 보내야 했는데 그때의 나는 시골 생활이 참 무서웠다. 소똥 냄새며, 내 다리를 기어 다니는 듣도 보도 못한 벌레들이며. 특히 외할머니가 밤새도록 틀어 놓은 라디오에서 흘러나오는 목탁 두드리는 소리는 탁탁탁 – 박자에 맞춰 그 공포감을 더해주었다. 그래서 새벽에 자다 말고 깨서는 집에 가고 싶다고 밤새도록 울며 떼를 썼었다. 지금 생각하면 외할머니께 참으로 죄송스럽다. 이토록 철없는 꼬마 아이였다니. 하지만 그때의 나는 정말 그 상황이 무섭고 싫었다.

그런데 지금 바로 내 눈 앞에, 유레카(Eureka)에서 3일 동안 지내야 하는 이곳에서, 그때보다 더 심한 일들이 일어나고 있었다.

유레카의 웜샤워 호스트 알버트(Albert)에 대한 피드백Feedback. 웜샤워 호스트-게스트에게 긍정/부정 등의 피드백을 나눈다. 다른 이용자들은 이를 보고 서로에게 연락을 취하므로 굉장히 중요하다고 할 수 있다에서는 농장에 캠핑할 공간이 있었고, 샤워 시설은 물론 화장실까지 갖춰져있다고 했다.

그 글을 읽고 나는 상상했다. 캠핑장의 샤워장처럼은 아니더라도 컨테이너 박스에 작은 호스가 연결되어있는 것은 아닐까 하고. 그 피드백의 마지막에는 이런 말이 덧붙여져 있었다. “화장실에서 향기로운 초콜릿 냄새가 나요!” 그렇게 내가 상상한 컨테이너 박스에서는 화장실에 초콜릿 향기까지 나기 시작했다.

결론부터 말하자면 내가 직접 본 화장실과 샤워 시설은 충격이었다.

두 가지 의미인데, 첫 번째는 난생처음 보는 비주얼이라는 데서 오는 충격이었고, 또 다른 하나는 이렇게까지 방문할 게스트를 위해 노력을 기울인 이들에 대한 충격이었다.

‘충격’인 그 비주얼은 이랬다.

산중턱에서 불도 안 켜지는 푸세식 화장실이 있었고, 샤워장은 사방팔방이 훤히 내려다 보였다. 아마 다른 이들은 밖에서 얼굴만 동동 떠다니는 내 얼굴을 볼 수 있었을 거다.

레드우드 샤워장

호스트인 알버트가 천천히 사용법을 설명해줄 땐 내가 여길 쓸 수 있을까? 아냐. 차라리 안 씻고 말지, 화장실 며칠 동안 참고 말지 했다. 그런데 마지막 말이 내겐 꽤나 큰 울림을 주었다.

그의 말을 요약하자면 이렇다. 그는 집에 공간이 부족하지만 좀 더 많은 웜샤워 게스트들을 초대해 그들에게 쉬어갈 공간을 만들어주고 싶었다고 한다. 그래서 농장 한 켠에 텐트를 칠 수 있게 하고, 레드우드를 직접 톱질하고 다듬어 화장실과 샤워 시설을 만들었다고. 말 그대로 진짜 웜샤워를 제공하기 위해 가스까지 끌어다가 뜨거운 물이 콸콸 나오는 샤워장을 만든 것이다.

불현듯 그런 생각이 들었다. 내가 그였다면, 내가 그의 아내였다면, 이런 생각을 할 시도조차 했었을까.

'나누어라', '베풀어라'

어릴 때부터 도덕 교과서에서 주구장창 들어온 두 단어였지만 내 앞가림하기도 바쁘게 살아가면서 무뎌진 게 사실이었다. 그런데 그들은 이토록 부족한 여건임에도 그 둘을 행하고 있었다. 그런 걸 보면 나눔은 여유의 문제이기보다 마음가짐의 문제가 맞다. 아직 내 마음의 그릇은 간장 종지만도 못한 것일 테지.

하루를 고단하게 보낸 자전거 여행자들이 좀 더 따뜻한 물에서 샤워를 하고, 하루쯤 편히 쉬어갈 수 있는 공간을 만들어주고 싶다는 마음. 그 마음이 산속에라도 샤워 시설을 만들고 푸세식이라도 화장실을 만들 수 있도록 했다. 거기에 카카오로 화장실을 채우는, 낭만까지 더했으니 말이다.

이틀째가 되는 아침엔 샤워를 하겠다고 가스 밸브를 돌리고 뜨거운 물을 트는데 나도 모르게 피식 웃음이 났다. 레드우드 샤워장 사이로 증기가 한가득 피어오르는데 마치 전래동화 속 산신령이라도 된 기분이었다. 나는 노래를 흥얼거리며 생각했다.

그래, 내가 언제 레드우드 샤워장에서 아침 햇살을 맞으며 샤워를 해보겠어. 내가 언제 또 산속에서 하늘을 바라보며 샤워를 해보겠어. 괜스레 내가 늘 이질감을 느꼈던 '자연'이라는 것의 일부가 된 듯한 느낌이 들었다.

18년 전의 상황보다 더한 환경에서 조금씩 적응해가는 나를 보면서 나이가 들어서 겁이 없어졌나 싶기도 하고, 이런 생활에 매력을 느끼고

농장 한 켠에 텐트를 치고

텐트 안으로 들어오는 햇살을 맞으며 눈을 뜬다.

그러곤 농장 부엌에서

있나 싶기도 하다.

어쩌면 그들처럼 조금씩 마음의 크기를 늘려보고 있는지도 모르겠다. 베푸는 마음도, 있는 그대로 받아들이는 마음도, 조금씩.

그날 저녁엔 밥을 먹고 있는 내게 알버트의 친구가 와서는 '밀러(Miller)' 2병을 건네주었다. 내 이야기를 듣고 생각이 나서 맥주를 사왔다며 말이다. 맥주를 그렇게나 마시면 밤새도록 화장실을 가야할 것이 분명하지만 나는 생각했다.

'오늘 밤은 초콜릿 향기가 나는 화장실을 두 번이나 갈 수 있겠군.'

호스트가 건네준 갓 따낸 신선한 채소들과 맥주 한 병은 저녁 만찬을 위한 좋은 재료가 된다.

Miller 밀러

굉장히 전형적인 미국식 라거다.
청량하고 깔끔한 맛에 가벼운 목 넘김으로
어디서든 편하게 즐기기 쉬운 맥주다.

■ **도수** : 4.6% ■ **스타일** : Pale Lager ■ **제조사** : Miller Brewing Company

열아홉 번째 잔. 그녀의 얼굴

'Apricot Wheat(아프리콧 윗)'과 'Watermelon Wheat(워터멜론 윗)' 반반

분홍색과 금발이 어우러진 몽환적인 머리카락 탓이었을까.

미소에 도드라진 덧니 탓이었을까.

이곳 '로스트 코스트 브루어리(Lost Cost Brewing)' 로비에서 처음 만난 순간부터 그녀에게서는 알 수 없는 아우라가 뿜어져 나왔다. 어딘가 모르게 발랄하고 에너지가 넘치는 게 '난 이 일이 정말 행복하고 즐거워요' 하는 표정이랄까? 다수의 브루어리를 다니면서 이런 느낌이 전해진 건 처음이었다.

12시 투어를 예약해두었기에 10분 정도 여유 시간이 있었다. 그 사이에 그녀는 맥주를 마셔보자며 나를 테이스팅 룸으로 데려갔다. 그곳에는 20여 가지의 다양한 맥주 탭이 꽂혀있었다.

오늘 인디카의 첫 손님이네요.

맥주도 코스터도 마음껏

"자! 원하는 맥주를 맘껏 골라보세요!"

그녀의 눈은 반짝이고 있었다. 나도 그 기운을 받아 눈을 크게 뜨고 맥주를 하나씩 고르기 시작했다. 그녀 역시 제 맥주를 고르는 양 진지하게 몇 가지를 추천해주었다. 첫 맥주는 가장 익숙했던 '인디카 IPA(Indica IPA)'. 쌉싸름하지만 부드럽게 넘어가는 그 맛이 역시나 일품이다. 그리고 뒤이어 하나씩 맥주를 선택했다. 이곳은 그녀처럼 통통 튀는 매력을 가진 과일 맛이 나는 맥주가 많은데 그중에서도 인상적이었던 건 '아프리콧 윗(Apricot Wheat)'과 '워터멜론 윗(Watermelon Wheat)'을 반반 섞은 맥주였다.

보통 맥주를 섞는 건 만드는 이에 대한 예의가 아니라곤 하지만 그녀 말로는 종종 이렇게 섞어 셔벗처럼 얼려 먹으면 그 맛이 기가 막히다고 말했다. 살구와 수박의 조합이라. 아, 그러고 보니 그녀의 머리 색깔도 이와 비슷하다. 잔을 쭉 들이켠 나는 소리를 질렀다.

현대식 양조 시설을 갖춘 브루어리

공급하는 물량도 많다.

"대박. 진짜 아이스크림이에요!"

평소 같았으면 내가 질색하는 맛이지만 정말 과일 아이스크림 맛이었다. 수박 아이스크림에 살구를 살짝 섞은 느낌이랄까. 뭔가 오묘한 게 자꾸 생각나는 맛이다. 그녀는 그 반응이 재밌다는 듯 다른 맥주를 하나둘 더 추천해주기 시작했다. 그렇게 두 잔 정도를 더 마셨을까. 어느새 투어 시간이 되었다.

나를 제외하곤 투어를 하러 모여든 사람이 없었다. 이 타임에 투어를 신청한 사람은 오직 나뿐이었던 것. 세상에, 일대일 투어라니! 내가 신청하지 않았다면 그녀는 한 시간은 푹 쉴 수 있었을 텐데. 괜히 번거로운 일 한다는 생각에 미안해진다.

그럼에도 그녀는 맥주 여행 온 내게 오히려 잘 됐다는 듯 굉장히 성심

그녀의 유쾌했던 홉 설명

다양한 브루어리 굿즈들

성의껏 신나고 유쾌한 투어를 진행해줬다. 사용하는 몰트 소개부터 숙성 탱크, 연구실까지. 건물 전체를 돌아다니며 마치 춤을 추고 있는 게 아닌가 싶을 정도로 신나게 말이다. 문을 열고 2층으로 올라가던 중 나는 그녀에게 말했다.

"덕분에 투어가 너무 재밌네요."

"하하하. 그렇다면 정말 다행이에요. 저도 이렇게 혼자 브루어리 투어를 하러 왔다가 이곳에 빠지고 말았죠. 그때 이후로 이곳에서 일하겠다고 다짐했어요. 아직도 그때의 경험을 잊을 수가 없어요! 그리고 이 일은 제가 느낀 이 브루어리의 매력을 직접 알려줄 수 있는 일이잖아요! 그런 면에서 오늘 투어는 성공적인 것 같네요."

가끔 사람들은 말한다. 그 일을 좋아해서 하고 있는 사람이 얼마나 되겠냐고. 딱히 좋아하지 않아도 좋은 성과를 낼 수 있다고 말이다. 하지만 진정 그 일을 좋아해서 달려가는 이는 그 에너지가 주변 사람들까지 물들게 하는 것 같다. 여기 로스트 코스트 브루어리의 직원처럼 말이다. 이는 필히 맥주 때문만은 아니었다. 이곳을 이끌어가는 '사람'. 사람의 역할이 컸다.

여행을 하면서 점점 드는 생각이다. 맥주의 맛도 맛이지만 '직원'의 역할이 굉장히 중요하다는 것. 판단할 기준이 아무것도 없는 상태에서 그 브루어리의 인상을 좌우할 수 있는 시작점이 되니 말이다(뭐, 이건 다수의 브랜드에 해당되는 사항이겠지만).

그런 면에서 그녀는 제 역할, 아니 그 이상을 했다. 말이며 행동이며 그 모든 것이 이 브루어리에 대한 점수를 한없이 높여주었으니 말이다. 그런 마음가짐을 갖고 일하는 직원이 있는 곳이라면 다 둘러보지 않아도 이 브루어리의 매력을 충분히 알 것 같았다.

어쩐지 로스트 코스트 브루어리를 볼 때마다 그녀의 얼굴이 떠오를 듯하다.

너 참 마음에 든다.

고마웠어. 로스트 코스트

그녀가 건물에서 몰래 따다준 홉 선물까지도

SHARKINATOR
WHITE IPA
$20.00
SHARKINATOR
WHITE IPA
WATERMELON
WHEAT
LOST COAST BREWER
INDICA
Lost Coast Brewery
Tangerine
R.I.P.
I TOLD YOU I
WAS SICK
GRAVEYARD
SERIES
PALE ALE
TAP HANDLES
$70.00

Apricot Wheat & Watermelon Wheat 아프리콧 윗 앤 워터멜론 윗

생각보다 단맛이 강하진 않다.

살구 맛이 제법 진하고, 상큼해서 굉장히 드링커블했던 맥주. 이를 마시자마자 수박바를 떠올렸다. 다소 인공적인 수박 향이 강했지만 홉이나 맥아가 두드러지는 않는 가볍게 마실 수 있었던 맥주.

이 둘을 합친다면? 하하. 살구 샤벳과 수박바를 섞은 듯한 오묘하면서도 매력적인 맛이 난다.

■ 도수 : 5% ■ 스타일 : American Pale Wheat Ale & Fruit / Vegetable Beer

■ 제조사 : Lost Coast Brewery

쉬어가는 여행 이야기

… 1 vs 101, 선택의 갈림길에서

선택의 갈림길

살아가면서는 매 순간 선택의 갈림길에 선다.

여행 중에도 마찬가지였다.

여기서 멈추어 설지, 다음 도시에 멈추어 설지,

이곳에서 밥을 먹을지 다른 식당에서 밥을 먹을지.

어느 한쪽을 포기해야 한다는 건 참 어려운 일이지만
언제 다시 올지도 모르는 이 여행지에서 선택하는 방향에 따라 만나는 인연이 달라지고, 여행의 색깔이 달라지기도 한다. 그러면 사람들은 이렇게 말한다.

"우선순위를 세워서 덜 후회하는 쪽으로 가."

글쎄, 이 길이 덜 후회하는 쪽일지는 가보지 않고서야 모를 일이지만 그런 면에서 난 남들보다 고민의 시간도 포기하는 시간도 조금 짧았던 것 같다. 내가 루트를 선택하고, 쉬어가는 포인트를 정하는 기준의 1순위는 늘 '맥주'였으니 말이다.
분명 놓친 부분도 많았지만 그게 땅을 치고 후회할 정도로 아쉽지는 않았다.
그런데 이번엔 그 쉬운 잣대 '맥주'로도 결론이 나지 않았다.

두 갈래였다. HWY1이냐 HWY101이냐. 레깃(Leggett)에서 샌프란시스코까지 약 300km에 해당하는 거리에 자전거를 올릴 도로를 선택해야 했다.

이 길에는 각기 장단점이 있었다.

1번 국도는 굴곡이 조금 심하지만 아름다운 해변을 마주할 수 있고,
101번 국도는 그런 자연경관은 볼 수 없고 교통량이 많은 편이지만, 굴곡이 심하지 않은 편이고.
일반적으로는 1번 국도를 선택하지만 내게는 양쪽 다 놓치고 싶지 않은 브루

어리들이 있었다.

'올드 라스푸틴(Old Lasputin)'을 생맥주로 마실 수 있는 1번 국도의 '노스 코스트 브루어리(North Coast Brewery)'와 101번 국도의 '러시안 리버(Russian River)', '라구니타스(Lagunitas).'
한참 머리를 움켜쥐고 고민을 해봐도 이 모두가 놓치기는 아까운 맥주들이었다. 자동차라도 있었으면 이런 고민도 안 했을 텐데. 나도 모르게 자전거를 한번 째려본다.

또 한편으론 그런 생각도 든다. 자전거를 선택했으니 이런 고민도 다 해보겠다고. 그래, 뭐든 둘 다 가지기는 힘들어. 큰 걸 쥐려면 손에 쥐고 있는 다른 걸 놓을 줄도 알아야지. 나는 결국 좀 더 많은 브루어리를 접할 수 있는 쪽을 선택했다. 맥주 마시면서 행복하게 웃고 있을 내 모습이 더 많은 쪽을 말이다. 그렇게 마음속으로 정해둔 길은 101번 국도가 되었고 그 루트에 위치한 웜샤워 호스트들에게 메시지를 뿌려놓고 내일 루트를 체크하고 있었다.
때마침 힐즈버그에 살고 있는 웜샤워 호스트에게서 메일이 왔다.

『Ha! HWY101을 따라오는 거야? 그러지 말고 HWY1을 따라 달려. 거기엔 놓치기 아까운 풍경들이 많거든. 그렇게 1번 국도를 따라 달리다가 제너쯤 도착하면 우리에게 말해줘. 차를 타고 데리러 갈게!』

누군가 날 위해 기도라도 하는 걸까.

인생사 늘 둘 중에 하나를 포기해야 한다고 생각했는데,

가끔은 이렇게 기적 같은 일이 일어나기도 한다.

심각하게 고민했던 시간들에 괜히 웃음이 나면서 확신이 들었다.

하나를 놓쳐야 하는 순간이 찾아와도

내가 선택한 길에는 늘 새로운 행운이 따를지도 모르겠다고.

이번에는

1 vs 101이 아니라

1 and 101이라는 행운이 따르고 있었다.

스무 번째 잔. 죽지 않아, 나는 죽지 않아

'Old Rasputin(올드 라스푸틴)'

젠장, 이 오르막은 언제 끝이 나는 거냐고!

레깃(Leggett)을 지나자마자 2000ft(피트, 약 600m)가 되는 산을 만났다. 꼬불꼬불 구렁이 같이 올라가는 2차선 도로에 사정없이 내리쬐는 뜨거운 태양까지. 도로를 질주하는 바이크 족들은 날 비웃는 듯 엔진 소리를 뿜뿜 뿜어내며 여유롭게 올라간다. 나중에 돌아서고 나면 언제 그랬냐는 듯 이 순간을 코웃음 치겠지만 힘든 순간에는 내가 세상에서 제일 힘든 것 같고 그 고통의 끝도 보이지 않는다. 사실 이 산을 피할 수 있었지만 넘고자 한 건 내 의지였다. HWY1에 있는 브루어리로 가기 위해서는 꼭 넘어야 하는 관문이었으니 말이다.

트리니다드(Trinidad) 웜샤워 호스트 집에서였다. 내가 그 집을 방문하던 날 뉴욕에서 맥주 교육을 하고 있다는 호스트의 친구가 때마침 놀러 왔는데, 그의 손에 쥐어진 맥주 한 병이 내 다음 루트를 바꾸어놓았다.

자, 내 이야기를 들어봐.

이는 바로 '노스 코스트 브루어리(North Coast Brewery)'의 '올드 라스푸틴(Old Lasputin)'이었다.

올드 라스푸틴의 이름은 러시아 로마노프 왕조를 몰락시킨 요승 '라스푸틴(Lasputin)'에서 따온 것인데, 그에 대해 한창 연설을 해주던 뉴욕 친구는 라벨에 적힌 문구를 가리키며 말했다.

"Never say die 결코 죽지 않는다(죽는 소리하지마. 혹은 포기하지마). 이는 그의 죽음과도 관련되어있어."

그의 말로는 라스푸틴은 황제의 총애를 등에 업고 비리와 사치가 심했기 때문에 신하들이 그를 암살하려고 갖은 방법을 동원했는데 독극물로도, 총을 맞아도 죽지 않았다는 것이다. 결국 강물에 빠져 익사로

생을 마감했지만 어쨌거나 그 사건은 여전히 미스터리하다는 것. 그 이야기처럼 이 맥주 '올드 라스푸틴'도 죽지 않는다는 것이다. 그 말은 포괄적으로 그만큼 맛있다는 의미를 품고 있을 테고.

"Ha. 1번 국도에서 이 브루어리를 만나면 꼭 다시 드래프트를 마셔봐."

나는 고개를 끄덕였다. 생각지도 않았던 HWY1을 루트의 목록에 올려둔 순간이었다.

불굴의 의지를 가지고 끝이 보이지 않는 오르막을 꾸역꾸역. 평소 같았으면 환호했을 내리막길도 칼에 베어버리는 듯한 차고 날카로운 바람과, 귀를 긁는 수십 번의 드래프트로 겨우 겨우 넘어왔다. 캠핑장에 도착한 순간 여기까지 살아 도착한 게 천운이라는 생각만 들었다.

포트 브래그(Fort Bragg)에 있는 맥커리처 주립 공원(Mackerricher State Park) 캠핑장에 모여든 자전거 여행자들도 온종일 오르막과 싸우고 온 탓인지 유난히 피곤해 보였다. 나 역시 샤워를 하고 곧장 쉬고 싶었지만 여전히 할 일이 남아있었다. 그때 익숙한 목소리가 날 불러 세웠다.

"Ha?"

크레센트 시티에서 만났던 안젤라였다. 그리고 오리건주 캠핑장에서 종종 만났던 영국 남자 2명도 함께 있었는데 그들과는 다른 캠핑장에서 만나 여기까지 함께 왔다고 전했다. 오늘 달린 길은 너무 험했다는 말도 덧붙이면서.

"오늘은 푹 쉬어야 할 것 같아. 너무 피곤해."

"정말 끔찍한 업힐이었어. 안젤라 좀 쉬고 있어. 저녁에 못다한 이야기를 하자고!"

"Ha. 어디 가는 거야? 설마, 맥주를 마시러 가는 건 아니겠지? 오우, 미쳤어! 엉덩이가 남아나지 않을 거야!"

그 말은 사실이었다. 엉덩이는 이미 산산조각 난 기분이었으니까. 하

노스 코스트 브루잉 컴퍼니

다음번엔 이 판을 꼭 다 채우리라.

지만 저 높은 산을 넘고, 여기까지 달려온 단 하나의 이유. 노스 코스트를 찾아갈 때까진 페달질을 멈출 수가 없었다. 죽지 않고 계속 살아난 라스푸틴처럼 난 다시금 안장에 올라탔다. 이건 아마도 아니, 분명 맥주의 힘이겠지.

늦은 시간이라 브루어리는 일찌감치 문을 닫았고 그 맞은편에 있던 탭 룸을 찾았다. 그 안은 사람이 넘쳐났는데 직원들은 밀려드는 주문을 쳐내느라 웃음을 가질 여유도 없어 보였다. 힘들게 여기까지 왔는데 다소 퉁명스러운 그들의 태도가 실망스럽긴 했지만 맥주라도 맛있길 바라며 샘플러를 주문했다.

거 봐, 나는 죽지 않아.

직원은 주문을 받고 로고가 적힌 동그란 모양의 종이 받침대를 앞에 깔아주었다. 그리고 눈앞에서 바로 맥주를 따라 샘플러 잔을 그 로고 위에 탁-탁- 올려주었다. '르멀(Le Merle)', '에크미 IPA(Acme IPA)', '올드 스탁 에일(Old Stock Ale)', '올드 라스푸틴(Old Rasputin)'까지. 잔이 하나씩 놓일 때마다 퍼즐 맞추기를 하는 것처럼 다시 기분이 좋아지는 게 이거 꽤나 신선하고 괜찮은 방법이다.

3잔을 천천히 비우고 마지막 잔으로 선택한 올드 라스푸틴. 진득하고 묵직한 게, 크- 그제야 뭔갈 제대로 끝낸 듯한 기분에 온몸에 힘이 쭉 빠졌다. 때마침 내 눈앞에 있던 탭 속 라스푸틴의 모습이 눈에 띄었다.

그는 "거봐, 죽지 않고 달려올만하지?"라며, 거만하게 묻고 있었다.

Old Rasputin 올드 라스푸틴

짙은 흑갈색 빛이 담긴 잔에서는 진한 에스프레소와, 캐러멜 향이 풍겼다. 높은 도수에 찐득하고 쌉싸름한 그 맛이 마치 초콜릿 폭포가 온몸을 휘감듯 부드럽게 넘어갔다.

■ 도수 : 9% ■ 스타일 : Imperial Stout ■ 제조사 : North Coast Brewery

NORTH COAST BREWING CO.
OLD RASPUT
OLD RASPUTIN
RUSSIAN IMPERIAL STOUT
СЕРДЕЧНЫЙ ДРУГ НЕ РОДИТСЯ ВДРУГ
NORTH COAST BREWING CO.

'Pliny the Elder(플라이니 디 엘더)'

일찍이 개장 시간에 맞춰 산타로자(Santa Rosa)의 한 브루어리를 찾았다. 이는 어느 순간부터 자리 잡은 습관이다. 보통 브루어리들은 오전 11시, 늦어도 1시쯤엔 문을 여는데 갓 문을 연 브루어리의 한적한 공기에 나 홀로 테이블에 앉아 천천히 맥주를 마시는 것. 온기가 채워지지 않은 그 차가운 공기가 제법 운치있다.

그 한적함을 상상하며 11시를 조금 넘어 들어선 이곳은 180도 다른 모습이었다. 브루어리 안은 이미 북적북적. 맥주를 마시겠다고 앉아있는 사람들을 보고 있자니 그들이 새삼 부지런하다 싶다(누가 누구한테 할 소리?).

이곳은 캘리포니아의 600개가 넘는 브루어리 중 많은 이들에게 최고의 브루어리로 칭송받는 곳이자 지인들도 하나같이 '강추!', '별 다섯 개!'를 외쳐대던 '러시안 리버 브루잉 컴퍼니(Russian River Brewing Company)'다. 와인 생산지로도 유명한 소노마 밸리(Sonoma Valley)에 위치해있는데 다양한

러시안 리버 브루잉 컴퍼니

샘플러는 왼쪽, 오른쪽, 아님 둘 다

브루어리들이 모여있는 곳이기도 하다.

이곳의 샘플러 트레이에는 18종의 맥주를 담을 수 있는데 누군가가 이걸 시도하다 음식 메뉴를 3개나 시켜야했다는 말에 이 도전은 잠시 접어두기로 했다. 대신 반쪽짜리라면 괜찮지 않을까?

직원은 칠판을 가리키며 왼쪽과 오른쪽 중에 고르라고 했고 나는 그 중 '플라이니 디 엘더(Pliny the Elder)'가 있는 왼쪽 편의 샘플러를 맛보기로 했다. 요즘은 그 열기가 조금 식은 감이 없지 않아 있지만 러시안 리버의 최고 맥주 중 하나이자, 맥주 평가 사이트에서 오랜 명성을 유지해오는 맥주 중 하나이다.

사실 음식 맛은 좀 아쉬웠지만 맥주는 그 명성답게 전체적으로 평균

반쪽짜리 샘플러와 햄버거

그라울러를 주세요.

이상이었다. 아까워서가 아니라 정말 맛있어서 잔을 다 비워냈으니 말이다. 다음에 친구랑 찾는다면 샘플러를 한 판을 해치우겠다며 일찌감치 자리를 일어섰다.

러시안 리버의 밤은 낮 풍경과는 또 사뭇 다르다. 그렇게 자리를 떠난지 얼마 되지 않아 저녁 쯤 다시 이곳을 찾았을 땐 낮과는 또 다른 매력을 뿜어내고 있었다.

오늘 이곳을 함께한 건 웜샤워 호스트 매튜(Matthew) 아저씨였다. 그는 굉장히 유쾌한 동네 아저씨이자 삼촌같았는데 오랜 시간 와이너리에서 와인을 만드는 일을 했었고, 맥주도 이와 비슷한 점이 많아 즐겨 마신다고 했다. 특히나 러시안 리버는 최고로 손꼽는다고. 내가 오전에 먼저 다녀왔는데 너무 좋았다고 하니 여긴 질리지 않을 곳이라며 매튜 아저씨가 다시 나를 이끌고 온 것이다.

러시안 리버 안은 혼자 맥주를 마시러 온 사람보다 삼삼오오 친구들과 모여든 사람들이 많아졌다. 우린 플라이니 디 엘더를 한 잔 씩 들고 야외로 나왔다. 어째 이 한 잔이 낮에 마신 11잔의 샘플러보다 더 취하는 기분이다.

이렇게 문 앞에 서서 선선한 바람을 만끽하며 마시는 것도 나름 운치 있다. 이 공간을 채운 사람들의 말소리와 유리잔 부딪히는 소리, 문 틈새로 흘러나오는 음악 소리와 보랏빛으로 물든 하늘을 배경으로 마시는 맥주 한 잔. 거기에 장난기 가득한 매튜 아저씨의 웃음소리까지. 역시 누군가와 함께일 때는 테이스팅 노트를 적거나 천천히 음미할 여유는 없지만 그 이상의 또 다른 즐거움이 있다.

연이어 마신 맥주에 광대가 하늘 높이 치솟은 나는 집으로 귀가하기 전에 플라이니 디 엘더를 담은 그라울러를 매튜 아저씨에게 선물했다. 이걸 받아든 아저씨는 말했다.

"오 마이 갓! 난 여길 자주 오지만 그라울러를 사긴 처음이야. Ha! 정말 고마워. 대신 이건 너의 그라울러야. 산타로자에 늘상 대기하고 있는 너의 그라울러! 우리 이거 집에 가서 마시자! 음식을 사서 집에서 파티를 하자고!"

그 기분은 뭐랄까. 러시안 리버를 방문했다는 기념비를 그의 집에 세워둔 기분이랄까. 오늘 하루의 추억과 즐거움이 가득 담긴 그라울러 기념비 말이다. 무엇보다, 낮이든 밤이든 상관없이 이곳을 찾을 때마다 매튜 아저씨와 러시안 리버를 만날 수 있게 돼 더할 나위 없이 기뻤다.

Pliny the Elder 플라이니 디 엘더

임페리얼 IPA(Imperial IPA) 중에서도 최고로 손꼽히는 플라이니 디 엘더.
그 명성은 괜히 존재하는 게 아니었다.
임페리얼이라고 해서 무작정 자극적이고 홉만 강조된 것이 아니라
솔, 시트러스, 망고 등이 부채처럼 펼쳐지며
어디 하나 튀지 않는 훌륭한 밸런스를 가졌다.
강하지 않은 비터감에 깔끔하게 떨어지는 피니시가 인상적이다.

▪도수 : 8% ▪스타일 : Imperial IPA ▪제조사 : Russian River Brewing Company

스물두 번째 잔.   그들의 행보

'Lagunitas IPA(라구니타스 IPA)'

지난밤 일로 숙취가 대단했다. 어찌나 얼큰한 해장국이 생각나는지. 겨우 정신을 가다듬고 10시가 넘어서야 느지막이 거실로 올라갔다. 아침 일찍부터 일어나 신문을 펼쳐 보고 있던 매튜 아저씨는 내게 음료를 건넸다.

"Hey! Ha. 괜찮아?"

"네. 물론이죠!"

"좋아. 오늘은 라구니타스를 가는 날이잖아! 준비됐어?"

그 말을 듣고 갑자기 속이 쓰라리면서 아차 싶었다. 평소 가고 싶었던 브루어리가 '라구니타스(Lagunitas)'라고 했더니, 매튜 아저씨는 반가워했고, 오늘 함께 가기로 약속했던 것이다. 라구니타스는 미국 전역에서 판매량이 높은 브루어리 중 하나이자, 여기 산타로자에서 차로 20분쯤 되는 거리에 있었다. 심지어 그곳은 매튜 아저씨의 친구가 일하는 곳이기도 했다. 차를 타고 이동해 라구니타스 건물이 보이자 아저씨에게 말했다.

"이곳은 얼마 전에 하이네켄의 지분 인수가 있었잖아요. 혹시 맛이나 품질 같은 게 변하진 않았을까요? 전 그게 가장 궁금해요."

"맞아. 많은 사람들이 그것 때문에 걱정을 했었지. 그런데 하나도 문제될 게 없었어! 오히려 더 제대로 매력을 뽐내고 있는 것 같아. 내 친구가 일해서 하는 말은 아냐. 하하. 분명 너도 배울 점이 많을 거야! 그런 걱정이 눈 녹듯 사라질 만큼."

매튜 아저씨는 마치 본인의 일을 소개해주듯 확신과 결의에 차있었다.

라구니타스에 들어서자마자 내 걱정과는 달리 모든 게 상상 이상이었다. 너른 들판과 음악이 끊이질 않는 비어홀, 모두들 한적하게 맥주를 마시는 모습이 전체적으로 라구니타스는 '어른이 공원' 같은 느낌이었다. 야외 공연장에서는 라이브쇼나 갖은 행사들이 열리기도 하는데 그 때는 서있을 자리도 없이 많은 사람들이 모여든다고 한다. 오늘 같은 평일에도 주차할 곳이 마땅치 않았는데 그런 날은 자동차를 들고 올 생각

라이브 공연이 열리는 야외 스테이지

오픈 전 비어홀

도 말아야겠다.

투어를 잠시 기다리는 중에 품질관리팀에서 일하고 있다는 매튜 아저씨의 친구가 우릴 보러 왔다. 그는 친절하게 몇 가지 이야기를 해주고 유유히 사라졌는데 그중 가장 기억에 남았던 것이 '직원들의 복지'에 대한 것이었다.

하이네켄에 인수된 이후에도 경영권은 창업자 토니 매기(Tony Magee)에게 있는데 그가 하는 역할이 아주 크다는 것이다. 매주 요일을 정해 직원 프리밀이 주어지기도 하고, 종종 파티도 열린다고 한다. 또 직원의 목소리에 하나하나 귀 기울이려는 오너의 노력으로 그를 좋아하는 사람이 많고 이에 더 사명감을 갖고 업무에 임한다는 것. 이 말을 전해준 친구는 물론 지나다니는 라구니타스 직원들의 어깨에서 뿜어져나오는 '자부심'이라는 단어는 오너의 역할이 한 몫 하는 듯해보였다.

라구니타스 투어 가이드

예약도, 티켓도 필요 없이 이 앞에 줄을 서면 됩니다.

투어는 갓 뽑아낸 샘플러 4잔과 함께하세요!

투어는 예약 없이, 무료로 현장에서 차례대로 줄을 서서 기다리면 됐다. 라구니타스의 간략한 역사를 시작으로, 브루어리 확장 과정, 대표 맥주들에 대한 소개가 이어졌다. 여기엔 샘플러 4잔을 맛볼 수 있는 테이스팅 투어가 포함되며 샘플러는 필스너부터 페일 에일, IPA, 시즈널 에일까지 순서대로 총 네 잔이었는데 오늘은 특별히 '막시무스(Maximus)'까지 추가로 제공되었다.

테이스팅이 끝나면 공장 투어가 진행되는데 매튜 아저씨와 나는 매튜 아저씨의 친구와 프라이빗 투어를 하러 갔다. 이쯤 되면 매튜 아저씨는 모든 걸 이뤄주는 요술램프 지니처럼 보인다. 우린 잠깐 동안 생산 공정을 차례대로 볼 수 있었는데 그중에서도 하이라이트는 갓 병입되어 라벨을 붙이기 직전의 IPA를 그 자리에서 바로 마시는 것이다. 목소리가 한껏 하이톤이 된 나는 그 병을 넙죽 받아 들고 쭉 들이켰다.

아, 행복해라! 갓 뽑아낸 맥주는 맛이 없을 래야 없을 수가 없다. 그 신선하고 짜릿한 목 넘김에 나는 고개를 절레절레 흔들었다. 매튜 아저씨의 말대로 차에서 내리기 직전까지 했던 걱정은 이미 사라진 지 오래였다. 나는 샵에서 직원이 줄줄이 뽑아준 라벨 스티커를 팔에 한가득 걸고 라구니타스가 펼쳐 놓은 매력의 바다에서 어푸어푸 헤엄치고 있었으니 말이다.

투어를 마치고 비어홀에서 맥주와 음식을 먹다 문득 투어의 마지막에 '앞으로의 계획이 어떠한가'라는 우리가 던진 질문에 직원이 했던 말이 떠올랐다.

"우린 미국 전역에 있는 사람들에게 보다 신선한 맥주를 공급하길 원해요. 시카고, 찰스턴(Charleston) 등 미국 전역에 지점을 늘린 것도 그 이유

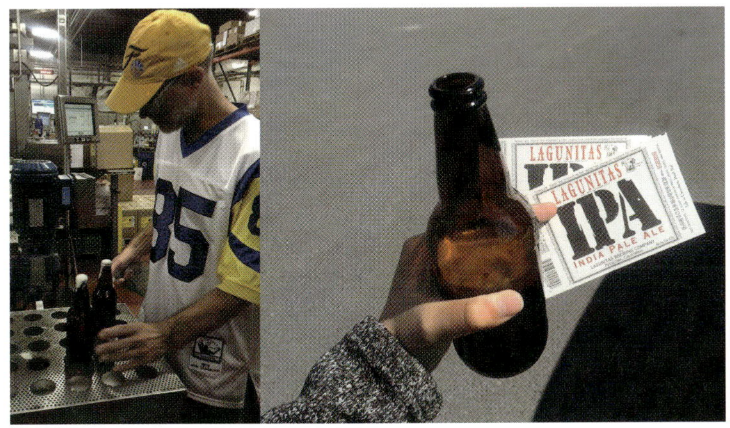

이게 막 병입한 IPA야.

시원한 목 넘김이 짜릿했던 IPA

죠. 앞으로 우린 우리 본연의 색깔을 잃지 않되 전 세계로 뻗어나갈 거예요.

하이네켄이 있는 네덜란드는 당연하겠죠. 그렇게 유럽을 시작으로 곧 일본, 한국, 중국까지 아시아 시장의 더 깊숙한 곳까지 말이에요. 당신이 어디서든 쉽게 신선한 라구니타스를 접할 수 있도록! 분명 그렇게 되는 데에는 오랜 시간이 걸리진 않을 거예요."

그의 목소리에는 확신과 자신감이 차있었다. 말이라면 다 그렇게 할 수는 있겠다 싶기도 하지만, 적어도 내가 본 라구니타스는 충분히 그러고도 남을 곳이었다. 한 번 일해보고 싶은 생각이 들 정도로 그들의 자부심과 근무 환경이 부럽기도 했고, 적어도 이곳을 찾은 이들에게 특별한 경험과 인상을 제공해줄 수 있는 브루어리라면 앞으로의 행보를 더욱 기대해봐도 좋을 듯하다.

Lagunitas IPA 라구니타스 IPA

감귤, 오렌지 껍질 향에 풀 내음이 잔잔하게 풍겼다.
맛의 전개도 이와 비슷했는데 입안 가득 홉뿐 아니라 아주 미세한 몰트, 솔이 제법 밸런스를 갖췄다.
청량감을 줄만한 적당한 탄산. 피니시는 쌉싸름하게.
그간 마셔온 미국식 IPA보다는 호피함이 강하진 않아 얌전하다는 느낌도 들지만 군더더기 없이 깔끔했던 보급형 IPA!

▪도수 : 6.2% ▪스타일 : IPA ▪제조사 : Lagunitas Brewing Company

LAGUNITAS
LAGUNITAS
IPA
INDIA PALE ALE

'Gifted Branch(기프티드 브랜치)'

샌프란시스코를 목전에 두고 노바토(Novato)에 머무는 동안 존(John)과 산드라(Sandra) 부부 집에서 여유롭게 이틀을 보내게 되었다. 두 분은 굉장히 차분하면서도 마음이 따뜻한 분들이란 걸 첫만남부터 느낄 수 있었다. 혹여라도 집을 못 찾을까 큰 도로까지 마중도 나와주시고 빨래며 음식이며 머무는 동안 불편함을 느낄 새 없이 신경 써주셨으니 말이다. 그리고 매일 저녁 존 아저씨의 요리 솜씨가 돋보이는 맛있는 저녁과 맥주 한 잔까지 함께했다.

이튿날은 내가 앞으로 달려갈 루트를 확인해주면서 자전거로 가지 못하는 곳으로 차를 타고 맥주 투어를 가자고 했다. 우린 최근 크래프트 맥주 붐이 일면서 뜨고 있다는 샌프란시스코의 동쪽 만인 이스트 베이(East Bay)에 있는 여러 도시 중 버클리(Berkeley)를 찾아가기로 했다.

우리가 두 번째로 찾은 곳은 '레어 배럴(The Rare Barrel)'이란 곳이었다(사실 첫 번째로 방문한 곳은 너무 시끄럽고 정신이 없었던 터라 그리 인상 깊지 않았다.). 이곳

레어 배럴은 오직 오크 배럴에서 숙성한 사우어만 만들어낸다. 사실 미국의 사우어라면 캐스케이드가 전부인 줄 알았던 내겐 조금 생소한 곳이었지만 월드 비어컵(World Beer Cup, WBC)1996년에 설립된 맥주 시상식으로 맥주 올림픽을 표방하고 있다. 2년마다 개최되고 있으며 현재 세계 3대 맥주 대회로 손꼽힌다과 GABF(Great American Beer Festival)미국 양조장 협회에서 개최하는 미국 맥주 축제로 수천 가지의 다양한 미국 크래프트 맥주가 선보이며, 엄격한 기준에 따라 맥주를 선별하고 부분별 우수 맥주를 뽑아 상을 준다 사우어 부문에서 다양한 수상 경력으로 실력을 인정받은 유명 브루어리였다. 공급이 제한적이라 브루어리 밖에서는 맥주를 쉬이 구하기도 어렵고, 가격이 제법 나가는 편이지만 사우어 팬들에겐 필수 코스로 여겨지는 인기 명소라고 한다.

레어 배럴 외관

거대한 창고 같은 형태에 높은 천장과 넓직한 실내 공간. 그 안을 가득 채우고 있었던 건 가지런히 진열되어있는 오크 배럴이었다. 그 가짓수가 족히 몇 백여 개는 돼 보였는데 그 모습이 마치 유명 와이너리를 찾은 듯했다.

이곳 역시도 전에 방문한 곳처럼 테이블은 만석이었지만 오히려 여유롭고 차분한 느낌이었다. 평균적으로 9~12개월이란 오랜 숙성 기간을 거쳐야 완성되는 사우어처럼, 그들이 담아낸 시간과 맛을 천천히 음미하고 즐기려는 사람들이 이런 분위기를 만들어내는 듯 했다.

우리는 한 켠에 마련된 소파에 앉았다. 이곳은 10개 정도의 자체 맥주가 있었고 사우어가 아닌 4~6개의 게스트 맥주, 그리고 와인도 함께 판매하고 있었다. 음식은 오직 구운 치즈(Grilled Cheese) 하나만 준비되어있었고, 별도로 음식을 가져와도 된다.

난 그중 오크 배럴에 복숭아와 살구를 함께 숙성시킨 '기프티드 브랜치(Gifted Branch)'를 한 잔 주문했다. 입안을 감싸는 기분 좋은 신맛에 나도 모르게 얼굴이 찡그러졌다. 그리고 전체적으로 날것 그대로 살아있는 듯한, 꽤나 직설적이고 솔직한 느낌이었다. 어쩐지 편히 소파에 앉아 맥주를 마시고 있는 산드라 아주머니와 존 아저씨의 모습도 먼저 찾은 브루어리보다 훨씬 여유로워 보이니, 이곳에서 좀 더 천천히 사우어의 매력을 음미해도 될 듯하다.

빼곡히 들어선 오크통

시큼새콤달콤한 기프티드 브랜치

Gifted Branch 기프티드 브랜치

밝지만 살짝 탁한 노란색의 사우어는 향긋한 복숭아와 살구 향이 가득했다. 입안을 가득 채우는 살구의 싱그러움에 나도 모르게 얼굴이 찡그러진다.

▪도수 : 6.7% ▪스타일 : Sour ▪제조사 : The Rare Barrel

'Hop 15(홉 15)'

'미치겠네. 누가 금문교가 낭만적이라고 했어!'

주위에서 샌프란시스코는 멋지고 낭만적인 도시라는 소리만 들었던 내가 하나 간과한 게 있었다. 그들에겐 자전거가 없었다는 걸!

나와 이 도시의 첫 만남은 그리 순탄치 않았다. 내가 마주한 첫 번째 난관은 이 관광객들로 넘쳐나는 '금문교(Golden Gate Bridge)'를 무사히 넘어가야한다는 것. 그나마 사람 많은 시간은 피해보겠다고 평일하고도 오전 시간에 찾았음에도 이미 다리는 관광객들로 가득했다. 특히나 중간중간 사진을 찍기 위해 갑자기 멈춰 서는 사람들 때문에 급정거를 해야 하는 일이 잦았는데 자칫 잘못했다간 뒤이어 따라오는 라이더들과 줄줄이 교통사고가 날 것 같았다. 안개는 또 왜 이렇게 짙고 바람은 어찌나 세게 불어오는지. 혼자 중얼중얼 짜증을 내던 나는 금문교를 한참 벗어나서야 한숨 돌릴 수 있었다.

금문교 위에서 잠시 숨 고르기

당신은 누구시죠.

토로나도 펍

그래도 사람들 다 찍는 인증샷은 찍어보겠다며 이리저리 둘러보며 핸드폰을 맡길 사람을 찾았다. 지나다니는 사람들의 30%는 한국인인 듯했다. 난 곧장 금문교로 넘어가려던 한 여대생에게 사진을 부탁했고 그녀는 친절하게 10장이 넘는 사진을 찍어주었다. 연신 "감사합니다!"를 외치며 사진을 확인한 순간, 이 사람은 누구야 언제 이렇게 변해버린거지?

사진 속에는 눈을 감고 긴 머리를 휘날리며 검게 그을린 피부의 이름 모를 청년이 서있었다. 어쩐지, 나와는 맞지 않을 것 같은 찜찜한 기분이 드는 도시다.

샌프란시스코의 도로 사정도 마찬가지였다. 분명 자전거 전용 도로는 잘 되어있지만 언덕이 어찌나 많은지 그냥 걸어 다니기에도 힘든 그곳을 자전거로 다닌다는 건 굉장히 고통스러웠다. 그럼에도 자전거를 타고 다니는 엄청난 출퇴근 인구를 보니 그들의 허벅지는 말벅지 그 이상이라 감히 단언한다.

난 먼저 예약해둔 호스텔을 찾아 짐을 풀곤 끼니를 해결하기 위해 곧장 걸어 나왔다. 그래, 맥주라면 괜찮을지도 몰라. 지푸라기라도 잡는 심정으로 방향을 틀었다. 제법 늦은 시간이었으니 오늘은 산드라 아주머니께서 추천해준 곳 중 한 곳을 들러보기로 했다. 헤이트 스트릿(Haight Street)에 있는 '토로나도 펍(Toronado Pub)'이었다.

동네 분위기가 좀 험상궂긴 하지만 주변에 맛있는 피자, 핫도그 가게가 많아 음식을 포장한 후 맥주를 마시러 가기 좋다.

아담한 크기의 다소 올드한 느낌이 드는 펍이었다. 동네 작은 술집 느낌이랄까. 조명이 어두운 탓인지, 동네 분위기 탓인지 조금 스산했지만 자리는 이미 만석이었다. 천천히 탭 리스트들을 둘러보니 겉보기와는 다르게 탭 리스트가 정말 많았다. 러시안 리버부터 피자 포트(Pizza Port), '문라이트(Moonlight)'까지 미국 유명 브루어리들의 탭 리스트의 가짓수가 50여 개 정도는 됐다. 이곳은 드물게 벨기에의 시메이도 취급하고 있다. 난 바(Bar)에 앉아 몇 가지를 시음해보곤 그중 '포트 브루잉(Port Brewing)'의 '홉 15(Hop 15)'를 한 잔 주문했다.

임페리얼 IPA로 도수가 10%나 되는 강력한 IPA였다. 빨리 취해서 숙소로 가 잠에 들 생각이었다. 홉 향이 코끝에서 목구멍까지 타고 흐르면서, 온 몸이 짜릿. 금문교를 넘어오면서부터 지금까지, 오늘의 일들이 주마등처럼 스쳐 지나갔다. 이 씁쓸함이 마치 샌프란시스코 같구나.

잔을 비우고 나니 거리엔 이미 어둠이 내려앉았다. 늦게 돌아다니지 않는 건 꼭 지켜야 할 안전수칙이었는데! 순간 정신이 번쩍 든 나는 잔을 비우고 자리에서 일어났다.

50여 가지의 탭 리스트

홉 IPA 15

그런데 하필이면 내가 걷는 그 길이 홈리스들의 집결지란다. 남부로 내려갈수록 따뜻해지는 날씨 탓에 더 많아질 거란 소린 들었지만 샌프란시스코에는 유난히 홈리스가 많다. 아름답고, 낭만적이고, 도시적인 서부의 대표적인 도시. 그 이면에는 비싼 집값과 높은 물가로 거리에 내몰리는 이들이 많다는 것이다. 그들 중엔 홈리스를 자처한 사람도 있고, 종종 친절한 분들도 있지만 조심해서 나쁠 건 없었다.

한창 버스 정류장 쪽을 지나던 중 어떤 이상한 무리가 내게 휘파람을 불고, 빠른 걸음으로 쫓아오는 척하며 괜히 겁을 주기도 하고. 왜 이런 일이 내게 찾아오나 싶다가도 늦게 다닌 내 잘못이니 누굴 탓할 수도 없었다. 두 주먹을 꼭 쥐었다. 어느 때보다 빠른 걸음으로 아무렇지 않은 척 내 갈 길을 가는 수밖에 없었다. 그리고 속으로는 계속 되뇌었다.

아, 진짜 안 맞아. 날 집에 도로 데려 놔줘!!

Hop 15 홉 15

솔, 시트러스 홉과 캐러멜의 스위트한 향.
열대과일이 시트러스한 느낌이 함께 입안을 가득 채운다.
높은 도수지만 굉장히 산뜻하고 맛있었던 맥주!

■ **도수** : 10% ■ **스타일** : Imperial IPA ■ **제조사** : Port Brewing Company

'Big Daddy(빅 대디)'

미국 여행을 하면서는 노래를 많이 들었다. 오랜 페달질에 지쳐갈 때쯤 신나는 노래 한 곡은 10km를 더 달릴 수 있는 힘을 실어주고, 아름다운 풍경에 더해진 노래는 그때의 장면과 감정을 더욱 생생하게 기억하도록 만들었다. 오늘의 경우는 전자다. 샌프란시스코를 한참 동안 걸어다닐 수 있는 힘을 실어줄 그런 노래. 너와 내가 조금 더 가까워질 그런 노래.

이어폰을 꽂고 도시 골목골목을 돌아다니다보니, 지난 밤 언제 그런 일이 있었냐는 듯 온 도시는 뮤직비디오 속 한 장면으로 바뀌어 버리고 말았다. 아, 샌프란시스코가 이렇게 아름다웠던가. 이건 필히 음악의 힘이다. AT&T 파크에서 5km나 떨어진 '스피크이지 에일 앤 라거(Speakeasy Ale & Lagers)'까지 걸어갈 때도 이 음악이 필요했다.

수상해 수상해

그곳은 화려하던 중심가와는 다르게 한적하고 인적도 드물었다. 점점 공장들도 많아지면서 대낮이었음에도 조금 섬뜩해 나는 음악 선율을 핑계 삼아 파워 워킹으로 힘차게 걷기 시작했다. 그렇게 30분쯤 더 걸었을까. 이곳이 브루어리는 아닐 거라고 무심코 지나쳤던 장소에 익숙한 모양의 로고가 눈에 들어왔다. 누군가를 감시하는 듯한 두 눈의 로고. 스피크이지 에일 앤 라거였다.

이곳은 미국의 금주령 시대(1920~1933)를 컨셉으로 하고 있다. '위대한 개츠비'의 배경이 된 시기이기도 하다. 당시에는 불법적으로 주류를 판매하는 곳이 많았는데 이름이 '주류 밀매점(Speakeasy)'이었다. 그래서인지 로고는 이를 감시하는 듯한 눈 모양의 로고를, 맥주 라벨은 그 시대와 관련된 이야기를 상징한다. 주류 유통을 담당하던 마피아 일러스트의 '빅 대디 IPA'를 시작으로 그 시대의 건물이나 복식 등 굉장히 올드하지만 B

급 감성이 느껴지는 일러스트를 보는 재미가 쏠쏠하다. 그러고 보니 이 일대는 이 브루어리에 제법 어울릴 만한 장소일지도 모르겠다.

건물 로고의 시선을 따라가면 한 쪽에 자그마한 탭 룸이 있다. 주류 밀매점 컨셉답게 전체적으로 어두운 분위기였지만 밑둥을 자른 그라울러 안 전구가 바(Bar)를 환하게 비추고 있었다.

곧 직원이 다가왔고 난 '메트로폴리스(Metropolis)', '베이비 대디(Baby Daddy)', '빅 대디', '블러드 오렌지(Blood Orange)' 샘플러 네 잔을 주문했다. 눈 로고가 그려진 잔에 담긴 각각의 색이 다른 맥주는 마치 얼굴색이 다른 사람 같았는데, 그 눈빛들이 너 어디 제대로 마시나 안 마시나 하며 날 감시하는 듯했다. 나는 괜히 움찔해서 노트를 펴들고 한 잔씩 천천히 글을 써내려 갔다.

때마침 이를 지켜보던 한 직원이 내게 말을 걸었다. 그는 사교성이 굉

스피크이지 실내

친절하고 유쾌했던 스피크이지 직원들.

샌프란시스코 브루어리맵

각양각색의 맥주 얼굴

장히 좋았는데 이것저것 불편한 게 없냐고 물어보기 시작했고, 내가 꺼낸 이야기를 맥주를 따르던 옆 직원에게 그대로 전했다.

"한국에서 온 Ha야! 시애틀에서 여기까지 자전거를 타고 왔대! 서부 맥주 여행을 한다나봐. 앞으로 샌디에이고까지 갈 거고!"

"오 마이 갓! 미쳤어. 이대로 보낼 순 없지!"

그들은 내가 주문한 샘플러 외에도 몇 잔을 더 내주며 이것저것 맛보라고 했다. 그걸로도 모자라 뱃지며, 스티커며 퍼줄 수 있는 건 전부 다 퍼주려고 했다. 마지막으론 지도를 하나 쥐어주며 말했다.

"Ha, 이건 샌프란시스코 브루어 길드에서 만든 브루어리 맵이야. 브루펍, 브루어리까지 한 30개는 돼! 이 지도를 보면서 샌프란시스코 맥주 투어를 해도 좋을 거야."

실제로 미국은 양조장들이 브루어 길드를 형성해 크래프트 맥주에 대한 교육은 물론 지역 자선 단체에 기부와 관련 제도 개선을 위한 노력 등 다양한 활동들을 펼친다. 브루잉 문화를 보존하고 증진시키는 것뿐 아니라 그 지역의 관광 상품과 접목되어 그 이상의 가치를 창출해내기도 한다.

"와, 종류가 정말 많네요. 전 샌프란시스코는 맥주가 별로 없을 줄 알았거든요."

"아냐, 엄청나지! 그중에서도 내가 정말 좋아하는 곳을 하나 적어줄게."

그는 가지고 있던 포스트잇에 몇 글자 적더니 내가 쓰고 있던 노트에 붙여주면서 말했다.

"'셀러메이커(Cellarmaker)'. 여긴 꼭 가봐. 굉장히 트렌디한 곳이야. 어쨌거나 놀라워. 자전거라니. 너도 참 못말리는 애구나!"

굉장히 밝은 기운이 넘쳐났던 그들 덕분에 돌아가는 길엔 노래가 필요치 않았다. 이어폰 속 노래 없이도 다음 행선지까지 갈 수 있는 힘을 주었으니 말이다. 달그락 달그락 –. 주머니 속에 든 뱃지들이 발걸음을 더했다.

Big Daddy 빅 대디

솔 향이 지배적이지만, 감귤, 허브 향도 함께 나타난다. 캐러멜의 단맛과 몰티함이 더해져 전체적으로 과하지 않았던 IPA.

■ **도수** : 6.5% ■ **스타일** : India Pale Ale ■ **제조사** : Speakeasy Ale & Lagers

스물여섯 번째 잔. 스몰 배치 브루어리

'No Nelson Left Behind IPA (노 넬슨 레프트 비하인드 IPA)'

그들은 말한다.

"우리의 맥주에 대한 철학은, 이미 가능한 것들을 만들어내는 것이 아니다"라고.

이곳은 브루어리 건너편 인도에서부터 전해진 향긋한 맥주 냄새와, 이를 즐기고 있는 사람들의 북적임이 돋보이는 셀러메이커 브루잉 컴퍼니(Cellarmaker Brewing Company)였다.

2013년 10월에 오픈한 셀러메이커는 스몰 배치(Small Batch)에 실험적인 맥주를 생산하는 곳으로 유명하다(물론 맥주의 밸런스들도 훌륭하다고 소문이 자자하다.). 그들은 똑같은 서너 개의 맥주를 계속 만드는 건 꽤나 지루한 일이라고 웃어 보이는데 지속적으로 홉과, 효모 등을 바꿔가며 도전적

셀러메이커 외관

이고 실험적인 맥주들을 많이 만들고 있다. 생산 규모에 집착하지 않고 소량으로 다양한 맥주들을 생산하기에 탭 리스트도 자주 바뀌고 금세 동나버리는 것도 많다. 그러다 보니 빠르게 변하는 소비자들의 입맛에 맞춘다기보다 오히려 소비자들의 입맛을 주도한다는 생각도 든다.

내부는 스몰 배치 브루어리라는 말과 어울리게 굉장히 좁았다. 서너 개 남짓한 테이블은 당연히 만석이었고 통로 여기저기는 서서 마시는 사람들로 채워져있었다. 바(Bar) 근처에도 온통 사람이 가득한 게 딱 봐도 주문 전쟁을 치를 게 뻔했다.

나는 높은 벽에 붙어있는 탭 리스트들을 먼저 살폈다. 11가지의 탭 리스트가 있었는데(보통 12가지) 종종 세종(Saison)과 스타우트(Stout)가 보였지만 대부분 IPA와 페일 에일이 주를 이루고 있었다. 호피한 맥주들은 그들의 전문이기도 하다. 난 그중 '노 넬슨 레프트 비하인드 IPA(No Nelson Left

셀러메이커 내부

Behind IPA)'를 주문하기 위해 바(Bar)로 다가갔다. 뉴질랜드 넬슨(Nelson)홉으로 만든 맥주인데, 독특한 풍미와 혼합된 과일 향을 자랑하며 샌프란시스코에서 유일하게 이 홉을 사용한다.

바(Bar) 여기저기서 돈을 내밀고 맥주를 주문하는 사람들 탓에 직원도 나도 혼이 빠져나가는 듯했다. 겨우 그와 눈이 마주친 나는 빠른 속도로 돈을 내밀고 하프-파인트 잔을 받아들었다. 머릿속은 온통 '스피크이지 직원의 추천이고 뭐고 빨리 마시고 나가고 싶네' 하는 생각뿐이었다. 그렇게 통로 한 쪽에 서선 곧장 맥주를 들이켰다.

'대박!'

나는 순간 눈이 번쩍 뜨였다. 왜 사람들이 이 좁은 공간에 모여들어 맥주를 찾는지 조금은 알 것 같았다. 아, 안되겠다. 주문 전쟁을 한 번 더 치르러 가야지!

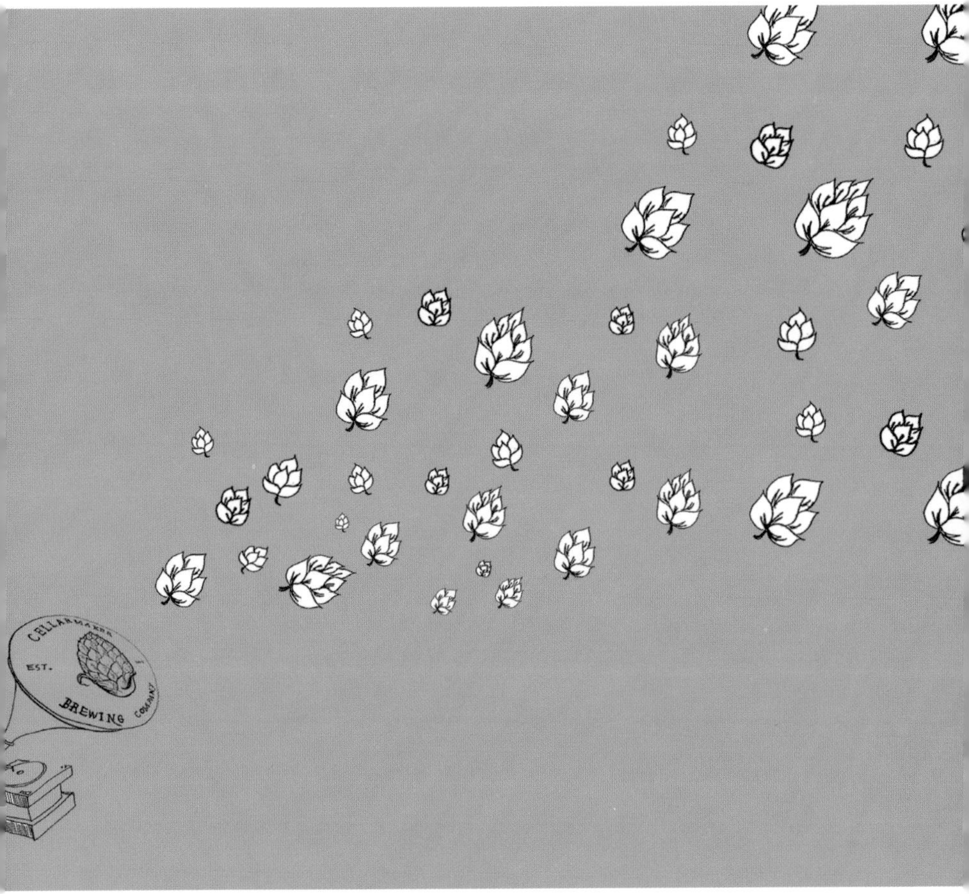

 **No Nelson Left Behind IPA** 노 넬슨 레프트 비하인드 IPA

굉장히 주시한 열대과일과, 포도를 한입 베어 문 듯한, 그러면서도 약간의 풀 내음과 솔 향이 씁싸름하게 남았다. 마냥 호피하지만 않고 굉장히 주시하면서도 부드러운 느낌이었다.

■ 도수 : 6.6% ■ 스타일 : IPA ■ 제조사 : Cellarmaker Brewing Company

스물일곱 번째 잔. 야구의 발견

'Odeprot IPA(오드프롯 IPA)'

오늘은 AT&T 파크(AT&T Park)샌프란시스코를 연고로 하는 메이저리그 구단 샌프란시스코 자이언츠의 홈구장에서 야구 경기가 열리는지 반경 2km가 완전 축제 분위기였다. 오클랜드(Oakland)로 넘어가기 위해 자전거에 짐을 한가득 싣고 나왔던 나는 수많은 인파에 이리 치이고 저리 치여 건너편 '앵커 비어 가든(Anchor Beer Garden)'에 와서야 겨우 정신을 차릴 수 있었다. 이곳은 '앵커 브루잉 컴퍼니(Anchor Brewing Company)'에서 운영하는 비어 가든으로 시야가 탁 트인 야외에서 시원한 바람을 맞으며 맥주를 마실 수 있는 사교의 장이기도 하다. 또 야구와 맥주는 떼려야 뗄 수 없는 조합이 아니던가. 어제 이곳을 지날 때와는 다르게 맥주를 즐기려는 사람들로 테이블은 이미 꽉 차있었다.

종종 경기장에서 함성이 터져 나와도 야구라곤 말만 '최강 삼성'이라고 외쳐 대는 것밖에 모르는 내가 뭘 제대로 알 턱이 없었으니 관심 밖이었다. 페리를 타기 전 마지막으로 목을 축이기 위해 비어 가든 앞에 자전거를 묶어둘 곳을 찾고 있었다.

그때 이곳의 직원인지 AT&T 파크에서 열린 야구 경기 때문에 경비를 서는 건지 모를 한 청년이 내게 다가왔다. 가끔은 불순한 의도로 과한 친절을 베푸는 사람들이 많지만, 나는 나의 촉을 믿었다. 역시, 그 청년은 믿을 만한 사람이었다.

"난 이 자리에 계속 서있을 거야. 자전거를 묶어두면 누가 훔쳐가지 않는지 계속 지켜봐줄게."

"아, 감사해요!"

"자전거 여행 중인가 보구나?"

"네. 맥주 투어 중인데 오늘은 여기서 잠깐 마시고 가려고 해요."

"와우, 난 IPA를 정말 좋아해!"

"진짜요? 저도 그래요!!"

우리는 공통된 취향 하나로 금세 친구가 돼버렸다. 어디 맥주가 맛있었다느니, 또 어디가 좋았다느니, 샌디에이고를 가면 꼭 이 맥주를 마셔야 한다느니. 난 맥주를 마시러 가야한다는 것도, 그는 일을 해야 한다는 것도 잠시 잊은 채 그 자리에서 한참 동안 대화를 나눴다.

"맙소사, 너무 붙잡아뒀구나. 여기서는 '오드프롯 IPA(Odeprot IPA)'를 추천할게. 난 그게 가장 맛있더라고!"

"명심할게요!! 또 봐요!"

어제는 이렇게 황량했던 앵커 비어 가든

야구 경기 효과인지 오늘은 많은 사람들로 붐볐다.

나는 그의 말대로 오드프롯 IPA를 주문했다. 그러곤 옆에 있는 햄버거 가게에서 햄버거를 하나 주문해놓고 테이블에 앉았다. 미국에서는 안주로 부쩍 햄버거를 많이 먹고 있는데 햄버거라도 다 똑같은 햄버거가 아니었다. 제각기 특색이 있어 매번 먹을 때마다 질리지가 않았다. 이곳의 햄버거 또한 참 별미였다. 그가 추천해준 맥주는 8%로 제법 높은 도수치고 강하게 느껴지지 않았다. 아, 이 맛 표현을 뭐라고 하면 좋을까.

"와아!!!"

누군가 공을 쳤는지 경기장 밖으로 환호성이 울려 퍼졌다. 아, 맞다. 그 맛이야. 내가 마신 그 맛의 전개가 높게 날아가는 플라이볼처럼 고각으로 포물선을 그리고 있었다. 난 혼자 그림을 그려가며 한참을 웃었다. 야구에 '야'자도 모르는 내가 뭘 안다고.

때마침 내게 이 맥주를 추천해준 청년이랑 눈이 마주쳤다. 그는 내게 "괜찮아?"라고 물었고 나는 고개를 크게 끄덕였다.

'맥주에서 야구를 찾은 것 같아요. 제가!'

Odeprot IPA 오드프롯 IPA

첫 모금을 들이키는 순간 처음 0.3초 정도는 이게 IPA인가 싶을 정도로 맛이 조금 심심했다. 그러다가 감귤류, 열대과일 향, 솔 향이 높게 상향곡선을 그리며 입안 가득 진하게 풍기다 빠르게 하향곡선을 그리며 피니시가 찾아오는데 아주 미세하게 쌉싸름한 맛만 혀 안을 또르르 굴러가듯 감돌았다. 마치 수비수가 날아오는 공을 잡지 못해 땅으로 또르르 굴러가듯 말이다. 이게 맥주 속 야구의 발견인가?

▪도수 : 8.2% ▪스타일 : IPA ▪제조사 : Anchor Brewing Company

'Anomaly Milk Stout
(아노몰리 밀크 스타우트)'

밥(Bob)과 야외 주차장에 들어서는 순간부터 직감했다. 이 브루어리에 빠져드는 데 그리 긴 시간이 필요하지 않을 거라고. 그리고 내 직감은 틀리지 않았다.

이곳에선 꼭 야외에 앉아야 그 매력을 온전히 느낄 수 있다.

시애틀의 케빈이 샌프란시스코에 가까워졌다는 나의 말을 듣고 오클랜드에 사는 오랜 친구 레베카(Rebecca)에게 연락을 해주었다. 덕분에 난 그녀의 집에서 며칠간 머물게 되었고 마지막 날 저녁 그녀의 남편 밥(Bob)과 함께 앨러미다(Alameda)의 한 브루어리를 찾았다.

우리가 찾은 곳은 오랜 비행기 격납고를 확장해 만든 '팩션 브루잉 컴퍼니(Faction Brewing Company)'이라는 곳이었다. 야외 테이블에 앉아있으면 샌프란시스코 만(San Francisco Bay) 너머로 샌프란시스코가 훤히 보였다. 그래서인지 대부분의 사람들이 야외에서 편안하게 맥주와 음식을 즐기고 있었다.

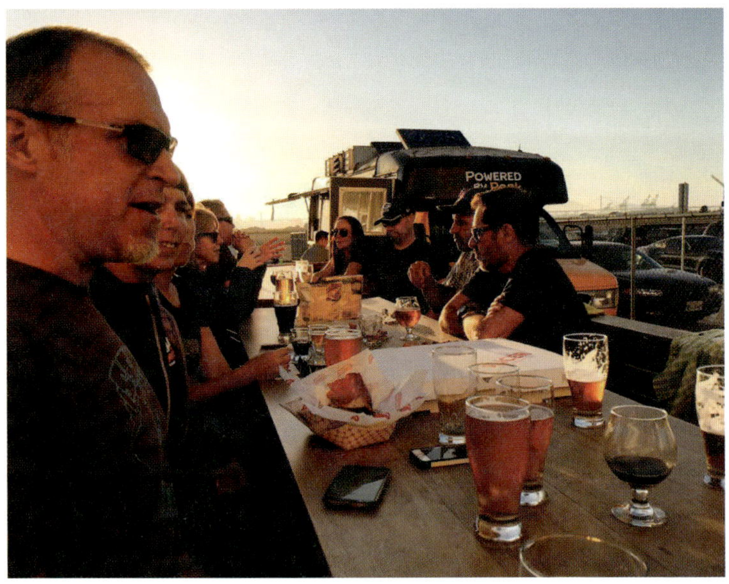

내 말을 믿어봐. 여기선 밀크 스타우트를 마셔봐야 해.

탁 트인 시야와 선선하게 불어오는 바람. 맥주를 마시는 데 또 이만한 조합이 없다. 앞에는 푸드 트럭이 있었는데 이곳은 따로 음식을 판매하진 않기에 매일 다른 종류의 푸드 트럭이 찾아온다고 한다. 덕분에 고소한 기름 냄새가 이 공간을 더욱 맛스럽게 꾸며주고 있었다.

우린 야외 테이블에 앉아있던 밥의 친구들을 만났다. 그들은 오클랜드의 자전거 클럽 회원인데, 한 친구의 생일을 축하하기 위해 이 자리에 모였다고 했다. 자전거와 맥주라는 공통분모가 있으니 그들과도 금세 친구가 되었다. 그간 시애틀부터 달려온 이야기, 인상적이었던 브루어리 이야기. 한 달 남짓한 내 여정을 신기하게 듣던 그들은 내가 샌디에이고까지 달려가는 중에 만날 굴곡들에 조언을 아끼지 않았다. 그중에서도 LA부터 샌디에이고까지는 평탄할 길이 계속될 거란 말이 가장 위안이 됐다.

한창 이야기를 나누다 보니 밥과 내 잔이 바닥을 드러냈다. 맥주를 주문하겠다고 의자에서 일어난 내게 옆에 앉아있던 모건(Morgan) 아저씨가 말했다.

"Ha. 나도 IPA를 좋아하지만 내 말을 한 번만 들어봐. 여기선 꼭 밀크 스타우트를 마셔야 돼!"

평소 스타우트를 잘 마시지 않는 나였지만 오늘은 어쩐지 그의 말을 듣고 싶어졌다. 줄을 서서 기다리다 곧 내 차례가 다가왔고 '아노몰리 밀크 스타우트(Anomaly Milk Stout)' 두 잔을 주문했다. 이례적인 밀크 스타우트라 어

실내에는 맥주를 주문하기 위해 일렬로 선 사람들뿐이다.

브루어리 안으로 스미는 햇살

떤 맛일까. 곧 잔을 받아 든 나는 고개를 갸우뚱하며 직원에게 물었다.

"저, 죄송하지만 스타우트가 맞나요?(내 발음이 이상했던 걸까)"

그가 내어준 맥주는 일반적인 스타우트와 다르게 페일 에일에 가까운 황금색이었으니 말이다. 직원은 그 질문이 익숙하다는 듯 웃어보였다.

"맞아요. It's magic이건 마술이에요! 가끔은 눈에 보이는 걸 그대로 믿을 필요는 없어요."

아까 브루어리 스티커를 줄 때는 20달러라고 장난을 치더니 수상하

이게 스타우트라고요?

다. 잔을 들고 자리를 벗어나면서도 의심을 버리지 못한 나는 천천히 향을 맡았다. 분명 화이트 초콜릿과 커피 향이 난다. 진짜 요상한 마술이라도 부린 걸까. 테이블로 돌아오니 모건이 어서 마셔보라고 했다.

맥주를 한 모금 들이켜니 마술처럼 그 맛이 믿기지 않았다. 몽실몽실한 구름이 입술부터 닿아 달콤한 화이트 초콜릿과 바닐라, 커피 향이 내 입안을 가득 채웠다. 굉장히 부드럽고 크리미한 목 넘김이 이는 필히 스타우트였다. 무엇보다 정말 맛있었다고!

"하하하. 내가 그랬지? 여기선 꼭 밀크 스타우트를 맛봐야 한다고. 조금만 기다려봐. 곧 믿을 수 없는 일이 또 일어날 테니까."

곧 이 브루어리에서의 마지막 쇼가 열린고 했다. 여기저기서 들리던 대화소리가 점점 잦아들더니 우리 모두의 시선이 한 곳에 머물렀다. 들고 있던 맥주잔도, 포크도 내려놓은 채.

붉은 노을이 저 건너편 샌프란시스코에 천천히 내려앉고 있었다. 건물과 맞닿은 노을은 조금 전까지만 해도 희미하게만 보였던 샌프란시스코의 모든 형상을 더욱 또렷하게 해주었다. 그 순간만큼은 그 누구도 아닌 온전히 나를 위한, 우리 각자에게 주어진 시간이었다.

맥주 한 잔에, 노을 한 점. 이렇게 그림 같은 배경으로 맥주를 마실 수 있다니. 아마 이 브루어리의 매력이 가장 빛을 발할 때가 아닐까 싶다.

이 브루어리의 마지막 쇼가 시작된다.

"Ha. 저 앞에 달려가서 봐도 돼. 더 가까이서 말이야."

내게 말을 거는 밥의 목소리가 잘 들리지 않을 정도로 한참 동안 정신이 팔려있었나 보다. 그가 어깨를 톡톡 두드린 후에야 정신을 차린 나는 잠시 다녀오겠다며 곧장 철망이 쳐진 곳으로 달려갔다. 하루에 딱 한 번만 찾아오는 이 귀한 시간을, 행여라도 놓쳐 버릴까봐서.

저녁 하늘을 수놓은 노을은 내가 가까이 달려가면 갈수록 점점 더 짙게, 더 깊이 내 가슴속을 파고들었다. 마치 거대한 붉은 폭포처럼. 그러곤 곧장 그 넓은 가슴으로 나를 따뜻하게 품어주었다.

샌프란시스코에 내려앉으며 점점 더 짙게 파고드는 저녁노을

서부 여행을 하면서는 마주하는 노을은 모든 순간이 감동이었다. 텐트 안에 누워서 혹은 바닷가에 서서 하루가 저물어가는 것을 볼 수 있다는 건 오늘 하루도 다치지 않고 무사히 달려왔다는 증거이자, 하루를 마무리하는 선물이었으니 말이다.

지금도 그렇다. 이렇게 좋은 사람들과 이렇게 좋은 장소에서 맛있는 맥주를 마실 수 있다는 것. 그리고 이 장면을 눈으로 담아낼 수 있다는 것. 아, 말도 안 되게 울컥해. 괜스레 눈을 한 번 비볐다.

감사하다. 참 감사하다. 이렇게 믿기지 않는 일들이 내 눈앞에 펼쳐져서.

Anomaly Milk Stout 아노몰리 밀크 스타우트

스타우트에 들어가는 볶은 맥아 대신 여기서 풍겨져 나오는 커피, 초콜릿 향과 같은 것을 다른 재료로 대신한다고 한다. 그래서 'White Chocolate Milk Stout'라 부르는데 외향은 페일 에일이지만, 한 모금 들이키는 순간 스타우트처럼 받아들이게 된다고.

입안을 부드럽게 감싸는 초콜릿, 바닐라 향이 정말 구름을 두둥실 떠다니는 기분이다.

■ 도수 : 6.5% ■ 스타일 : Stout ■ 제조사 : Faction Brewing Company

쉬어가는 여행 이야기

… 자전거 맥주 여행의 매력이 뭐예요?

예전에는 그렇게 답하곤 했다.

“자전거를 타고 나서 땀을 뻘뻘 흘린 후에 마신 맥주는 정말 환상적이거든요.”

그런데 여행을 하면서 그 이유가 점점 더 구체화되기 시작했다.

“페달을 밟고 양조장에 가까워지기 시작하면
어느 순간 맡을 수 있어요. 양조장 그 특유의 냄새를요.

그때부턴 제가 짊어진 짐의 무게도
페달의 무게도 가벼워지기 시작해요.

어떤 맛일까. 어떤 느낌의 브루어리일까.
머릿속으로 마음껏 그려보곤 하죠.
그런 과정에서 오는 복합적인 감정들이
그 브루어리와, 맥주의 맛을 결정짓곤 해요.”

스물아홉 번째 잔. 　'모두'를 위한 자전거 맥주 축제

Tour De Fat(뚜르 드 팻)

9월 17일은 내가 여행 중 가장 손꼽아 기다리던 날이었다. 이 날짜를 맞추겠다고 다시 샌프란시스코에 돌아왔던 게 아닌가!

오늘은 '뉴 벨지움 브루잉 컴퍼니(New Belgium Brewing Company)'에서 주최한 '뚜르 드 팻(Tour De Fat)' 축제가 열리는 날이다. 이 축제로 말하자면 이 브루어리의 대표 맥주 '팻 타이어(Fat Tire)'에서 시작된다.

팻 타이어는 유럽으로 자전거 여행을 떠났던 창립자가 타고 다녔던 자전거의 애칭으로 벨기에 양조장 여행 중 영감을 받아 만든 첫 맥주였다고 한다. 그리고 이번 축제 뚜르 드 팻은 맥주의 컨셉에 맞게 '자전거와 맥주'가 함께 하는 축제다. 행사 중에는 사람들이 저마다 독특한 코스튬을 입고 정해진 루트를 달리는 퍼레이드가 진행되고, 퍼레이드가 끝나면 맥주를 마시며 다양한 이벤트와 공연을 즐기면 된다.

사실 이 축제가 매력적이라고 느껴졌던 건 단순히 자전거 맥주 축제로만 끝나지 않는다는 것에 있었다. 뚜르 드 팻 자체가 지역 경제를 활성화 활동을 목표로 한 도시가 아닌 미국 전역에 있는 주요 도시를 순회하며 진행한다. 그리고 행사 중 생기는 수익금은 기부를 통해 환원한다.

내가 방문한 2016년에는 5월 워싱턴 D.C부터 시작해 10월 1일까지 매달 한 도시에 단 하루 동안 행사가 열렸다. 그중에서도 9월은 매주 토요일마다 열렸고 운 좋게도 9월 17일 샌프란시스코에서 열리는 행사에 참여할 수 있게 된 것이다.

그리고 이보다 더 좋은 소식은 축제를 함께할 사람들이 생겼다는 것. 그토록 만나 뵙고 싶었던 한국인 자전거 여행자 부부, 저니(Jowrney)와 스테이시(Stacey) 부부를 말이다. 두 분은 플라이 바스켓(Fly Basket) 부부라는 닉네임을 사용하고 계신데 여행 전부터 페이스북을 통해 줄곧 인연이 닿았었다. 그간 자전거 세계 여행을 쭉 해오시다가 나와 비슷한 시기에 미국에 도착하셨고 지금은 잠시 자전거를 내려두고 캠핑카 여행을 하고 있다(역시 미국은 캠핑카지.).

두 분은 서부 남단부터 북쪽으로, 나는 북쪽 시애틀부터 남단으로 내려가고 있었으니 속도를 봐서 샌프란시스코나 LA쯤에서 만날 수 있을 듯했는데 먼저 선뜻 축제에 함께 해주시겠다고 연락을 주셨다. 혼자서 얼마나 방방 뛰어다녔는지. 축제도 축제지만 이렇게 머나먼 미국 땅에

서 두 분을 뵐 수 있다는 건 정말 행운 중 행운이었다.

부르릉-

아침 일찍부터 머물던 호스트 레베카의 집까지 나를 데리러 와주신 두 분의 캠핑카가 창문 너머로 보였다. 가슴이 콩닥 콩닥. 연예인을 볼 때보다 더 설레고 두근거리는 순간이었다. 머리를 다듬고, 심호흡을 크게 하고 문밖으로 나선 순간 환한 미소와 함께 두 팔 벌려 나를 반겨주셨다.

"승하 씨, 반가워요!"

오랜 여행 생활을 짐작할 수 있을 만큼 마음이 너그럽고 열린 마음을 가지신 두 분이었다. 곧장 축제장으로 향하는 터라 오랜 시간 이야기를 나눌 수 없었지만 난 느낄 수 있었다. 미국 여행 중 어느 때보다 마음이 편안하고, 그 말수 적던 내가 말이 많아졌다는 걸 말이다.

우리가 타고 있던 캠핑카는 샌프란시스코를 달려 행사가 열리는 골든 게이트 파크(Golden Gate Park)에 도착했다. 캠핑카를 근처 마트 주차장에 대놓고 모두 자전거 여행자의 모습을 갖췄다. 그래. 우리가 한국에서 온 자전거 여행자라고! 왠지 모르게 어깨가 든든해졌다.

퍼레이드는 11시부터 시작되는데 이른 시간부터 행진을 위해 모여든 라이더들이 많았다. 저마다 독특한 코스튬을 입고, 또 박물관에서나 볼 법한 자전거를 타고 나온 이들도 있었다. 우리는 티켓을 손목에 차고 이

맥주 교환 토큰

부스에서 맥주로 교환하기

플라이 바스켓 부부와 함께

맥주를 마셔봅니다.

를 한창 구경하고 사진을 찍으며, 곧 퍼레이드가 시작되길 기다렸다.

어느덧 몇백 명의 사람들이 한자리에 모여들었고, 행사 진행자의 소개와 작은 공연에 맞춰 10km에 달하는 퍼레이드가 시작됐다. 그중에는 바나나 코스튬을 입은 가족들도 있었고, 인형의 탈을 쓴 자전거에 스피커를 달고 달리는 사람들도 있었다. 그렇게 어른 아이 할 것 없이 저마다 각양각색의 매력을 뽐내는 자전거들과 사람들로 공원을 한 바퀴 도는 퍼레이드는 지루할 틈이 없었다.

모든 행사에는 늘 수화통역사가 함께한다.

퍼레이드가 끝나고 모두가 자전거 주차장에 이를 대놓고 맥주를 마시기 위해 행사장 안으로 들어섰다. 행여나 누가 훔쳐가진 않을까 싶기도 했지만 관리자도 있고 이에 대해 아무도 신경 쓰는 것 같진 않았다.

행사장은 전체적으로 그리 크진 않았지만 공연, 맥주, 음식, 이벤트로 가득했다. 맥주는 한 잔에 5달러로 티켓 부스에 돈을 내면 브루어리 로고가 그려진 토큰으로 교환을 해주거나 그 옆 비영리단체 부스에서 원하는 티셔츠나 물품을 사면 그 가격대로 교환해주기도 했다. 맥주를 판매하는 부스는 3곳 정도 됐고, 왼쪽 편에는 푸드 트럭이, 오른쪽 편에는 공연이 이뤄지는 메인 스테이지가 있었다. 그리고 무엇보다 이동식 화장실의 개수가 많다는 게 가장 만족스러웠다.

맥주를 두어 잔 비운 우리는 행사장을 떠나기 전 마지막으로 메인 스테이지로 자리를 옮겼다. 그곳에서는 한창 공연이 진행되고 있었는데 무대 위 밴드 말고도 눈에 띄는 한 사람, 바로 '수화통역사'였다. 그는 노래에 맞춰 가수보다 더 신나고 리얼하게 그 음악을 표현해내고 있었다. 모두의 시선이 그를 향할 만큼 열정적이게. 그러고 보니 아까 퍼레이드가 진행될 때도 사회자 옆에 수화통역사가 있었더랬다.

순간 머리를 한 대 얻어맞은 기분이었다. 이 행사는 모두가 즐거운 가족적인 축제를 추구한다. 그래서 나이 제한도 없었다. 거기에 해당되는 '모두'는 그간 내가 간과하고 있었던 부분까지 포함되고 있었다.

어쩐지 단순히 브랜드를 홍보한다기보다 소비자들에게 받은 사랑을 어떤 방식으로, 얼마나 더 즐겁게 돌려드릴 수 있는가에 대한 고민이 돋보이는 행사인 듯싶다. 우리가 받은 사랑을 당신 '모두'에게 돌려드리기 위해 이런 즐거운 축제를 만들고 싶었노라고. 행사 자체의 크기보다 마음의 크기가 크고 넓었던 참으로 따뜻한 축제였다.

그리고 그 언젠가, 나도 이런 축제를 만들어볼 수 있지 않을까.

Fat Tire 팻 타이어

캐러멜의 달달함, 고소한 곡물 향.
그리고 적은 탄산과 부드러움이 적절하게 조화를
이루며 엠버 에일이지만 생각보다 가벼운 맥주였다.
자전거 타며 음주 운전(?)해도 무방할 자전거 여행용 맥주!

▪ **도수** : 5.2% ▪ **스타일** : Amber ▪ **제조사** : New Belgium Brewing Company

'Victory at Sea(빅토리 앳 시)'

"아빠 엄마! 저 지금 두 분과 함께 있어요!!"

사실 여행 중 어떤 사진을 보내드려도, 어떤 말을 해도 늘 걱정하고 불안해하시던 아빠 엄마였다. 그런데 이날은 조금 달랐다.

"참으로 반가운 소식이구나, 또 감사하고 감사하다."

짧은 문장이었지만 어딘가 마음이 놓인다는 느낌이 전해졌으니 말이다. 사실 그건 나 역시도 마찬가지였다. 한국말을 많이 해서였을까, 그토록 먹고 싶다던 한국 음식을 실컷 먹어서였을까. 캠핑카 위에서 곰곰이 생각에 잠겼다. 글쎄, 분명 다른 이유가 있을 거다.

자전거라는 테마로 여행 중인 내가 '농업'이라는 테마로 여행 중인 두 분께 질문을 했을 때였다.

내 생애 가장 완벽한 김밥

여행 중 따뜻한 커피와 핫케이크라니

"언니, 각 나라의 농업을 들여다보는 건 정말 특별한 여행이지 않아요?"

"특별할 건 없어요. 농업은 그저 우리의 '삶'이고 '일상'이잖아요."

언니의 말투와 태도에서 느껴졌다. 두 분이 생각하는 농업과 추구하는 삶의 방식이 무엇인지. 또 내가 '농업'에 대해 갖고 있는 편견은 무엇이었는지. 한 사람의 여행은 그 사람의 생각, 가치관, 추구하는 삶의 방식. 온전히 그 사람의 날것 그대로가 담겨져있다고 한다. 그렇기에 사실 여행 중에 다른 이의 여행에 들어갈 수 있다는 건 그 사람의 삶을 들여다볼 수 있는 행운을 얻게 되는 것이다.

두 분에겐 농업이란 삶의 당연한 한 부분이었다. 씨를 뿌리고, 수확을 하고, 이를 맛있게 조리해 다함께 둘러앉아 먹고. 그저 평범했던 우리의 삶이고 일상인데 나는 마냥 어렵고, 특별한 일로만 여겨왔던 것이다.

농업과 맥주. 언뜻 보면 그 둘이 가진 특성이 너무나도 다르지만 두 분의 말대로 하나는 '일상', 또 다른 하나는 일상 속 '휴식'에 가까운 어찌 보면 떼려야 뗄 수 없는 것들이었다. 일상이 없으면 휴식도 존재하지 않는 거였으니 말이다.

다른 곳으로 이동하는 캠핑카 안에서 나는 생각했다. 그래, 내가 그토록 마음이 편안했던 건 '여행'이란 타이틀을 잠시 내려놓고 그저 평범하게 일상처럼 두 분의 삶 속에서 지냈기 때문인가 봐.

어쩐지 이 캠핑카는 단순히 여행, 그 이상의 의미로 남겨질지 모르겠다.

드넓은 밭만 봐도, 특이한 작물만 봐도 그냥 지나치지 못했던 두 분

두 분의 삶 속을 여행할 수 있게 해주셔서 감사합니다.

다시 길 위에 혼자가 됐지만 더 이상 외롭지 않을 것 같아요.

Victory at Sea 빅토리 앳 씨

커피와 바닐라가 온 입안을 채운다.
생각보다 탄산의 색깔이 강하지만 묵직하고 매끄러운 바디.
거기에 씁쓸한 맛이 더해져 초반 부드러웠던 커피 향과는 달리 무게감을 준다. 캠핑카 꿀잠용으로 제격!

▪ **도수** : 10% ▪ **스타일** : Imperial Porter ▪ **제조사** : Ballast Point Brewing Company

서른한 번째 잔. 해변에서 시작된 인연

'America(아메리카)'

꿈같은 3박 4일이 지나고 다시 혼자 길 위에 선 나는 다시 새로운 여행을 시작한 기분이었다. 더 많은 것을 돌려드리지 못했다는 아쉬움은 있었지만 전보다 내 마음은 더 든든했다. 아마 두 분에게서 받은 나눔의 마음이 내 여행의 구석구석 채워진 것이겠지. 그런데 이 꿈만 같은 시간들은 여행 말미에도 줄곧 이어졌다.

"자전거 멋지네요!"

산타바바라(Santa Babara)를 목전에 둔 레푸지오 비치(Refugio Beach)의 캠핑장에서 텐트를 치고 있을 때였다. 아이와 함께 샤워실로 들어가던 아주머니께서 내게 말을 건넸다.

"아, 감사합니다!"
"여행 중이에요?"

"네!"
"어디서부터 왔어요?"
"시애틀부터 시작해서 샌디에이고로 갈 거예요."
"멋지다! 자전거도 정말 멋져요. 이 스티커들은 다 뭐예요?"

브루어리를 방문할 때마다 종종 스티커를 받아오곤 했다. 맥주나 전용잔을 살 순 없으니 그나마 가벼운 스티커들을 자전거 프레임 구석구석 붙여놓았던 것이다. 난 그 스티커에 얽힌 이야기들을 전했다.

"대단해요! 행운을 빌어요."
"아, 실례하지만 여기 음식을 살 수 있는 샵이 따로 있나요?"
"저 캠프 사이트를 지나서 쭉 걸어가면 작은 샵이 하나 있어요. 그런데 서두르는 게 좋을 거예요. 일찍 닫으니까!"
"정말 감사합니다!"

샵이 있는 캠핑장은 정말 드문 경우라 건물이 보이자마자 헐레벌떡 뛰어갔다. 이곳에서 물이며, 음식이며 웬만한 물품들은 다 구할 수가 있었다.

'가만 보자...' 자금이 넉넉하지 않았던 나는 한참을 두리번거렸다. 우선 필요한 걸 먼저 집었다. 물은 꼭 필요하고, 맥주도 필요하고... 아, 오랜만에 소시지도 먹고 싶은데? 아냐. 비싸니까 아끼자. 빵 먹을까? 아냐, 양이 너무 많잖아. 몇 번을 들었다 놓았다. 결국 들고 있던 간식거리를 몇 개 내려두고 다시 카운터로 왔다. 그러자 직원이 내게 말했다.

"이미 계산 됐어요~"

"네????"

"이 분이 당신 걸 계산했어요."

내게 샵을 알려주셨던 아주머니였다. 웃으며 내게 말씀하셨다.

"혼자 여행을 한다는 게 너무 대단해서, 큰 건 아니지만 사주고 싶었어요."

"아, 어떻게... 이렇게 받아도 되는 건지 모르겠네요. 정말 감사합니다."

"하하. 걱정 말아요. 정말 멋진 아가씨네요. 잠깐 이야기를 나누고 싶은데 괜찮아요?"

우린 그 앞에 놓인 테이블에 앉았다. 그리고 그녀는 함께 온 친구 부부에게 내 소개를 했다. 인상이 좋았던 마이크(Mike)와 다리안(Darian) 부부였다. 특히나 다리안은 내게 큰 관심을 보였다.

"세상에, 맥주 여행을 한다구요? 그것도 혼자서?"

"네. 오늘도 이렇게 맥주를 마시고 있네요."

난 들고 있던 맥주 캔을 들며 웃어보였다. '시에라 네바다 페일 에일

(Sierra Nevada Pale Ale)'과 버드와이저가 한시적으로 이름을 바꾼 '아메리카(America)' 맥주버드와이저는 2016년 5월 23일부터 대선일인 11월 8일까지 한시적으로 이름을 바꾸었다였다. 그들은 앞의 맥주는 맛있다고 했지만 아메리카 맥주를 보곤 고개를 절레절레 흔들었다. 그 장면은 참 재밌었다. 내가 만난 미국 사람들 중에 대형 맥주 회사를 좋아하는 사람을 단 한 명도 보지 못했기 때문이었다. 뒤이어 내 여행 이야기를 듣던 다리안은 뭔가 생각난 듯 말했다.

"내 친구가 샌디에이고에 있는 '칼 스트라우스(Karl Strauss)'에서 일하고 있어요. 원한다면 프라이빗 투어를 할 수도 있을 거예요. 도착하는 시기를 알려주면 내가 전해줄게요!"

"안 그래도 꼭 가보고 싶었던 곳이에요!! 그런데 이렇게 신세를 져도 되는 걸까요?"

"물론이죠! 그리고 LA에 도착한다면 연락해요! 부모님이 거기 계시거든요. Ha, 메일과 연락처를 알려줄래요? 우리 꼭 다시 만날 수 있었으면 좋겠네요."

이 모든 게 불과 10분 만에 일어난 일이었다. 미국 사람들은 이렇게나 친절하단 말인가. 아직도 꿈만 같고 어안이 벙벙하지만 그 순간 나는 맥주도, 음식도, 투어도 필요 없었다. 잠깐 마주친 나를 위해 마음과 시간을 나눠준 그분들. 그 존재만으로도 배가 부르고 든든했다. 그리고 이렇게 예상치 못하게 시작된 미국 레푸지오 비치에서의 인연은, 마지막 한국으로 출국하기 전날 밤 LA에서 다시 시작되었다.

덕분에 모든 게 완벽했던
레푸지오 비치
참 꿈만 같은 밤이다.

America 아메리카

미국의 대표적인 라거라고도 불리지만 깔끔함을 넘어
다소 밍밍하다.
굉장히 가벼운 몰트에 드링커블한 라거 맥주.
역시나 기대를 저버리지 않는 밍밍함이다.

■ **도수** : 5% ■ **스타일** : Pale Lager ■ **제조사** : Anheuser-Busch InBev

서른두 번째 잔. 그들이 되돌아온 이유

'Jubilee Ale(주빌리 에일)'

남부로 내려올수록 기온이 더욱 높아졌다. 맑은 날씨는 계속되고 줄지어선 야자수도 더욱 푸르러 보였다. 날이 더운 탓에 길을 달리는 중에도 쉬는 시간이 많았는데 해가 정수리를 향할 때쯤엔 점심시간 겸 휴식시간으로 그늘 아래를 찾아가야 했다.

오늘도 어김없이 그늘을 찾아 해변에서 비치볼을 던지는 훈훈한 청년들을 보고 있을 때였다.

자전거를 타고 해변을 달리던 아저씨가 내게 인사를 건넸다. 어디서 왔니에서부터 어떤 여행을 하니, 또 어디까지 가니까지. 그렇게 늘상 받아오던 질문을 답하면서 나는 곧장 엠마 우드 주립 해변(Emma Wood State Beach)으로 갈 거라고 했다. 그렇게 행운을 빈다고 했고 잠깐 스친 인연으로 지나가는 듯했다. 얼마 지나지 않아 그는 다시 돌아왔다.

"내 생각엔 말이야. 엠마 우드보다 여기서 가깝지만 카핀테리아 주립 해변(Carpinteria State Beach)이 더 나을 것 같아. 엠마 우드는 종종 홈리스도 있고 시설이 별로였거든. 카핀테리아는 시설도 괜찮고 해변이 굉장히 아름다워. 무엇보다 그 앞에 '아일랜드 브루잉 컴퍼니(Island Brewing Company)'가 네게도 좋은 경험이 될 것 같아!"

"정말요? 신경 써주셔서 감사합니다."

"하하, 아니야. 마음에 걸리더라고. 우리 집에 초대할 환경은 못 되지만 이렇게라도 알려줘야 할 것 같았어! 행운을 빌어!"

아저씨가 알려준 주립 해변까지는 불과 10km 밖에 되지 않는 거리였지만, 다시 돌아올만큼 나를 신경 써준 그분의 마음에 감동해 나는 카핀테리아를 향해 가기로 했다. 그래, 어차피 서두를 건 없잖아.

주립 해변 근처에 다다랐을 때 입구를 찾기 위해 잠시 두리번거리고 있었다. 때마침 지나가던 트럭 한 대가 내 옆에 멈춰 섰다.

"길을 잃은 거니?"

"아, 네. 여기 입구를 찾고 있는데 그게 잘 안보이네요."

"바로 저 앞이야. 우릴 따라와."

그분들이 알려준 곳은 내가 서있던 곳에서 고개만 돌리면 됐다. 눈앞에 두고도 못 찾다니 멍청이가 따로 없다. 나는 두 분께 감사하다고 외쳤고 그분들은 행운을 빈다며 그 자리를 떠나셨다. 어쩐지 오늘은 내내 도움을 받기만 하는 날이다.

하이커 앤 바이커(Hiker & Biker) 존에 텐트를 쳐놓고 샤워를 한 후에 바로 앞에 있는 '아일랜드 브루잉 컴퍼니'로 향했다. 이곳은 캠핑장 바로 앞에 있어서 맥주를 좋아하는 이들에겐 최적의 장소였다. 브루어리 입구에 줄지어서 펄럭이던 맥주잔 깃발이 내게 어서 오라 손짓하고 있었다.

캠핑장을 찾은 사람들은 물론 동네 주민들도 맥주를 마시고 있는 듯했는데 그 분위기가 꽤나 정겨웠다. 오늘은 그간 마셔오던 맥주와는 다르게 스카치 에일(Scotch Ale)인 '주빌리 에일(Jubilee Ale)'을 주문했다. 그리 긴 거리를 달리지 않았는데도 모처럼 느낀 진득한 단맛에 몸이 노곤해진다. 아저씨 말을 듣고 여기 오길 참 잘했어.

기분 좋게 텐트로 돌아와서 나무 테이블에 앉아 밀린 일기를 쓰기 시작했다. 그때 누군가가 자전거를 세우더니 나를 불렀다. 아까 트럭에서 캠핑장 입구를 알려준 켈리 아주머니였다.

"잘 도착했나 싶어 두 번이나 찾아왔었어."

브루어리 내부

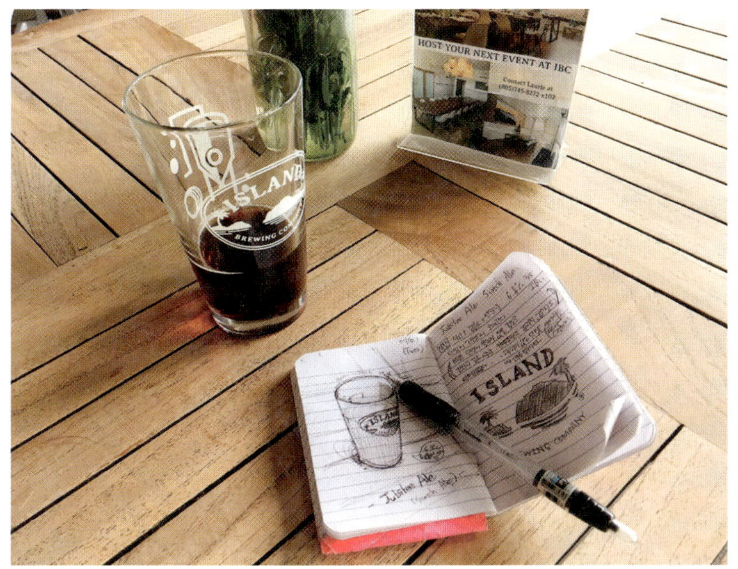

주빌리 한 잔

“아! 정말요? 저 앞 브루어리에서 맥주를 마시고 있었어요.”

“좋아! 저긴 우리도 참 좋아하는 장소지. 그건 그렇고, 아까 그냥 보낸 게 영 마음이 걸려서 말이야. 줄 수 있는 게 많진 않지만 이걸 전해주고 싶어서 다시 돌아왔어. 여긴 정말 특별한 곳이거든.”

그녀가 직접 만든 듯한 ‘CARPINTELIA 2016’이 적힌 은색의 열쇠 링이었다.

“세상에!! 이렇게 귀한 선물을요? 정말 감사해요. 잠시만요! 저도 드릴 게 있어요.”

난 여행 중에 만나는 호스트들에게 드리려고 가져온 맥주 코스터를 가방에서 꺼내 드렸다. 아주머니는 자신의 조카도 맥주에 관심이 많다는 이야기를 전했고, 이건 정말 뜻깊은 선물이 될 거라고 했다. 그러곤 다시 자전거에 올라타기 전 진하게 포옹을 해주셨다.

"Ha. 부디 몸 조심하고. 행운을 빌어!"

그 포옹이 얼마나 따스했는지, 불쑥 올라온 눈물을 겨우 참느라 혼났다. 오늘 나를 위해 왔던 길을 다시 되돌아와준 두 분 덕에 잊지 못할 카핀테리아에서의 밤을 보내게 되었다.

아주머니의 마음이 담긴 선물

Jubilee Ale 주빌리 에일

레드와인보다 살짝 검붉은 루비 빛이 감돌았다. 캐러멜과 구운 몰트의 달콤함이 잔잔하게 감돌면서, 녹진한 검붉은 과실 향과 은은한 초콜릿, 커피의 맛이 미세하게 느껴졌다. 안주는 필요 없겠다. 친구들과 분위기를 낼 때나, 추운 겨울에 영화 한 편을 보며 곁들이면 좋을 법한 맥주였다.

■ 도수 : 6.8% ■ 스타일 : Scotch Ale ■ 제조사 : Island Brewing Company

Swami's(스와미스)

어차피 출국을 위해 다시 돌아올 LA였으니 그곳에서 그리 오래 머물 필요는 없었다. LA를 지나 캘리포니아의 남쪽 끝을 향해 계속 달리기 시작했다. 그 여정에는 매 순간 해변을 만날 수 있었고 길은 아주 평평하고 매끈했다. 휘파람을 부르며 한창 달리던 나는 산 엘리호 주립 해변(San Elijo State Beach)에 다다르기 전에 칼즈배드(Carlsbad)의 '피자 포트 브루잉 컴퍼니(Pizza Port Brewing Company)'에 들리기로 했다. 온전히 피맥을 위해서!

이곳은 정말로 1987년 샌디에이고 솔라나 비치(Solana Beach)의 작은 피자 가게에서 시작됐다. 초기에는 가게 안 여유 공간에서 홈브루잉을 시작하다가 1992년부터 본격적으로 양조 시설을 갖추고 맥주를 생산하기 시작했다. 그러다 이곳의 음식과 맥주가 맛있기로 소문이 나면서 2010년쯤부터 급부상하기 시작했던 것이다. 지금은 지점을 솔라나 비치뿐 아니라, 칼즈배드, 산 클레멘트(San Clemente) 등 캘리포니아 남부에서는 쉽게 찾아볼 수 있다.

피자 포트

스와미스와 비비큐 베이컨 치즈버거 피자

피자 포트에 가기 위해 자전거를 끌고 사거리 신호등에서 기다리고 있을 때였다. 나와 같은 방향으로 걷기 시작한 한 남성 분이 있었는데 그는 갑자기 걷는 속도를 늦추더니 내게 말을 걸었다.

"아시아에서 왔어요? 설마 한국?"

보통은 중국, 일본이 먼저 나오는데 이렇게 국적을 바로 맞춘 외국인은 처음이었다. 눈이 동그래진 나는 약간 거리를 두며 맞다고 했다.

"오! 안녕하세요! 나 한국말 할 줄 알아요!"

"아, 정말요?"

"네! 한국말 선생님이 있어요! 제 친구는 한국인이구요. '할머니 안녕하세요', '반갑습니다', '저는 에콰도르에서 왔어요', 이 말이 맞는지 모르겠네요."

"와! 엄청 잘하시는데요?"

한국말을 유창하게 하던 오스왈도(Oswaldo) 아저씨는 에콰도르에서 왔고, 미국 생활을 한지 몇 년 됐다고 했다. 한국 문화에 관심이 많아 한국어를 공부하고 있는데 지나가다 본 내가 왠지 한국인일 것 같아서 말을 걸었다고 하셨다. 여전히 긴장의 끈을 놓친 않았지만 전보다는 제법 마음이 편해졌다. 그렇게 피자 포트(Pizza Port) 앞에 다다랐을 때 아저씨는 출근 전 시간이 좀 있으니 나만 괜찮다면 함께 맥주 한 잔을 해도 되겠냐고 하셨다. 짧은 시간 대화를 나누면서 느낀 건 오스왈도 아저씨가 그리 악의적인 마음을 품고 접근한 사람은 아니란 것이었다. 나는 흔쾌히 "예쓰"라고 했고 우린 함께 안으로 들어섰다.

내부엔 높은 천장에 원목의 긴 테이블이 줄지어 있었고 사람들은 피자와 맥주를 두고 두런두런 이야기를 나누고 있었다. 정면 유리창 너머로는 직원들이 피자를 만들고 있었고 그 왼쪽 편에는 바(Bar)와 이를 주문하기 위해 길게 줄지어 선 사람들이 보였다. 양조 시설은 아마 이 건물 뒤쪽인 듯하다. 아저씨와 나는 바(Bar) 한 쪽에 자리를 잡았다.

피자 포트 자체 맥주 탭 리스트는 25가지, 게스트 비어가 11가지나 됐다. 난 그중 '스와미스(Swami's)'를 한 잔 주문했고 오스왈도 아저씨도 나와 똑같은 걸로 주문을 했다. 피자 가게로 시작된 곳답게 여기선 무조건 피자를 맛봐야 하는데 난 그중 단짠단짠이 반복될 것 같은 비비큐 베이컨 치즈버거 피자(BBQ Bacon Cheeseburger Pizza) 한 판을 시켜놓고 아저씨와 대화를 이어갔다.

우린 영어보다 한국말로 더 많은 대화를 나눴는데, 아저씨의 말을 듣고 있으니 내가 영어를 할 때 외국인들이 날 보는 모습과 비슷할까 싶기도 했다. 어딘가 완벽하진 않은 문장이지만, 나열되는 단어로도 그 의미가 이해될 것 같은. 그러다 보니 아저씨에게 가졌던 마음의 벽은 이미 허물어진 지 오래였다.

"사실 이곳 사람들은 부유하고, 프라이드가 높아서 인종차별이 제법 심해. 내가 에콰도르인이라고 무시하고 하찮게 보는 경우도 많았어. 그런데 내가 만난 한국인들은 다 친절했어. 내 선생님과 그녀의 친구들, 지금 만난 너까지. 그래서 내가 받았던 그 친절을 다 돌려주고 싶었어. 요즘이야 다른 사람들이 날 바라보는 시선에 적응됐지만 미국 생활을 처음 시작하면서는 그게 가장 힘들었거든."

문득 나도 한 눈빛이 떠올랐다. 한 식료품점에서 음식을 사겠다고 헬멧을 벗어들고 딱 들어서는데 입구에 서있던 직원이 나를 보고 인상을 찌푸리며 '재가 왜 이런 데를?' 하며 경멸스러운 듯 쳐다보던 그 눈빛. 온통 땀에 젖은 운동복 차림에 얼굴은 검게 그을린 모습이 이상했을 수도 있겠지만 나는 아직도 그 눈빛을 잊을 수가 없다.

"아저씨의 말이 조금은 이해될 것 같아요."

차분하게 가라앉은 분위기를 조금 바꾸고 싶었다.

“그런데 아저씨는 어떻게 한국말을 그렇게 배우게 되셨어요?”

“아. 사실 난 언어 배우는 걸 좋아해. 독어도 조금 배웠고, 불어도 배웠어. 일본어도 조금 할 줄 알고! 요새는 한국말에 한창 재미를 느끼고 있지.”

“와, 대단하세요. 전 아직 제대로 할 줄 아는 언어가 없거든요. 배움에 대한 열정이 너무 부럽고 멋있어요.”

“Ha, 너무 짧고 또 한 번뿐인 인생이야. 난 더 많은 곳을 여행하고 더 많은 것을 배우고 싶어. 난 50대 아저씨일 뿐이지만 배움에서 오는 행복은 나이와 상관이 없어. 그렇게 공부할 수 있다는 건 행운이고 그 자체만으로도 신나는 인생이라고 생각해.”

내가 50대에 들어섰을 때도 아저씨와 같이 배움에 대한 열정을 가진 사람이 될 수 있을까? 그저 노후를 걱정하며, 하루를 버텨본다는 생각으로 살아갈 지. 우연히 길에서 만난 20대 에콰도르 청년과 대화를 나누며 그에게 맥주를 사주고 있을 지. 어떤 방식으로 늙어가든 내가 꿈꾸는 50대의 모습은 전자는 아니길 바라며 잔에 남은 맥주를 들이켰다.

“아저씨, 맥주 한 잔 더 하실래요?”

“좋아!”

Swami's 스와미스

피자 포트가 처음으로 판매한 IPA로
밝은 황금빛에 자몽, 시트러스, 허브 향이 코끝을 스친다.
입안 가득 열대과일을 베어 문 듯하며 이에
몰트의 달달함이 적절하게 균형을 맞춰준다.
전형적인 서부 IPA 스타일로 전반적으로 가볍게 마시기 좋아 피자와는 환상의 조합이었던 맥주!

■ 도수 : 6.8% ■ 스타일 : West Coast IPA ■ 제조사 : Pizza Port Brewing Company

쉬어가는 여행 이야기

… from Seattle to San-diego

표지판에 샌디에이고가 나타나기 시작한 이후로는 기분이 묘했다. 남은 거리가 마일 수로 3자리였다가 2자리로 줄어들면 마음이 콩닥콩닥, 이게 한 자리로 줄어들었을 땐 자전거 위에서 환호성을 지르곤 했다.

왜냐고? 10분만 더 달리면 정말 샌디에이고였으니까!

혹시라도 내 기분을 알았던 걸까. 오늘은 평소보다 말을 걸어주시는 분들이 많았다. 신호를 기다린다고 잠시 멈춰 서면 옆에 있던 라이더가, 음식을 사겠다고 식료품점에 자전거를 대고 있으면 지나가던 할아버지가. 늘상 출발지와 목적지를 묻던 그들에게 "from Seattle to San-diego"라는 답변을 하면 "힘내!"라던 그들이었는데 오늘은 조금 달랐다.

"Hey~ 여행 중이구나. 어디서부터 시작했니? 목적지는 어디야?"
"시애틀부터 샌디에이고까지요."
"오 마이 갓!! 샌디에이고! 바로 여기잖아!! 축하해! 비로소 오늘 네 여행이 끝나는구나!!"

그들은 모두 제 일인냥 기뻐해주며 따뜻하게 포옹을 해주거나, 하이파이브를

from Seattle to San-diego

했다. 남은 여정을 푹 쉬라는 말과 함께. 그러고 보니 내 여행은 늘상 길 위에서 마주한 사람들로 채워지고 있었구나. 그들의 인사와, 걱정과, 응원으로 말이야. 그렇게 여러 사람의 축하인사를 듣고 나니 더욱 실감이 났다.

'내가 정말 샌디에이고에 도착했어...'

나는 울렁이는 가슴을 끌어안고 다시 페달에 발을 올렸다.

마지막 샌디에이고를 향해!

서른네 번째 잔. 샌디에이고 휴일 전야제

'Speedway Stout(스피드웨이 스타우트)'

연중 따뜻한 날씨에 청명한 하늘. 야자수가 늘어선 눈부시게 아름다운 해변과 그곳에 뛰어드는 멋진 서퍼들. 미국 내에서도 최고의 휴양지로 손꼽히며 은퇴자들에겐 이상적인 도시로 손꼽히는 곳이 바로 샌디에이고였다. 그렇게 낭만적이고 여유로움이 넘치는 이 도시에 그 매력을 한층 더해주는 건 바로 '맥주'였다.

세계에서 내로라하는 '발라스트 포인트', '스톤(Stone)', '그린 플래쉬(Green Flash)', '칼 스트라우스' 등이 있어 최근엔 미국 내 크래프트 맥주 생산지로 관광객 몰이를 하고 있다. 이와 관련한 샌디에이고 브루어리 투어도 마련되어있다고. 아름다운 해변을 배경으로 시원한 맥주 한 잔이라. 그만큼 낭만적인 휴일이 어디 있으랴.

그런데 사람의 마음이라는 게 참 희한하다. 그렇게 손꼽아 기다리던 도시였는데 모든 여행이 끝났다는 생각이 드니 맥주도, 자전거도 내려두고 싶었다. 만사가 귀찮아진 거다. 그저 이 느릿한 도시에서 몸과 마음을 정리하며 휴일을 보내고 싶었다. 뭐 여행 자체가 휴일인데 무슨 소리야 싶겠지만 내겐 이 여행을 차곡차곡 되새김질해볼 시간이 필요했다.

오늘까지만 딱 자전거를 탈 생각으로 숙소를 도착하기 전에 브루어리 선택에 고심을 했다. 가고 싶은 곳은 많지만 최소한의 동선으로 움직이겠노라고. 구글맵으로 가고 싶었던 브루어리 리스트들을 확인한 다음 가장 많이 밀집해있는 구간으로 핸들을 돌렸다. '발라스트 포인트', '세인트 아처(Saint Archer)', '에일스미스(AleSmith)' 등이 모여있는 동네 '미라마(Miramar)'였다.

미라마 인근에 도착했을 땐 여기가 유명 브루어리가 있는 곳이 맞나 싶을 정도로 한산했다. 차들만 몇 대씩 지나다닐 뿐이었다. 난 안장에서 내려와 두리번두리번거리며 가장 먼저 찾아갈 브루어리를 정했다.

에일스미스 브루어리

샘플러

'그래. 여긴 국내에 수입도 안 된다잖아.'

'에일스미스 브루잉 컴퍼니(AleSmith Brewing Company)'였다. 1995년 샌디에이고에 설립된 에일스미스의 맥주는 영국과 벨기에의 전형적인 맥주 스타일에서 많은 영감을 받았다. 2015년에는 이곳 미라마에 최첨단 양조 시설과 테이스팅 룸을 갖춘 브루어리의 모습을 갖게 되었다.

테이스팅 룸 왼쪽 편에는 오크통이 눕혀진 채로 진열되어있었고 정면 바(Bar) 뒤쪽 원형 기둥에는 60여 가지의 맥주 탭이 꽂혀있었다. 그리고 바(Bar) 뒤 유리창 너머로는 양조 시설이 보였다. 난 그중 중앙에 서있는 직원에게 다가가 샘플러 4잔을 주문했다.

이곳의 샘플러 트레이는 그 모양이 마치 장바구니를 하나씩 들고 다니는 듯한 제법 특이한 모습이었다. 전까지만 해도 귀찮다던 내 모습은 온데간데없고, 입꼬리가 귀에 걸린 채로 테이블에 자리를 잡았다.

저마다 다른 색깔을 가진 이 맥주들의 맛을 상상해보는 건 맥주를 마시는 데 재미를 더한다. 그러다 그새를 못 참고 한 잔씩 집어 들었다.

개인적으로 가장 마음에 들었던 맥주는 스피드웨이 스타우트였다. 검은색에 가까운 색에 커피 향이 강하게 느껴지면서 초콜릿 향이 천천히 피어올랐다. 나는 기쁨의 몸부림을 치며 발을 동동 굴렀다. 이곳을 찾길 참 잘한 것 같아.

Speedway Stout 스피드웨이 스타우트

강한 커피 향에, 초콜릿 향이 천천히 피어올랐다.
그 맛 역시 다크 초콜릿, 캐러멜이 커피와 함께
입안 가득 풍미를 더해주었고, 목 넘김이 매우 부드러웠다.

▪도수 : 5%, 7.25%, 12% ▪스타일 : Imperial Stout ▪제조사 : AleSmith Brewing Company

'Barmy(발미)'와 'Mango Even Kill(망고 이븐 킬)'

낚시, 개성, 독특한 라벨...

그 브루어리하면 자연스레 연상되는 단어들이 아닐까 싶다. 다음으로 향한 곳은 바로 샌디에이고에서 빼놓을 수 없는 발라스트 포인트 브루잉 컴퍼니였다. 지금이야 미국 대형 주류 업체인 '컨스텔레이션(Constellation)'에 10억 달러에 인수되면서 크래프트 브루어리가 아니라는 비판 아닌 비판을 듣고 있지만 그만큼 인기도, 맛도 정점에 올랐던 샌디에이고의 유명 브루어리다.

그 인기는 건물 안으로 들어서면서부터 짐작할 수 있었다. 길거리에 없던 사람들이 여기에 다 모여있었는지 이미 테이블이란 테이블은 가득 차있었다. 발라스트 포인트는 설립된 지 얼마 안 된 곳이라 세련되고 규모도 그중 가장 크다.

입구에 들어서면 왼쪽 편 유리창 너머로는 양조 시설이 보였고 정면에는 길게 늘어선 바에 여러 종류의 라벨이 꽂혀있었다. 그곳에는 3대의

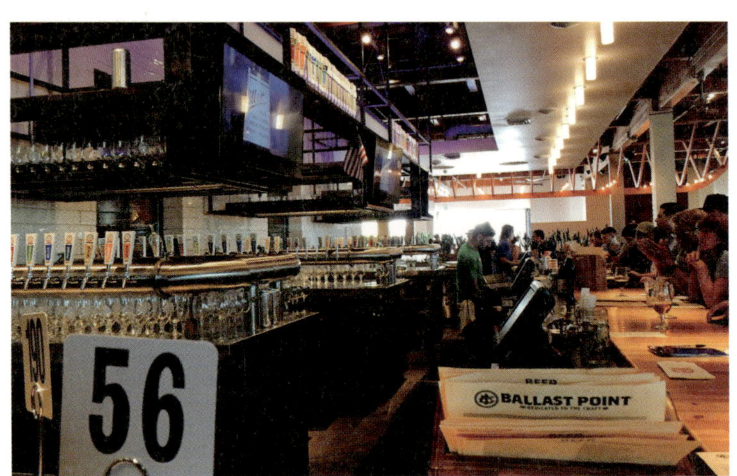

발라스트 포인트 컴퍼니

TV가 걸려있었는데 한창 미식축구가 열리고 있었는지 그 열기가 뜨거웠다. 나는 바(Bar) 한쪽에 겨우 자리를 잡았다.

이 브루어리를 이야기하자면 독특하고 재밌는 라벨을 빼놓을 수가 없다. 맥주의 이름과 라벨을 물고기나 낚시, 항해에 관한 것으로 정하는데 이는 그들의 철학과도 깊은 관련이 있다.

"우리가 사랑하는 일을 하자, 그리고 우리가 사랑하는 것을 만들자."

그건 바로 낚시와 맥주였다. 맥주를 만드는 일 만큼이나 낚시를 사랑해서 이를 브루어리와 맥주에 담아내고자 했다. 어찌 보면 정말 하고 싶은 일을 열정적으로 하는 유쾌한 사람들인 듯 싶다.

발라스트의 로고만 봐도 알 수 있다. 그 로고에는 배의 위치를 판단하기 위해 천체와 수평선 사이의 각도를 측정하는 장치인 '육분의(Sextant)'가 있다. 그들에게 있어 이 브루어리는 새로운 곳을 탐험하는 여행, 항해와 마찬가지인 것이다. 계속해서 새로운 아이디어와 맛을 추구하고, 또 그 맛을 새로운 사람들과 공유하는 것. 그러다 보니 독특하고 개성 있는 맥주를 만드는 데 거리낌이 없다. 덕분에 전 세계적으로 큰 사랑을 받고 있는 맥주가 많다.

그런데 가끔은 그 새로운 시도가 과할 때도 있다. 그건 마실 맥주를 선택하려는 내게도 마찬가지였다. 여기까지 왔으니 이전에 마셔오던 것 말고 새로운 걸 도전해보겠다는 심보. 내게 발라스트 포인트의 맥주들은 늘상 모 아니면 도였다는 걸 잠시 간과했던 것이다.

메뉴판을 천천히 살폈다. 평소 좋아라 했던 '스컬핀 IPA(Sculpin IPA)', '빅토리 앳 씨' 등을 지나치고, 나의 선택은 '발미(Barmy)'와 '망고 이븐 킬(Mango Even Keel)'이었다. 지금 생각해 보니 거기까지 가서 왜 이것만 마시고 왔나 싶기도 하다.

발미는 영어로 '약간 제정신이 아닌'이란 뜻으로 살구와 꿀 향이 느껴진다고 했고, 이븐 킬은 '선수 흘수와 선미 흘수의 크기가 같은 경우'를 말하는 어려운 선박 용어이다. 하지만 주로 '안정된 상태'를 뜻하는 숙어로 쓰이며 천연 망고 향이 첨가된 신선한 세션 IPA라고 한다.

망고 이븐킬

자, 결론부터 말하자면 머릿속엔 온통 물음표가 돌아다녔다.
이건 무슨 맛이지, 이건 향이 나다 말잖아.
그간 맥주를 많이 마셔서 입이 어떻게 된 건가?
입술은 바짝바짝 마르고 눈가에 있던 피부는 파르르 떨렸다.
내가 마시기엔 난이도가 좀 있는 맥주였다.

때마침 옆 사람에게 맥주를 건네고 난 직원이 "맛이 어때?"라고 물었고 나는 씁쓸하게 미소를 지어보였다. 그리고 한 가지 교훈을 얻었다.

그래. 새로운 시도가 항상 필요한 건 아닌가봐.
나도 내가 사랑하는 맥주를 마셔야지...

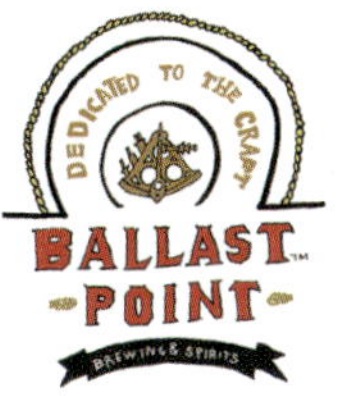

Barmy 발미

자몽, 살구, 약간의 꿀이 감지되며
단맛이 두드러지는 고도수의 맥주.
톡 쏘는 알코올 향이 조금 부담스럽고 생소한 맛이었다.
뭐, 맥주도 개인의 취향이니까.

■ 도수 : 12% ■ 스타일 : Fruit Beer ■ 제조사 : Ballast Point Brewing Company

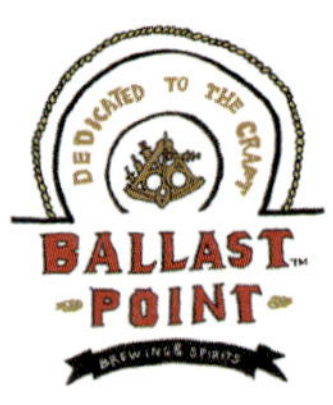

Mango Even Keel 망고 이븐 킬

망고 향, 열대과일 향, 호피함이
어우러진 가벼운 세션 IPA

■ **도수** : 3.8% ■ **스타일** : Session IPA ■ **제조사** : Ballast Point Brewing Company

서른여섯 번째 잔. 한국으로 돌아갈 시간

'Mosaic Session Ale(모자익 세션 에일)' &
'Aurora Hoppyalis IPA(오로라 호피엘리스 IPA)'

서걱 서걱-

해변가 근처를 걸을 때마다
발가락 사이를 비집고 들어온 모래알의 촉감은
내가 이곳에 있음을 알려주는 가장 큰 감각이었다.

샌디에이고 해변

사실 샌디에이고에서의 마지막 이틀은 그 어느 때보다 평범하게 보냈다.

푹신한 호스텔 침대에 누워 늦잠을 자고,
하루 종일 해변을 거닐며
파도를 타고 노는 멋쟁이 서퍼들을 바라보기도 했다.

미처 다녀보지 못한 관광지를 돌아다닐 법도 했지만
어쩐지 그냥 이러고 싶었다.

샌디에이고는 그저 세상을 온화하고 따뜻하게 만들어주는 마성의 매력을 가진 도시였다. 아무것도 하지 않아도, 이 순간을 특별하게 만들어주는 그런 도시. 그래서 이 도시 사람들처럼 그저 평범하게 남은 이틀을 흘려보내도 매순간이 행복하게만 느껴졌다.

오션 비치 파이어

아, 꿈만 같아라. 이곳에서의 삶이라면 걱정도 고민도 없을 거야.

하지만 이 순간들이 '꿈만 같았던'이라는 과거형으로 바뀌어버리는 데는 시간이 얼마 남지 않았다.

사실 다시 바뀌어버릴 내 일상이 걱정이 안 됐다면 거짓말이다. 곧 LA로 돌아가 자전거 박스를 구하고 포장해서 한국으로 돌아가야했다. 그리고 한국에 도착하면 내 다사다난했던 두 번째 여정도 종지부를 찍는 것이다. 아마 매일 같이 자전거를 타고, 맥주를 마시고, 텐트를 치며 하루를 보내는 일은 없겠지. 아, 이렇게 맛있는 햄버거들을 또 먹기는 힘들 거야.

그런데 이 걱정을 'Don't worry'로 바꿔준 건 마지막 브루어리, '칼 스트라우스 브루잉 컴퍼니(Karl Strauss Brewing Company)'에 들르면서였다.

LA로 가는 암트랙을 타기 전, 나는 이곳을 찾았다. 레푸지오 비치에서 만났던 다리안의 친구가 CEO 어시스턴트로 있어서 투어나 테이스팅을 할 수 있는 기회를 얻었기 때문이었다. 약속한 시간에 맞춰 브루어리로 향했다. 사무실에서 기다리고 있는데 한 직원이 나오더니 말했다.

"그녀는 오늘 GABF 때문에 급히 행사장으로 갔어요. 대신 제게 말을 전해주고 떠났는데 린든 워커(Lyndon Walker)와 투어를 한다죠? 곧 그가 여기로 올 거예요."

몇 분 후 그가 헐레벌떡 뛰어왔다. 그는 칼 스트라우스 브루어리의 시니어 브루어 중 한명이었다.

"Hey. 반가워요!"
"아, 안녕하세요!"
"그럼 저쪽으로 가볼까요?"

양조장이 있는 곳으로 자리를 이동했고, 어쩌다 이곳의 마케팅팀 인턴으로 막 입사한 여직원도 함께 투어를 하게 됐다. 사용하는 재료에 대한 소개부터, 양조 탱크, 연구실을 한참 동안 돌아다녔다.

칼 스트라우스 브루어리는 캘리포니아 남부에서 오래된 크래프트 브루어리 중 하나이며 사실상 샌디에이고 크래프트 맥주 산업의 선구자라고 할 수 있다. 호주를 여행하다 들린 브루펍에서 '인생을 바꾼 맥주 한 잔'을 만난 창립자는 로컬, 크래프트 맥주를 샌디에이고에 가지고 오겠다는 꿈을 가졌고, 1989년 2월 그 꿈을 펼치기 시작했다.

그때만해도 밀러나, 쿠어스가 가득했던 샌디에이고였다. 차츰 많은 사람들의 입맛을 사로잡기 시작하며 몸집을 불려나갔고 이후로 샌디에이고 지역의 로컬 브루잉 커뮤니티와 브루어들에게 많은 영향을 주었다고 한다.

모자익 세션 에일과 오로라 호피엘리스 IPA

그 대표적인 예로 투어 가이드였던 잭은 발라스트 포인트 설립을, 서버 중 한 명이었던 지나(Gina)는 피자 포트의 체인을, 브루어였던 척(Chuck)은 그린 플래쉬의 헤드 브루어가 된 것이다. 칼 스트라우스 브루어리의 영향력이 수많은 브루어리로 파생된 것이다.

워커 씨가 막 뽑아준 '모자익 세션 에일(Mosaic Session Ale)'과 '오로라 호피엘리스 IPA(Aurora Hoppyalis IPA)'를 받아든 나는 문득 궁금해져 그에게 물었다.

"그럼 오히려 경쟁자를 키운 게 아닌가요? 앞으로 더 많은 신생 브루어리들이 계속해서 생겨날 테구요."

"하하. 우선 한 가지는 분명해요. 그건 경쟁이 아니에요. 그들의 성장은 우리에게 자극제가 되죠. 우리가 제법 오래된 브루어리는 맞거든요. 끊임없는 R&D를 통해 사람들이 맛있어할 새로운 맥주들을 개발해내는 것. 그건 나와 같은 브루어들이 당연히 해야할 일이라고 생각해요. 아마 대부분의 브루어리들도 그렇게 생각할 거예요."

선구자라서 가진 여유로움이었을까, 정말 그들이 지향하는 바였을까. 경쟁자들이 우후죽순 생겨나는 그 환경이 브루어리에게 좋은 자극제가 됐다는 건 그 이상의 경지에 도달한 느낌이었다.

그러고 보니 이 여행은 애초부터 꿈이 아니라 현실이었다. '미국'이라는 장소만 바뀌었을 뿐 그 속에서도 수많은 경쟁이 치뤄지고, 또 앞다퉈 삶을 살아가야하는 현실. 하지만 그렇게 맞닥뜨린 현실에서 어떤 마인드로 살아가느냐에 따라 앞으로 그려지는 색깔이 달라지고 있었다.

난 앞으로 더 치열한 경쟁 사회에 뛰어들게 될지도 모른다. 우리 한국이라는 곳에서는 더더욱. 워커 씨가 말한 것처럼 이를 자극제 삼아 더 열심히 달릴 수 있을까? 글쎄, 하지만 한 가지는 분명해졌다.

제대로 한 번 달려보고 싶어졌다는 것.

여행을 하며 내내 드는 생각이었다. 내 여행은 단순히 '맥주 여행'이라기보단 '체험 삶의 현장'일지도 모르겠다고. 다수의 브루어리들과 그곳에서 종사하는 사람들, 또 함께 맥주를 나눈 사람들의 이야기 속에서 '꿈 같은 현실'을 만들어갈 삶의 지혜를 배우고 있었다.

그래, 걱정마.

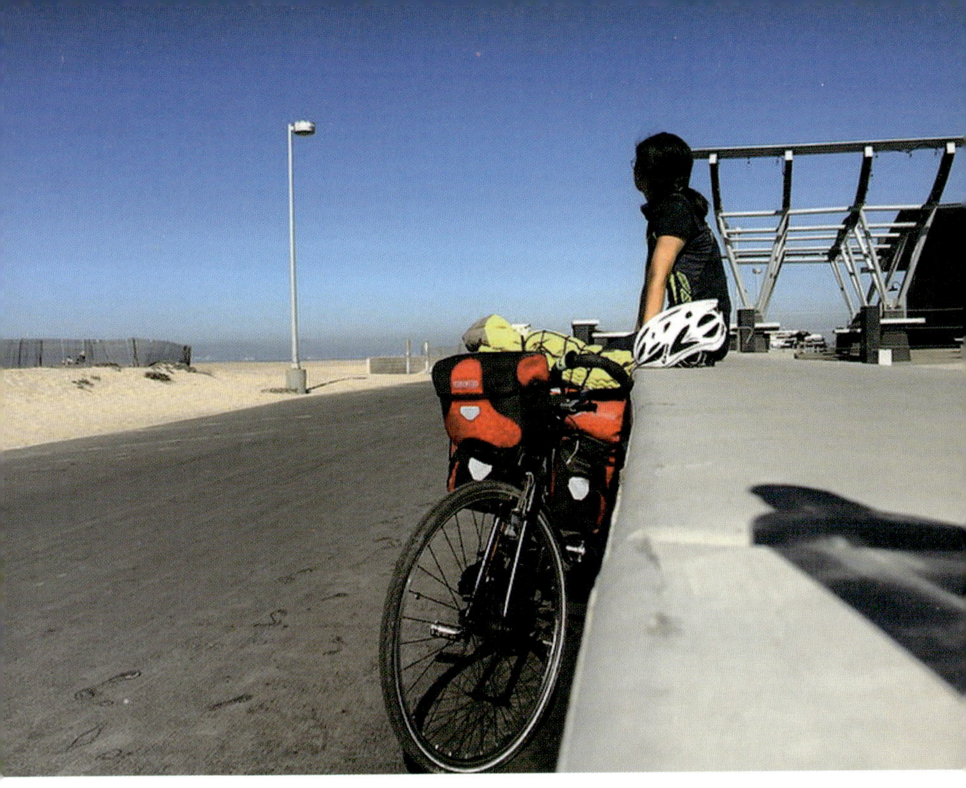

매일 자전거를 달리듯, 내 힘으로
매일 맥주를 마시듯, 기분 좋게
매일 텐트를 치듯, 부지런을 떨며.

이곳에서 배운 지혜를 자양분 삼아 내 목소리와 내 향기를 더욱 짙게 내면 되는 거였다. 꿈만 같았던 여행에만 연연하는 것이 아닌, 꿈만 같은 앞으로의 하루들을 만들어가는 것. 이것이 내가 달려가야 할 길이었다.

아마도 이제 한국으로 돌아갈 준비가 된 것 같다.

Mosaic Session Ale 모자익 세션 에일

라벨에서 그 맛을 상상할 수가 있다.
모자익 홉을 사용하여 자몽과 시트러스, 라임이 두드러지며
고소한 몰트도 느껴진다. 굉장히 드링커블하고 가벼워 좋아하는 세션 에일 중 하나!

▪도수 : 5.5% ▪스타일 : IPA ▪제조사 : Karl Strauss Brewing Company

Aurora Hoppyalis IPA 오로라 호피엘리스 IPA

말 그대로 입안에서 오로라가 펼쳐진다.
새콤 상큼한 자몽, 감귤과 열대과일, 그리고 상쾌한 솔, 파인애플 등으로 가득하며 입안에 머금었을 때 생각보다 찐득하고 부드러웠다.

■ 도수 : 7% ■ 스타일 : IPA ■ 제조사 : Karl Strauss Brewing Company

에필로그

저마다의 맥주 이야기

"야! 너 원시인 같애!!!"

집으로 돌아온 날 보자마자 가족들이 깔깔깔 웃으며 한 말이었다. 언니들 옆에 나란히 서니 유난히 더 새까맣다. 외국에서는 이렇게 탄 줄 몰랐는데. 뭐든 상대적인 거야. 그렇게 한참을 웃다가 큰 언니가 뒤이어 말했다.

"승하야. 그래도 얼굴이 보기 좋다. 사랑을 많이 받은 사람은 얼굴에서도 티가 나."

그건 사실이었다. 비록 피부는 검게 그을려 한국에 들어오지도 못할 뻔했지만 표정이 전보다 여유로워 보였다. 맞아. 난 복에 넘치는 사랑을 받았다. 그것도 아주 많이.

LA로 다시 돌아갔을 때
제 집처럼 쉬었다 가라며 날 반겨주신 다리안의 부모님,
그리고 그곳에서 다시 만난 다리안과 마이크.

LA에 도착했다고 하니 맛있는 점심 한 끼라도 먹이고 싶었다며, 혼자일 땐

사진도 많이 못 찍었을 거라며, 한국 가면 탄 얼굴은 돌아올 거라며, 내내 챙겨주시고 신경 써주신 슬로우 라이더(Slow Rider) 한국인 자전거 여행자 부부(한국에서의 맥주 한 잔을 기약하며 두 분은 남미로 떠나셨다.).

LA공항까지는 내가 책임져주겠다며 멋지게 자전거 박스를 들고 공항까지 데려다준 리차드(Richard).

다시 돌아간 LA에선 이렇게 나를 따뜻하게 품어준 분들이 있었다. 그리고 그 분들과 마지막을 함께할 수 있었던 나는 참 행복한 사람이었다.
그래서일까. 괜히 마음 한 켠이 찡해져서는 비행기를 기다리는 동안 눈물이 났다. 이걸 다 어떻게 보답해드리나. 이 마음이 무뎌지지 않아야 할 텐데. 한국에 돌아와서 내 이야기를 한참 동안 들으신 아버지는 그렇게 말씀하셨다.

"승하야. 그분들에게서 받은 나눔을 네 것으로 만들어라. 그리고 더 많은 사람들에게 돌려주면 되는 거다."

그 말을 듣고 곰곰이 생각했다.
내가 받은 나눔이라는 것, 그리고 이를 돌려드리는 법.

두 번의 여행을 통해서 가장 크게 느낀 건 '맥주'에는 '사람'이 꼭 필요하다는 것이었다. 그래서 날이 갈수록 내게 중요한 건 '어디를 갔어요'라는 결과론적인 것보다 이를 찾아가는 '과정'과 그 과정에서 마주한 '사람들'이었다. 맥주

한 잔을 두고 서로 다른 삶을 살아온 사람들이 같은 추억과 시간을 나눌 수 있다는 것. 덕분에 그 맛과 이야기가 더욱 다채로워질 수 있었다는 것. 이는 '나'라는 사람의 이야기도 더욱 풍성해질 수 있도록 만들었다.

이제는 나 혼자만이 아닌, 다른 사람들의 맥주 이야기들도 더욱 풍성해졌으면 좋겠다. 이렇게 책을 써내려가게 된 것도 그 이유에서다.

해외 여행도 맥주 여행으로 다녀온 게 전부였던 초보 여행자에, 맥주 세계에 입문한지도 얼마 안 된 대단한 맥알못이지만. 세상에 다양한 맥주가 있듯 저마다 다양한 맥주 이야기가 생겨날 수 있음을 보여드리고 싶었다.

미처 맛을 기록하지 못했던 맥주들도, 글 속에 남겨두지 못한 소중한 인연들도 많다. 밤낮을 새가며 '제발 나와라' 머리를 쥐어짜보지만 아침마다 이를 몽땅 지워버리는 일이 다반사였다.

모든 게 날것 그대로. 부족한 것 투성이지만. 그 빈 공간은 이 책을 읽으며 마시는 맥주 한 잔으로 채워지길 바란다.

앞으로는 굳이 먼 나라를 여행하지 않아도 가까운 한국에서도 더 많은 맥주 이야기들이 펼쳐질 수 있도록.

◆ 고마운 사람들 ◆

김민경, 천종복, 최지애, 손재일

Jówrney Kim, 최영미, 최은경, 고병효, 오경훈, 홍다은, 최재교, 윤종현, 한소영

한류문화인진흥재단, Eun Yóung Park, Yeóng Róng Chói, Seung Wóok Oh

전은지, 최원영, 박찬빈, Min Sung Kim, 한형근, YóungTae Jóó, Han Bae

최명재, 최우창, 대한수제맥주학회, 윤성웅, 이성진, SeóngJun Min, 서현지

박혁원, 최호근, Hyunbóng Lee, 김상민, 윤용환, 김민정, 염석헌, 한동령, 신솔림, 이유정, Park Dóha,

♥ 후원해주셔서 진심으로 감사합니다. ♥

두 바퀴로 그리는 맥주 일기

1판 1쇄 발행 2018년 1월 5일

저 자 | 최승하
발행인 | 김길수
발행처 | 영진닷컴
주 소 | (우)08505 서울시 금천구 가산디지털2로 123
월드메르디앙 벤처센터 2차 10층 1016호
등 록 | 2007. 4. 27. 제16-4189

ISBN | 978-89-314-5683-7

USA
BEER

BEER
USA